F. Haier

Dampfkessel-Feuerungen zur Erzielung einer möglichst rauchfreien Verbrennung

F. Haier

Dampfkessel-Feuerungen zur Erzielung einer möglichst rauchfreien Verbrennung

---

ISBN/EAN: 9783845742960

Erscheinungsjahr: 2012

Erscheinungsort: Bremen, Deutschland

www.unikum-verlag.de | office@unikum-verlag.de

F. Haier

Dampfkessel-Feuerungen zur Erzielung einer möglichst rauchfreien Verbrennung

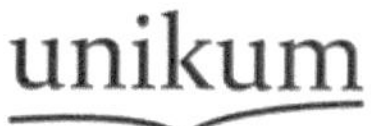

Dampfkessel-Feuerungen

zur

Erzielung einer möglichst rauchfreien Verbrennung.

Im Auftrage des Vereines deutscher Ingenieure

bearbeitet von

F. Haier,

Ingenieur in Stuttgart.

Berlin.

Verlag von Julius Springer.

1899.

Begleitwort.

Nachdem die Frage der Rauchbelästigung schon seit einer langen Reihe von Jahren Gegenstand der Verhandlungen in den Kreisen des Vereines deutscher Ingenieure gewesen war[1]), beschlofs dessen XXXI. Hauptversammlung im Jahre 1890[2]) unter Aussetzung von 8000 *M.* den Erlafs zweier Preisausschreiben, von denen das eine die Dampfkesselfeuerungen, das andere die Feuerungen der Haushaltungen und Kleinbetriebe betraf.

Die Preisausschreiben lauteten:

Preisausschreiben I.

In Ausführung der von der 31. Hauptversammlung des Vereines deutscher Ingenieure gefafsten Beschlüsse und unter Bezugnahme auf die stattgehabten Verhandlungen (Zeitschrift 1890 S. 1098 u. f., S. 1124 u. f.) wird hierdurch ein Preis von 3000 *M.*, ergänzt durch eine für Zeichnungen zu gewährende Vergütung bis zum Betrage von 1000 *M.*, ausgesetzt für die beste Lösung der folgenden Aufgabe:

Es wird verlangt eine Abhandlung über die bei Dampfkesseln angewandten Feuerungseinrichtungen zur Erzielung einer möglichst rauchfreien Verbrennung.

Die Arbeit soll aufser einer kurzen, prüfenden Besprechung der in Betracht kommenden Feuerungen der Vergangenheit vorzugsweise eine eingehende Würdigung der heutigen Dampfkesselfeuerungen und ihrer Einzelheiten enthalten.

Besonderer Wert wird gelegt auf thunlichst sichere Feststellung der gemachten Erfahrungen, namentlich auch nach der Richtung hin, welche Wirksamkeit die in den einzelnen Ländern, Bezirken und Städten zum Zwecke der Rauchvermeidung erlassenen Vorschriften gehabt haben.

Die bewährten Feuerungseinrichtungen sind durch Zeichnungen möglichst vollständig darzustellen. Das Preisgericht ist ermächtigt, als Entschädigung für diese Zeichnungsarbeit (aufser dem Preise von 3000 *M.*) eine Vergütung bis zur Höhe von 1000 *M.* zuzuerkennen.

Die Einsendungen haben in deutscher Sprache an die Geschäftsstelle des Vereines deutscher Ingenieure in Berlin bis zum 31. Dezember 1892 zu erfolgen.

Als Preisrichter sind gewählt und haben das Amt angenommen die Herren:

C. Bach, Professor des Maschineningenieurwesens an der Technischen Hochschule, Stuttgart,
Dr. Hans Bunte, Professor der chemischen Technologie an der Technischen Hochschule, Karlsruhe,

---

[1]) Vergleiche die Zusammenstellung von Veröffentlichungen in den Schriften des Vereines deutscher Ingenieure, welche die Frage der Rauchbelästigung, insbesondere durch Dampfkesselfeuerungen, und die Mittel zu ihrer Verhütung betreffen; Zeitschrift des Vereines deutscher Ingenieure 1897, S. 489 und 490, sowie S. 516 und 517.

[2]) Zeitschrift des Vereines deutscher Ingenieure 1890, S. 1098 u. f., S. 1124 u. f., S. 1249; 1891 S. 27.

W. Gyssling, Direktor des Bayerischen Dampfkesselrevisionsvereines, München,
C. Oehlrich, Oberingenieur des Sächs.-Anhalt. Vereines zur Prüfung und Ueberwachung von Dampfkesseln, Bernburg,
J. A. Strupler, Oberingenieur des Schweizerischen Vereines von Dampfkesselbesitzern, Hottingen-Zürich.

Preisausschreiben II.

In Ausführung der von der 31. Hauptversammlung des Vereines deutscher Ingenieure gefafsten Beschlüsse und unter Bezugnahme auf die stattgehabten Verhandlungen (Zeitschrift 1890 S. 1098 u. f., S. 1124 u. f.) wird hierdurch ein Preis von 3000 *M*, ergänzt durch eine für Zeichnungen zu gewährende Vergütung bis zum Betrage von 1000 *M*, ausgesetzt für die beste Lösung der folgenden Aufgabe:

Es wird verlangt eine Abhandlung über diejenigen Feuerungseinrichtungen, welche für Haushaltungszwecke und für die gewerblichen Betriebe, namentlich der gröfseren Städte, behufs Erzielung einer möglichst rauchfreien Verbrennung seither angewandt wurden. Mit den Dampfkesselfeuerungen, für welche ein besonderes Preisausschreiben mit dem 31. Dezember 1892 als Lösungsfrist erlassen worden ist, braucht sich die Abhandlung nur insoweit zu befassen, als sie, gegebenenfalls gestützt auf die Lösung der soeben bezeichneten Preisaufgabe, in eine Klarstellung der verhältnifsmäfsigen Vollkommenheit oder Unvollkommenheit der Dampfkesselfeuerungen gegenüber den Feuerungen dieses Preisausschreibens einzutreten hat.

Die Arbeit soll aufser einer kurzen prüfenden Besprechung der in Betracht kommenden Feuerungseinrichtungen der Vergangenheit vorzugsweise eine eingehende Würdigung der heutigen, auf dem bezeichneten Gebiete liegenden Feuerungen und ihrer Einzelheiten enthalten.

Besonderer Wert wird gelegt auf thunlichst sichere Feststellung der gemachten Erfahrungen, namentlich auch nach der Richtung hin, welche Wirksamkeit die in den einzelnen Ländern, Bezirken und Städten zum Zwecke der Rauchvermeidung erlassenen Vorschriften gehabt haben.

Die bewährten Feuerungseinrichtungen sind durch Zeichnungen möglichst vollständig darzustellen. Das Preisgericht ist ermächtigt, als Entschädigung für diese Zeichnungsarbeit (aufser dem Preise von 3000 *M*) eine Vergütung bis zur Höhe von 1000 *M* zuzuerkennen.

Die Einsendungen haben in deutscher Sprache an die Geschäftsstelle des Vereines deutscher Ingenieure in Berlin bis zum 31. Dezember 1894 zu erfolgen.

Als Preisrichter sind gewählt und haben das Amt angenommen die Herren:

C. Bach, Professor des Maschineningenieurwesens an der Technischen Hochschule, Stuttgart,
H. Fischer, Professor der mechanischen Technologie an der Technischen Hochschule, Hannover,
Dr. H. Meidinger, Professor der technischen Physik an der Technischen Hochschule, Karlsruhe,
H. Rietschel, Professor des Lüftungs- und Heizungsfaches an der Technischen Hochschule, Berlin,
P. Schubbert, Civilingenieur, Offenbach a. M.

Im Einvernehmen mit den gewählten Preisrichtern werden an diese beiden Preisausschreiben die folgenden Bestimmungen geknüpft:

1. Die Preisbewerbung ist unbeschränkt, insbesondere weder an die Mitgliedschaft des Vereines deutscher Ingenieure noch auch an die deutsche Staatsangehörigkeit gebunden.
2. Jede Einsendung ist mit einem Kennwort zu versehen und ihr ein versiegelter Briefumschlag beizufügen, welcher aufsen dasselbe Kennwort trägt und innen Namen und Wohnort des Einsenders enthält.
3. Durch die Preiserteilung erwirbt der Verein deutscher Ingenieure das Recht zur Veröffentlichung der betreffenden Arbeit.
4. Jede Einsendung, welcher ein Preis nicht zuerkannt worden ist, wird auf Verlangen an die namhaft gemachte, mit der im geöffneten Umschlag übereinstimmend gefundene Adresse zurückgesandt; anderenfalls bleiben diese Umschläge uneröffnet und werden nach Ablauf eines

Jahres verbrannt. Hinsichtlich der betreffenden Einsendungen selbst wird angenommen, dass sie von diesem Zeitpunkt an dem Verein zu beliebiger Verwendung überlassen werden.

5. Jedes der beiden Preisgerichte hat im Falle des Ausscheidens eines Mitgliedes das Recht, sich durch freie Wahl zu ergänzen. Sein Urteil ist bindend für den Verein.

Am 31. Dezember 1892 lief die Frist für die erste Preisaufgabe ab. Es waren 6 Bearbeitungen eingegangen, von denen keiner der Preis zuerkannt werden konnte[1]).

Bei der Wichtigkeit der Sache beschlofs die XXXIV. Hauptversammlung im Jahre 1893 auf Antrag des Preisgerichtes, die Preisaufgabe zum 31. Dezember 1895 abermals auszuschreiben, unter Erhöhung des Preises von 4000 ℳ auf 6000 ℳ einschliefslich der Entschädigung für die Zeichnungsarbeiten[2]). Gleichzeitig wurde der Termin für das zweite Preisausschreiben auf den 31. Dezember 1897 verlängert.

Am 31. Dezember 1895 ging die Frist der abermaligen Ausschreibung der ersten Aufgabe zu Ende. Rechtzeitig eingelaufen waren 8 Arbeiten, verspätet ging die neunte ein. Das Preisgericht war auch diesesmal nicht in der Lage, die Zuerkennung eines Preises auszusprechen.

Der Bericht des Obmannes des Preisgerichts lautet:

„Mit Schreiben vom 8. Januar d. J. wurden dem unterzeichneten Vorsitzenden des Preisgerichtes, betr. Dampfkesselfeuerungen, als rechtzeitig eingegangen folgende Bewerbungen übersandt:

No. 1 mit dem Kennwort „Arbeit ist des Bürgers Zierde“;
- 2 - - - „Zur Frage der Rauchbelästigung“;
- 3 - - - „Brenner“;
- 4 - - - „Viele Wege führen nach Rom“;
- 5 - - - „Hermann“;
- 6 - - - „Die Wissenschaft darf nicht glauben“;
- 7 - - - „Rufsfrei“;
- 8 ohne Kennwort.

Ferner war der Sendung beigefügt eine am 31. Dezember v. J. von Strafsburg i. Elsafs abgesandte, aber erst am 3. Januar 1896 in Berlin eingetroffene, also nicht rechtzeitig abgelieferte und unvollständige Bewerbung mit dem Kennwort: „Wo Rauch, da ist auch Feuer“. Sie sei mit No. 9 bezeichnet.

Nachdem sämmtliche Bewerbungen bei den Mitgliedern des Preisgerichtes im Umlauf gewesen waren, hat das letztere am 26. März d. J. bei voller Besetzung mündlich verhandelt und ist hierbei einhellig zu folgendem Ergebnifs gelangt:

„Die unter No. 1, 2, 3, 4, 5, 6 und 8 aufgeführten Arbeiten entsprechen den allgemeinen Programmforderungen nicht und enthalten auch nur teilweise und in sehr beschränktem Sinne bemerkenswerte Darlegungen oder Vorschläge, sodafs diese 7 Arbeiten ohne weiteres von der Preisbewerbung auszuschliefsen sind.

Als einzige in betracht kommende Arbeit bleibt die unter No. 7 genannte mit dem Kennwort „Rufsfrei“.

Dieselbe giebt, wie verlangt, eine Abhandlung über die bei Dampfkesseln angewandten Feuerungseinrichtungen zur Erzielung einer möglichst rauchfreien Verbrennung; ferner eine Zusammenstellung von Verordnungen gegen Rauchbelästigung deutscher und aufserdeutscher Behörden.

Auf die Sammlung des Materials hat der Verfasser vielen Fleifs verwendet. Der Schriftsatz zeigt starke Mängel, die zu einem Teile durch die Eile bei der Fertigstellung veranlafst sein dürften. Zu einer kritischen Sichtung des Materials, zu einer

[1]) Zeitschrift des Vereines deutscher Ingenieure 1893 S. 1371 u. f.

[2]) Zeitschrift des Vereines deutscher Ingenieure 1893 S. 1371 u. f., S. 1438 und 1439, S. 1151 und 1152.

zusammenfassenden Uebersicht, sowie zu einer eingehenden Würdigung der heutigen Dampfkesselfeuerungen und ihrer Einzelheiten, wie sie das Preisausschreiben fordert, ist der Verfasser jedoch nicht gelangt. Auch läſst die Einleitung Verschiedenes zu wünschen übrig. Die Vorschläge, zu denen der Verfasser am Schlusse kommt, bilden einen recht schwachen Punkt der ganzen Arbeit. Alles in allem genommen, kann die Arbeit No. 7 nicht als befriedigende Lösung der gestellten Preisaufgabe bezeichnet werden.

Das Preisgericht beschloſs bei dieser Sachlage einstimmig:

1. Ein Preis kann keiner der Arbeiten zuerkannt werden;

2. Bei dem Vorstande des Vereines folgende Anträge zu stellen:

a) den Verfassern der Arbeiten No. 7 (Ruſsfrei), No. 9 (Wo Rauch, da ist auch Feuer) und No. 4 (Viele Wege führen nach Rom) möge als eine Entschädigung für die aufgewendete Mühe die Summe von zusammen 2000 ℳ gewährt werden, und zwar

1200 ℳ dem Verfasser von No. 7,
600 - - - - - 9,
200 - - - - - 4,

unter der Bedingung, daſs die Arbeiten gegen Zahlung dieser Beträge in das Eigentum des Vereines übergehen;

b) der Vorstand möge unter Aufwendung des verbleibenden Betrages von 4000 ℳ eine geeignete Persönlichkeit beauftragen, diejenigen Dampfkesselfeuerungen, welche unter der Bezeichnung „rauchverzehrende Feuerungen“ angewendet werden, mit Berücksichtigung des in den Arbeiten No. 7, 9 und 4 enthaltenen Materials zusammenzustellen sowie einer eingehenden prüfenden Besprechung zu unterziehen, gemäſs den Anforderungen der gestellten Preisaufgabe und gemäſs dem Zwecke, dem die Lösung derselben nach heutigem Stande der Sache zu dienen hätte.

Zum Zwecke der Vermeidung von Miſsverständnissen, betr. den Stand der Rauchbelästigungsfrage, erachtet sich das Preisgericht noch für verpflichtet, seine eigenen Ansichten über dieselbe in Sätzen auszusprechen, welche später dem Vorstande zugehen werden[1]).“

Der Vorstand des Vereines deutscher Ingenieure beschloſs in seiner Sitzung vom 31. März 1896 den Anträgen des Preisgerichtes Folge zu geben. Demgemäſs wurde der Verfasser des vorliegenden Buches, Herr Ingenieur Haier, mit der vom Preisgericht bezeichneten Aufgabe betraut.

Hinsichtlich des Standes der Frage der Rauchbelästigung durch Dampfkesselfeuerungen wird auf die folgenden Seiten verwiesen.

Auf das Preisausschreiben II sind Arbeiten überhaupt nicht eingegangen.

Th. Peters,
Direktor des Vereines deutscher Ingenieure.

---

[1]) Diese Sätze finden sich auf folgender Seite.

Über den Stand der Frage
der
Rauchbelästigung durch Dampfkesselfeuerungen.

1. Sätze des Preisgerichts.

Die Mitglieder des Preisgerichts empfanden es als eine Pflicht, auszusprechen, dafs das zweite negative Ergebnis der Preisausschreibung nicht dahin aufgefasst werden dürfe, als ob nun allen denjenigen Schornsteinen, welche durch die ihnen entströmenden Verbrennungsprodukte die Nachbarschaft stark belästigen, erlaubt sein solle, dies in aller Zukunft weiter zu thun. Einhellig waren die Sachverständigen, aus denen das Preisgericht bestand, der Ansicht, dafs da, wo in der That eine Feuerung so stark raucht, dafs die Nachbarschaft erheblich belästigt wird, Abhilfe geschaffen werden kann, und haben sich deshalb geeinigt, dem Vorstand des Vereines deutscher Ingenieure gegenüber Folgendes hervorzuheben.

„1. Unter bestimmten Voraussetzungen kann jede brauchbare Dampfkesselfeuerung rauchschwach, d. h. so betrieben werden, dafs die aus dem Schornstein entweichenden Verbrennungsprodukte die Nachbarschaft nicht erheblich belästigen.

2. Die hauptsächlichsten Ursachen der Rauchbelästigung sind:
   a) ungeeignete Feuerung für ein gegebenes Brennmaterial oder ungeeigneter Brennstoff für die gegebene Feuerung,
   b) übermäfsige oder nicht ausreichend gleichmäfsige Beanspruchung der Feuerung,
   c) ungenügender Zug,
   d) schlechte Bedienung,
   e) Entlassung der Verbrennungsprodukte aus dem Schornstein in zu geringer Höhe.

3. Die unter Ziffer 1 erwähnten Voraussetzungen sind demgemäfs:
   a) Die Feuerung mufs der Art des zur Verwendung gelangenden Brennstoffes und den Betriebsverhältnissen entsprechen, oder es mufs ein Brennmaterial gewählt werden, welches unter den gegebenen Verhältnissen nicht erheblich belästigende Verbrennungsprodukte liefert, wie z. B. Koks, Anthrazit,
   b) die verheizte Brennstoffmenge darf zu keiner Zeit einen gewissen Betrag überschreiten, auch nicht zu stark schwanken,
   c) der Zug mufs ausreichend sein,
   d) der Heizer hat die Feuerung aufmerksam und geschickt zu bedienen,
   e) die Schornsteinmündung mufs genügend hoch liegen.

4. Die Feststellung der Rauchbelästigung und zutreffendenfalls ihrer Ursachen sowie die Angabe der Mittel zur Abhilfe hat von Fall zu Fall durch Sachverstän-

dige zu erfolgen, als welche in erster Linie die mit der Ueberwachung der Dampfkessel betrauten Ingenieure, erforderlichenfalls unter Heranziehung von Lehrheizern berufen erscheinen.

5. Behördliche Vorschriften zur Verhütung der Rauchbelästigung können nur unter unmittelbarer Mitwirkung von Sachverständigen, wie solche unter Ziffer 4 bezeichnet sind, zum Ziele führen.

Die Vorschrift der Einrichtung von „rauchverzehrenden Feuerungen" erreicht auch bei strenger Durchführung häufig den angestrebten Zweck nicht, da den unter Ziffer 3 aufgeführten Voraussetzungen, namentlich denjenigen unter Ziffer 3b und 3d, nicht entsprochen wird."

2. Darlegungen des Vorsitzenden des Preisgerichts Prof. C. Bach

im Anschlusse an die Sätze des Preisgerichts.

Veröffentlicht in der Zeitschrift des Vereines deutscher Ingenieure 1896 S. 492 u. f.

Soll die Rauchbelästigung nach Möglichkeit verhütet werden, so wird man insbesondere aufhören müssen, den Rost einer Feuerung, welche unter gegebenen Verhältnissen, wozu auch der Zug gehört, rauchschwach beispielsweise nur 75 kg einer bestimmten Steinkohle stündlich auf 1 qm Rostfläche zu verbrennen im Stande ist, mit 150 kg oder noch mehr unter den gleichen Verhältnissen zu beanspruchen[1]). Man wird bei Neuanlagen oder bei Abänderung bestehender Feuerungen die Rostfläche dem gröfsten Wärmebedarf entsprechend zu bemessen und bei starken, jedoch nicht plötzlich eintretenden Schwankungen dieses Bedarfs im wirtschaftlichen Interesse sie änderbar einzurichten haben, etwa durch Verschiebung der Feuerbrücke, falls dies ausführbar ist, oder in anderer Weise je nach Art der Feuerung[2]).

Man wird sich noch mehr als bisher daran gewöhnen müssen, bei grofser und plötzlicher Veränderlichkeit des Dampfverbrauchs den erforderlichen Wärmespeicher durch Anordnung ausreichender Wasserräume zu schaffen und nicht zu verlangen, dafs die Wärmeentwicklung sich in jedem kleinen Zeitraum der Veränderlichkeit des Wärmebedarfs anbequemen soll.

Man wird aufhören müssen, einen beliebigen Taglöhner zum Heizer zu verwenden; man wird vielmehr nur solche Leute zu Heizern nehmen dürfen, welche dazu angelernt sind, das nötige Verständnifs, die erforderliche Geschicklichkeit und vor Allem die Charaktereigenschaften der Gewissenhaftigkeit, Zuverlässigkeit und der Ausdauer besitzen. Dafs man solche Leute auch entsprechend zu bezahlen hat, liegt auf der Hand. Hiervon darf man sich auch dann nicht abhalten lassen, wenn der Heizer bei kleineren Anlagen nicht ausreichend beschäftigt erscheint; denn zu den verfehltesten Auswegen gehört der, den unzureichend beschäftigten Mann auch unzureichend zu entlohnen. Nebenarbeiten dem Heizer zu übertragen, welche diesen auf mehr oder minder lange Zeit, sei es auch nur auf Viertelstunden, aus dem Kesselhause fernhalten, oder welche nicht

[1]) Wie ich schon bei anderer Gelegenheit ausgeführt habe, wird hier nicht selten ein recht grober Mifsbrauch getrieben. In der Zeitschrift des Vereines deutscher Ingenieure 1894, S. 1424 war in dieser Hinsicht zu bemerken: „Jedermann weifs, dafs man einen für höchstens 10000 kg Last bestimmten Krahn, Eisenbahnwagen oder dergleichen nicht mit 20000 kg belasten darf. Von dem Dampfkessel dagegen verlangt man nicht selten, dafs er . . . . . so viel Wärme in das Wasser überführt, als man durch übermäfsige Beschickung der Feuerung bei möglichst verstärktem Zuge überhaupt auf dem Roste zu erzeugen im Stande ist." Dafs hiermit eine bedeutende Raucherzeugung verknüpft zu sein pflegt, liegt auf der Hand.

[2]) In dieser Hinsicht darf nicht übersehen werden, dafs zu geringe Beanspruchung des Rostes auch zur Raucherzeugung führen kann. Die vollkommene Verbrennung einer gewissen Menge Steinkohle in einer gegebenen Feuerung wird selbst bei möglichster Beschränkung des Zuges ein Höchstmafs an Rostflächengröfse voraussetzen, das nicht überschritten werden darf. Dieses Höchstmafs an Rostfläche wird von der Beschaffenheit der Kohle abhängen.

jederzeit unterbrochen oder bei Seite gelegt werden können, ist ebenfalls als verfehlt zu bezeichnen. Es mufs alles vermieden werden, was Anlafs dazu giebt, dafs der Heizer die Brennstoffschicht unzulässigerweise niederbrennen läfst und dann durch Aufgeben verhältnifsmäfsig grofser Mengen Brennstoffes auf einmal die Rauchbildung herbeiführt.

Man wird aber auch von denen, welche die Heizer zu überwachen haben, verlangen müssen, dafs sie selbst das Geschäft des Heizens verstehen, dafs sie, wenn nöthig, selbst die Schaufel und das Schüreisen in die Hand nehmen und ordentlich handhaben können. Dieser Forderung wird zur Zeit zum grofsen Theile nicht entsprochen; insbesondere gilt dies von den Dampfkesselfeuerungen in den Gebäuden des Staates und der Gemeinde. Dieser Umstand ist für mich Veranlassung geworden, das Heizen von Dampfkesseln durch Studirende unter Anleitung eines Lehrheizers einzuführen, mit nebenhergehender Untersuchung der Verbrennungsprodukte[1]). Der spätere Betriebsingenieur oder Besitzer von Dampfkesseln, der spätere Beamte des Staates oder der Gemeinde, welchem Heizer unterstellt sind, lernt bei dieser Gelegenheit, was es heifst, andauernd vom frühen Morgen bis zum späten Abend vor dem Kessel zu stehen und ihn zu bedienen, welche Anstrengung es kostet, wenn stark backende, stark schlackende Kohle zur Verwendung gelangt, was es heifst, so zu feuern, dafs ein Kohlensäuregehalt von beispielsweise 15 Proc. und mehr erzielt wird u. s. w. Wenn er in der kurzen Zeit auch kein vollkommener Heizer wird, so lernt er doch — es handelt sich hier um Studirende des Maschineningenieurwesens, welche sämmtlich schon mindestens ein Jahr als Arbeiter in der Werkstätte thätig gewesen sind — das Geschäft des Heizens einigermaafsen würdigen, den tüchtigen Heizer schätzen, und wird damit geneigt, ihn ordentlich zu bezahlen oder doch darauf hinzuwirken, dafs dies geschieht. Er wird dafür Sorge tragen, dafs die Feuerungseinrichtungen die erforderliche Vollkommenheit besitzen und dafs der Heizer den Erfolg seiner Thätigkeit auch beobachten kann. Das Interesse und das tiefere Verständnifs, welches der Vorgesetzte der Thätigkeit des Heizers entgegenbringt, wird auf diesen zurückwirken und ihn deshalb eher abhalten, in seiner Aufmerksamkeit nachzulassen.

Dafs die Schwierigkeiten, welche überwunden werden müssen, soll der Rauchbelästigung auf dem von den Mitgliedern des Preisgerichtes bezeichneten Wege begegnet werden, bedeutend sind, dessen sind sich diese bewufst. Die Aufwendung einmaliger Kosten kann kapitalarme Betriebsinhaber sehr stark belasten; die Nöthigung zur Verwendung bestimmten Brennstoffes (Ziff. 3a) kann den Betrieb in wirthschaftlicher Hinsicht ungünstig beeinflussen u. s. f. Deshalb wird eben in jedem Falle zu entscheiden sein, ob die Belästigung durch den Rauch eine derartige ist, dafs dem betreffenden Betriebsinhaber solche Opfer zugemuthet werden dürfen. Man wird die Ansprüche auf Rauchverminderung den örtlichen Verhältnissen entsprechend zu bemessen haben. Dafs sich beispielsweise Städte mit Industrie, namentlich solche mit starker Industrie, etwas mehr Belästigung werden gefallen lassen müssen als andere Städte, das bedarf keiner Begründung; man kann dies bedauern; aber ebenso wenig ändern, als man im Stande ist, die Berufskrankheiten aus der Welt zu schaffen.

[1]) Näheres hierüber siehe z. B. in der Zeitschrift des Vereines deutscher Ingenieure 1893, S. 696 und 697, oder auch in Jahresbericht des Württembergischen Dampfkessel-Revisionsvereines über das Jahr 1891, S. 32. Es heizten während der Frühjahrsferien:

im Jahre 1892	 16	Studirende
- - 1893	 20	-
- - 1894	 16	-
- - 1895	 37	-
- - 1896	 24	-
- - 1897	 45	-
- - 1898	 38	-

je 3 Tage lang einen Kessel von 80 qm Heizfläche. Gleichzeitig heizen 4 oder 5 Studirende 4 bezw. 5 Kessel je von der bezeichneten Gröfse.

Man wird fortgesetzt unter Theilnahme von Sachverständigen mit Vorsicht, und wenn nöthig auch mit Schonung, unter allen Umständen aber mit Ausdauer, vorgehen müssen[1]). Ausdauernde Verfolgung der mit Mäfsigung aufgestellten Ansprüche mufs der Leitstern sein.

Aber alle diese Schwierigkeiten können und dürfen nicht abhalten, die Frage der Rauchbelästigung scharf zu beleuchten, sowie klarzustellen, dafs man nicht auf die Erfindung neuer Dampfkesselfeuerungen zu warten braucht, um dieser Belästigung da, wo sie thatsächlich in bedeutendem Maafse vorhanden ist, mit mehr Erfolg als bisher entgegen zu wirken.

Dabei kann allerdings kein Zweifel darüber bestehen, dafs in erster Linie die Feuerungen der Gebäude und Betriebe des Staates, sowie der Gemeinde, welche hinsichtlich des Rauchens jetzt ziemlich häufig zu den ärgsten Sündern zählen, so eingerichtet und bedient werden müssen, dass sie als Muster gelten können.

Wenn oben unter Ziff. 1 ausgesprochen ist, dafs mit jeder brauchbaren Feuerung rauchschwach gearbeitet werden kann, so soll damit durchaus nicht gesagt sein, dafs die Feuerungseinrichtung gleichgiltig sei. Die Feuerungseinrichtung ist für den Heizer das Werkzeug, mit dem er arbeitet, d. h. mit welchem er aus dem Brennmaterial die Wärme frei macht. Je vollkommener das Werkzeug ist, um so vollkommenere Arbeit wird der Heizer zu liefern im Stande sein. Je unvollkommener das Werkzeug ist, um so gröfsere Geschicklichkeit und unter Umständen auch um so gröfsere Anstrengung wird Seitens des Heizers erforderlich, um seine Aufgabe befriedigend zu lösen. Gleichwie ein vorzüglicher Handwerker auch mit weniger vollkommenem Werkzeug noch etwas Gutes zu schaffen vermag, so ist auch ein vorzüglicher Heizer in der Lage, mit einer weniger vollkommenen Feuerung noch Befriedigendes zu leisten. Der Durchschnittsheizer, wie er aus dem zur Verfügung stehenden Menschenmaterial herangebildet werden kann, bedarf aber eines guten Werkzeuges, d. h. einer guten Feuerung, um befriedigende Leistungen verzeichnen zu können. Je brauchbarer das Werkzeug ist, welches der Ingenieur für den Heizer schafft, um so sicherer wird von diesem die geforderte Leistung erwartet werden dürfen. Dafs eine gute Feuerungseinrichtung auch wirthschaftlich vollkommener arbeitet, d. h. dafs sie ermöglicht, einen gröfseren Theil der im Brennstoff aufgespeicherten Wärme in das Wasser des Dampfkessels überzuführen, steht zwar hier nicht zur Erörterung, sei aber — weil meist von grofser Bedeutung — ausdrücklich hervorgehoben.

Schliefslich soll nicht unerwähnt bleiben, dafs durch rechtzeitiges und gründliches Reinigen der Kanäle, sowie des Schornsteins von Rufs, ferner auch durch Vornahme dieser Reinigung bei abgedeckter Schornsteinmündung manche Belästigungen vermieden werden können.

Wie das Vorgehen des Vereines deutscher Ingenieure nach Maafsgabe des Vorstehenden zu einer gewissen Klarstellung geführt hat, so ist dies auch der Fall in Bezug auf die Arbeiten der

---

[1]) Auf die Heranziehung von Lehrheizern dürfte meines Erachtens ein grofser Werth zu legen sein. Da diese nicht überall vorhanden und deshalb wohl auch nicht allgemein in ihrem Werthe erkannt sind, so erscheinen einige Bemerkungen angezeigt.

Die Aufgabe des Lehrheizers, wie ihn verschiedene Dampfkessel-Ueberwachungsvereine besitzen, besteht zunächst darin, dafs er die Heizer der Vereinsmitglieder vor den Anlagen, welche von ihnen zu bedienen sind, auf etwaige Fehler in der Bedienung hinweist, durch eigene Thätigkeit zeigt, was besser und wie es besser zu machen ist, und zwar so lange, bis durch Vormachen und Nachthun der Lernende in der Behandlung der von ihm zu bedienenden Feuerungen ausreichend sicher geworden ist.

Ein solcher Lehrheizer, der seiner Aufgabe gerecht wird, eignet sich nun auch ganz vortrefflich dazu, um bei einer stark rauchenden Feuerung festzustellen, ob es unter den gegebenen Verhältnissen möglich ist, mit Rauchverminderung zu arbeiten, und zutreffenden Falls, in welchem Maafse. Indem er beauftragt wird, die fragliche Feuerung zu bedienen, läfst sich auf dem Wege des Versuchs ermitteln, welchen Antheil an der Raucherzeugung der gewöhnliche Heizer hat, sowie welche Beanspruchung der betreffende Rost in der Stunde und auf 1 qm verträgt, wenn die Feuerung den Brennstoff rauchschwach verbrennen soll. Damit aber ist alsdann für den Sachverständigen eine werthvolle Grundlage für das, was etwa weiter zu geschehen hat, gegeben.

Kommission zur Prüfung und Untersuchung von Rauchverbrennungs-Vorrichtungen, welche im Jahre 1892 auf Veranlassung des kgl. preufsischen Ministers für Handel und Gewerbe gebildet worden war[1]).

Diese Kommission tagte erstmals am 20. Oktober 1892 und bestimmte einen engeren Ausschuss von 11 Mitgliedern (Böttger-Berlin, von Stülpnagel-Berlin, Strangmeier-Berlin, Tschorn-Berlin, Caspar-Berlin, Behrens-Berlin, Hering-Nürnberg, Cario-Magdeburg, Schneider-Berlin, Vogt-Barmen, Gill-Berlin), dem die Aufgabe zugewiesen wurde, „die auf Rauchverhütung abzielenden Einrichtungen zu besichtigen, dieselben vom technischen sowie wirthschaftlichen Standpunkte aus zu prüfen — soweit dies zweckdienlich erscheint — und diejenigen Einrichtungen zu bezeichnen, welche nach seiner Ansicht einer weiteren eingehenden Prüfung werth sind".

Am 13. December 1892 berief Hr. v. Stülpnagel den engeren Ausschufs zu einer Sitzung, in welcher beschlossen wurde, zunächst nur Einrichtungen in Berlin zu prüfen, und zwar die Feuerungen von Kowitzke & Co., Chubb, Schomburg, Staufs, Ruthel, Tenbrink; sowie Kohlenstaubfeuerungen. In der Sitzung vom 16. Februar 1893 wurde sodann eine aus den Herren Schneider, Caspar und Tschorn bestehende Kommission mit der eingehenden Prüfung der bezeichneten Feuerungen betraut.

---

[1]) Dieser Kommission gehörten bei ihrer Bildung an:

a) als Kommissarien des Ministers für Handel und Gewerbe:
1. Geheimer Bergrath Gebauer,
2. Regierungsrath Lusensky; später trat an dessen Stelle Oberbergrath Fuhrmann;

b) als Kommissarien des Ministers der öffentlichen Arbeiten:
3. Regierungs- und Baurath P. Böttger,
4. Eisenbahn-Bauinspektor Domschke;

c) als Kommissarien des Staatssekretärs des Reichsmarine-Amts:
5. Marine-Bauinspektor Strangmeier; später trat an dessen Stelle Marine-Baurath Lehmann und an dessen Stelle Marine-Maschinenbauinspektor Veith;

d) als Kommissarien des Polizei-Präsidenten von Berlin:
6. Regierungs- und Gewerberath von Stülpnagel; später trat an dessen Stelle Regierungs- und Gewerberath Dr. Sprenger,
7. Gewerbeinspektor Tschorn;

e) als Kommissarien des Magistrats der Stadt Berlin:
8. Stadtbaurath Blankenstein,
9. Direktor der städt. Wasserwerke Gill; später trat an dessen Stelle Direktor der städt. Wasserwerke Beer,
10. Städtischer Ingenieur für Heizanlagen Caspar;

f) als Kommissarien des Vereines deutscher Ingenieure:
11. Professor C. Bach-Stuttgart;
12. Civilingenieur Grabau-Halle a. S.;
13. Civilingenieur Hering-Nürnberg;
14. Oberingenieur Körting-Körtingsdorf bei Hannover;
15. Direktor Peters-Berlin;

g) als Kommissarien des Centralverbandes des preufs. Dampfkessel-Ueberwachungsvereins:
16. Der Präsident dieses Verbandes, Geh. Kommerzienrath Dr. Delbrück-Stettin;
17. Fabrikbesitzer Behrens-Berlin;
18. Direktor Cario-Magdeburg;
19. Oberingenieur Schneider-Berlin;
20. - Vogt-Barmen;
21. - Münter-Halle a. S.;
22. - Haage-Chemnitz.

Nachträglich traten noch bei:

als Kommissar des Ministers der geistlichen, Unterrichts- und Medizinalangelegenheiten:
23. Geheimer Baurath Emmerich;

als Kommissar des kaiserlichen Gesundheitsamtes:
24. Regierungsrath Dr. Ohlmüller.

Ueber das Ergebnifs der Arbeiten dieser dreigliedrigen Prüfungskommission ist, nachdem die Gesammtkommission am 30. April 1894 zum zweitenmal getagt hatte, an welcher Sitzung theil zu nehmen Schreiber dieser Zeilen leider durch Krankheit verhindert war, im Jahre 1894 ein Bericht erschienen unter dem Titel: „Bericht über die im Auftrage des Centralverbandes der preufsischen Dampfkessel-Ueberwachungsvereine ausgeführte Prüfung von Einrichtungen und Feuerungen bei Dampfkesseln zur Rauchverhütung, erstattet von der Prüfungskommission, Berlin“[1]). Dieser Bericht erfuhr eine wesentliche Punkte klarstellende Besprechung von R. Stribeck in der Zeitschrift des Vereines deutscher Ingieniere 1895 S. 184 bis 190, S. 215 bis 221, S. 509 bis 510.

Zum dritten Male fand sich die Gesammtkommission am 28. Februar 1896 zusammen. In dieser Sitzung gelangte sie zu Ergebnissen, in Bezug auf welche der Vorsitzende, Kommerzienrath Dr. Delbrück, unterm 25. April 1896 die folgende Eingabe an den kgl. preufs. Minister für Handel und Gewerbe richtete:

„Euer Excellenz erlaube ich mir, den Bericht über die dritte Sitzung der Kommission zur Prüfung und Untersuchung von Rauchverbrennungsvorrichtungen hierbei ehrerbietigst zu überreichen.

Wie aus diesem und den früher überreichten Berichten hervorgeht, hat die Kommission eine gröfsere Zahl neuerer Dampfkesselfeuerungen, welche den Rauch zu vermeiden bezwecken, durch Sachverständige aus ihrer Mitte untersuchen lassen; insbesondere sind seit der zweiten Sitzung der Kommission die Kohlenstaubfeuerungen Gegenstand ihres lebhaften Interesses gewesen. Die in dem anliegenden Bericht enthaltenen Mittheilungen über diese neue und vielversprechende Feuerung, die sich nicht nur auf die Frage der Rauchverhütung, sondern auch auf die Herstellung des Staubes in technischer und finanzieller Beziehung, auf den Transport und die Lagerung des Staubes, die Beschickungsvorrichtungen, das Trocknen der Kohle vor dem Vermahlen, die Anwendung der verschiedenen Kohlensorten bei den verschiedenen Kesselsystemen u. s. w. erstreckt haben, erscheinen wohl geeignet, den gegenwärtigen Stand der Kohlenstaubfeuerung zu kennzeichnen. Dafs zu dieser aufklärenden und erschöpfenden Aussprache die von Euer Excellenz gütigst gestattete Theilnahme mehrerer Vertreter und Besitzer von Kohlenstaubfeuerungen verschiedener Systeme erheblich beigetragen hat, erlaube ich mir dankbar zu erwähnen.

Euer Excellenz haben in hochderen Erlafs vom 27. April 1890 an den Ausschufs des Centralverbandes der preufsischen Dampfkessel-Ueberwachungsvereine, welcher zur Bildung der Kommission Veranlassung gegeben hat, eine gutachtliche Aeufserung darüber verlangt:

> „Inwieweit es nach dem gegenwärtigen Stande der Feuerungstechnik zweckmäfsig und durchführbar erscheint, allgemeinen Vorschriften zur Verhütung des übermäfsigen Rauchens der Schornsteine in einer Industrie und Gewerbe nicht allzu drückenden Weise näher zu treten“,

wobei nur gröfsere gewerbliche Feuerstätten in Betracht gezogen werden sollten.

Die bisherigen Verhandlungen haben ergeben, dafs in Uebereinstimmung mit den im Erlafs Euer Excellenz vom 27. April 1890 niedergelegten Erwägungen die Kommission es nicht für angängig hält, zur Erreichung rauch- und rufsfreier Verbrennung bestimmte Feuerungseinrichtungen vorzuschreiben. Denn die bisher bekannten Einrichtungen, zum gröfsten Theil neueren und selbst allerneuesten Datums, sind keineswegs so vielseitig erprobt und bewährt, dafs man mit gesichertem Erfolg ihre allgemeine Anwendung anordnen könnte, und selbst wenn es der Fall wäre, müsste die Erwägung, dafs die zwangsweise Einführung einer oder einiger Feuerungen dem weiteren Fortschritt der erfinderischen Thätigkeit auf diesem Gebiete das gröfste Hemmnifs bereiten würde, diesen Weg als ungangbar erscheinen lassen. Dagegen ist die Kommission zu der Ueberzeugung gelangt, dafs es gegenwärtig be-

---

[1]) Dieser Bericht findet sich auch in den Verhandlungen des Vereins zur Beförderung des Gewerbfleifses im Königreich Preufsen 1894, S. 232 bis 275, unter: C. Schneider, über Rauchverbrennung, sowie in der Zeitschrift des internationalen Verbandes des Dampfkessel-Ueberwachungsvereines 1894, S. 268 u. f.

reits eine gröſsere Zahl von Dampfkesselfeuerungen giebt, welche so betrieben werden können, daſs durch die aus dem Schornstein entweichenden Verbrennungsprodukte Belästigungen oder gar Gesundheitsschädigungen des Publikums ausgeschlossen sind, und daſs deshalb die Aufsichtsbehörden veranlaſst werden sollten, gegen das ein solches Maſs überschreitende Rauchen der Schornsteine einzuschreiten. Freilich wurde dabei zugleich betont, daſs diese Einwirkung der Behörden mit groſser Vorsicht gebotenen Falls auch mit Schonung und durch geeignete technisch erfahrene Organe, als welche in erster Linie die Ingenieure der Dampfkessel-Ueberwachungsvereine berufen erscheinen, erfolgen müsse, um nicht durch Störung des gewerblichen Lebens groſse wirthschaftliche Nachtheile herbeizuführen. Nicht zweckmäſsig erscheint es, in solchen Dingen überall und vollständig das höchste Maſs der möglichen Leistung zu verlangen; nicht allein wird man die Ansprüche auf Rauchverminderung je nach den örtlichen Verhältnissen verschieden bemessen, sondern auch überall, selbst inmitten der Städte, sich mit der Erreichung eines etwa mit „rauchschwach" zu bezeichnenden Zustandes begnügen sollen. Diese vorsichtige Beschränkung dürfte auf dem fraglichen Gebiet schon deshalb unabweisbar sein, weil, wie die Erfahrung gelehrt hat, in Bezug auf vortheilhafte Ausnutzung des Brennstoffes die rauchschwache Feuerung der gänzlich rauchfreien in der Regel überlegen ist, sodaſs es vom wirthschaftlichen Standpunkt nicht empfohlen werden kann, letztere durchaus zu erstreben.

Insbesondere ist auſserdem nach Ansicht der Kommission zu beachten, daſs die besten Einrichtungen unwirksam bleiben, wenn sie nicht dauernd gut gehandhabt und überwacht werden, deshalb ist vor allem auf die Ausbildung und Verwendung von tüchtigen Heizern, auch seitens der Aufsichtsbehörden, Werth zu legen, von Heizern, die nicht nur durch Geschicklichkeit ihrer schwierigen Aufgabe gewachsen sind, sondern auch durch ihre Charaktereigenschaften Gewähr dafür bieten, daſs sie sich ihrer groſsen Verantwortung dauernd bewuſst bleiben. Die ihre Thätigkeit überwachenden Organe müssen durch reiche praktische Erfahrung ihrer Aufgabe gewachsen sein.

Aus den Aeuſserungen der Kommissionsmitglieder geht ferner hervor, daſs — besonders innerhalb der Städte — die immer mehr in Anwendung kommenden Centralheizungen in viel höherem Maſse zur Belästigung durch Rauch beitragen als die Schornsteine der meist im Auſsengebiet der Städte sich ansiedelnden Fabriken. Für diese Centralheizungen lassen sich, wie aus den Verhandlungen der Kommission hervorgeht, rauchlose Feuerungen ebensowohl wie an Dampfkesseln anbringen, und nach Art und Lage ihrer Anwendung ist bei ihnen die Forderung, daſs sie rauchlos arbeiten sollen, selbst mit einigen finanziellen Opfern, meist mehr berechtigt als bei gewerblichen Feuerungen.

Durch ihre bisherigen Arbeiten und durch die von mir im Vorstehenden mitgetheilte Aeuſserung zu der von Euer Excellenz vorgelegten Frage glaubt die Kommission im wesentlichen den Erwartungen, die zu ihrer Bildung führten, entsprochen zu haben. Sie nahm deshalb Veranlassung, sich mit der Frage der Fortsetzung ihrer Arbeiten zu beschäftigen. Weitere Versuche an Feuerungsanlagen in der bisher geübten Weise würden nur dann einen bedeutenden Zweck haben, wenn dabei die verschiedenen Systeme unter den verschiedensten Verhältnissen, insbesondere auch mit den verschiedensten Brennstoffen, erprobt würden. Dazu reichen die persönlichen Kräfte und die Geldmittel der Kommission bei Weitem nicht aus. Auch dürfte es richtiger sein, die Ausbildung und vielseitige Anwendung neuerer Feuerungseinrichtungen in erster Linie von den daran zunächst betheiligten Konstrukteuren und Geschäftsleuten zu erwarten. Nichtsdestoweniger hat die Kommission beschlossen, vorläufig weiter zu bestehen, indem sie sich die Aufgabe gestellt hat, auch ferner die Entwicklung der Feuerungen zu beobachten, an Versuchen, die zur Aufklärung und zur Erprobung in besonderen Fällen erwünscht sein sollten, mit Rath und That mitzuwirken und von Zeit zu Zeit in persönlichen Zusammenkünften, wie bisher, die inzwischen gemachten Erfahrungen zusammenzutragen und zu erörtern."

Hinsichtlich der Einzelheiten dieser Schlufsverhandlung der Kommission, wie auch in Bezug auf die Darlegungen der einzelnen Redner muss auf den stenographischen Bericht verwiesen werden, der naturgemäfs manches in der Eingabe allgemein Bemerkte klarzustellen geeignet ist. Wenn auch gegen den einen oder anderen Satz der Eingabe des Vorsitzenden der Kommission Einwendungen erhoben werden können, so erhellt doch aus derselben, dafs das Endergebnifs der Arbeiten dieser grofsen, auf Veranlassung des kgl. preufs. Ministers für Handel und Gewerbe gebildeten Kommission, bestehend aus Vertretern der Behörden, der Industrie und aus Sachverständigen, in der Hauptsache das Gleiche ist wie dasjenige, zu dem das vom Vereine deutscher Ingenieure berufene Preisgericht als Kollegium von Sachverständigen gelangte.

Wird nach Mafsgabe dessen, was hiermit in Hinsicht auf die Frage der Rauchbelästigung durch Dampfkesselfeuerungen übereinstimmend in ausreichender Weise klargestellt erscheint, verfahren, so dürfte diese Belästigung da, wo sie wirklich von Bedeutung ist, eine wesentliche Milderung erfahren. Was auf dem Gebiete der übrigen, zu berechtigten Klagen über Rauchbelästigung Veranlassung gebenden Feuerungen behufs Abstellung erheblicher Mifsstände unter Berücksichtigung der jeweils in Betracht kommenden Verhältnisse zweckmäfsigerweise geschehen kann, darüber wird sich hoffentlich ebenfalls eine die Sache fördernde Klarstellung geben lassen, nachdem das zweite Preisausschreiben des Vereines deutscher Ingenieure, betr. die Feuerungseinrichtungen, welche für Haushaltungszwecke u. s. w. behufs Erzielung einer möglichst rauchfreien Verbrennung seither angewendet wurden, seine Erledigung erfahren haben wird.

Vorwort.

Die vorliegende Arbeit ist entstanden im Auftrag des Vereines deutscher Ingenieure, im Anschlufs an das von diesem Verein erlassene Preisausschreiben über die bei Dampfkesseln angewandten Feuerungseinrichtungen zur Erzielung einer möglichst rauchfreien Verbrennung[1]). Ihr Zweck ist, in Übereinstimmung mit den durch das Preisausschreiben zum Ausdruck gekommenen Bestrebungen des genannten Vereines, eine dem heutigen Stand der Technik entsprechende Darstellung dieser Feuerungseinrichtungen zu geben und dadurch einer Klärung der Frage der Rauchbelästigung auch in weiteren Kreisen die Wege zu ebnen.

Die Arbeit hat demgemäfs insonderheit die Aufgabe, dem immer noch weitverbreiteten Irrtum entgegenzutreten, als gäbe es gewisse Feuerungen, deren Einführung zum Zwecke der Rauchverhütung allgemein vorgeschrieben werden könnte, oder als hätten wir gar die Feuerungen, welche uns von der Rauchplage zu befreien berufen sind, erst von der Zukunft zu erwarten. Sie soll vielmehr der Erkenntnis immer weitere Verbreitung verschaffen, dafs bei den vielgestaltigen Verhältnissen auf diesem Gebiete, bei der Verschiedenheit der Brennstoffe, der Betriebsverhältnisse und der Kesselsysteme, bei dem grofsen Einflufs örtlicher Verhältnisse und nicht zum wenigsten bei der notwendigen Rücksichtnahme auf wirtschaftliche Erwägungen eine für alle Fälle passende Feuerung ein Ding der Unmöglichkeit ist, dafs wir aber unter den bestehenden Feuerungen Einrichtungen in genügender Zahl besitzen, welche, am richtigen Platze angewendet und richtig behandelt, durchaus zufriedenstellende Resultate ergeben. Dabei ist namentlich auch des grofsen Einflusses der Bedienung zu gedenken, und darauf hinzuweisen, dafs selbst die beste Einrichtung bei unverständiger oder nachlässiger Behandlung den Erwartungen nicht zu entsprechen vermag, dafs aber andererseits selbst der einfache Planrost, von einem verständigen und gewissenhaften Heizer bedient, befriedigend rauchfrei arbeiten kann. Die notwendige Rücksichtnahme auf die Interessen der Industrie verlangt weiterhin, dafs nicht allein die Frage behandelt wird, inwiefern die verschiedenen Feuerungen eine

[1]) Siehe hierüber Begleitwort S. III u. f.

rauchfreie Verbrennung zu erzielen vermögen, es mufs auch die mindestens ebenso wichtige und von der ersten nicht zu trennende Frage nach der Wirtschaftlichkeit des Betriebes eingehend erörtert werden.

Um nun bei dem reichhaltigen Stoff die Erlangung eines klaren Überblickes zu ermöglichen, habe ich mich bemüht, die gleichartigen und denselben Gedanken verfolgenden Konstruktionen jeweils zusammenzustellen und gemeinsam zu besprechen. Die Arbeit behandelt demzufolge nach Erörterung der Vorgänge bei der Verbrennung und der Ursachen der Rauchentwicklung, ausgehend von der einfachen Planrostfeuerung und nach eingehender Besprechung ihrer Bedienung, ihres Baues und ihres Betriebes, zunächst die vielen im Lauf der Zeit entstandenen besonderen Einrichtungen an derselben, weiterhin diejenigen Konstruktionen, welche durch besondere Gestaltung des Verbrennungsraumes und durch besondere Leitung des Verbrennungsvorganges die Hauptursache der Rauchentwicklung beim einfachen Planrost, den Einflufs der Beschickung, zu umgehen suchen, und endlich die Feuerungen mit ununterbrochener Beschickung, sowie diejenigen mit Verwendung von Brennstoff in besonderer Form. Von der Aufnahme der Feuerungen mit flüssigem Brennstoff glaubte ich bei der geringen Bedeutung, welche sie für unsere deutschen Verhältnisse zur Zeit im allgemeinen besitzen, absehen zu können.

Zur Kennzeichnung der vielen, immer und immer wieder auftauchenden neuen Feuerungen (übrigens in der Regel längst bekannte Konstruktionen, die nur in ein wenig verändertes Gewand gekleidet erscheinen) mufsten neben unseren bewährten heutigen Feuerungen auch viele nur in der Patentlitteratur zu findende Einrichtungen aufgenommen werden, die zwar einen richtigen Gedanken verfolgen, aber praktisch als unbrauchbar sich erweisen.

Ich habe mich bemüht, die verbreitetsten Feuerungen möglichst durch Ausführungszeichnungen wiederzugeben. Als Unterlage für die Arbeit dienten neben den Veröffentlichungen in der Zeitschrift des Vereines deutscher Ingenieure und der sonstigen einschlägigen Litteratur, sowie neben dem, was ich als Schüler des Herrn Baudirektor von Bach den Vorträgen desselben über Dampfkesselfeuerungen an der Techn. Hochschule in Stuttgart verdanke, insbesondere die drei vom Verein angekauften Preisschriften, sowie das von einer Reihe von Firmen auf ein seitens des Vereines erlassenes Rundschreiben bereitwilligst zur Verfügung gestellte Material.

Ich sehe es als meine Pflicht an, für die hierin liegende, sowie für die sonstige mir zu Teil gewordene Unterstützung an dieser Stelle meinen aufrichtigen Dank auszusprechen.

Stuttgart, im November 1898. **F. Haier.**

Inhalts-Übersicht.

Einleitung.

Mit dem fortwährenden Wachstum der Industrie und mit dem beständig zunehmenden Zusammendrängen der Bevölkerung in gröfsere Städte oder dicht bewohnte Bezirke sind auch die Klagen über den Rauch der vielen daselbst angehäuften Feuerungen von Haushaltungen und Centralheizungen, von gemeinnützigen und gewerblichen Anlagen aller Art immer zahlreicher geworden.

Zwar ist es eine umstrittene und nicht der Technik zur Lösung zufallende Frage, in welchem Mafse die aus den Feuerungen abströmenden Stoffe, seien es Produkte einer vollkommenen oder einer unvollkommenen Verbrennung, durch Verunreinigung der Luft oder durch Erzeugung schmutziger Nebel schädigend auf den Lebensprozess der verschiedenen Organismen einwirken. Jedenfalls aber steht soviel fest, dafs eine solche Schädigung, sofern sie wirklich eintritt, um so geringer ist, je vollkommener die Verbrennung vor sich geht, und aufserdem kann nicht geleugnet werden, dafs die den Rauch bildenden festen Produkte der unvollkommenen Verbrennung, zusammen mit der etwa ausgeworfenen Flugasche, geeignet sind, Behaglichkeit und Annehmlichkeit des Lebens in hohem Grade zu stören. Ganze Städte erhalten durch sie ein düsteres Aussehen, und nicht selten wird durch Beschmutzen von Gebäuden, Kunstwerken, Kleidern u. s. w. eine empfindliche Schädigung der Besitzer dieser Gegenstände herbeigeführt, sei es, dafs eine dauernde Entwertung der letzteren eintritt, oder dafs ihre Reinigung erhebliche Kosten verursacht.

Es ist daher nicht zu verwundern, dafs die Behörden vielfach versucht haben, durch polizeiliches Einschreiten, Erlafs von Rauchverboten und dergleichen die Rauchbelästigung zu beseitigen oder doch einzuschränken[1]).

Allein abgesehen davon, dafs dieses Vorgehen sich immer nur gegen die Dampfkesselfeuerungen richtete, also insofern einseitig war, als in vielen Fällen ein nicht geringer Anteil an der Rauchbelästigung den Haushaltungsfeuerungen zufällt[2]), konnten alle diese Verbote schon deshalb keinen Erfolg erzielen, weil die Ursache der Rauchentwicklung in sehr vielen Fällen in der Bedienung liegt, zum Teil also menschlicher Unvollkommenheit zur Last

[1]) In England, wo schon frühzeitig eine kräftige Industrie sich entwickelt hatte, machte sich bereits im 17. Jahrhundert eine starke Bewegung gegen die Rauchbelästigung geltend (s. R. Weinlig, Zeitschrift des Vereines deutscher Ingenieure 1884, S. 915), während polizeiliche Erlasse, die jedoch ohne jeden Erfolg blieben, dort wie auch in Frankreich schon seit den vierziger Jahren zu finden sind. (S. Zeitschrift des Vereines deutscher Ingenieure 1882, S. 42 u. ff. C. Bach und 1881 S. 915 u. ff. R. Weinlig.)

[2]) C. Bach, Zeitschrift des Vereines deutscher Ingenieure 1882, S. 43 und S. 92.

fällt, und weil es zudem gar nicht möglich ist, den vielgestaltigen für das rauchfreie Arbeiten einer Feuerung in Betracht kommenden Verhältnissen in einem Gesetzesparagraphen gebührend Rechnung zu tragen. Eine strenge Durchführung der Erlasse ohne Berücksichtigung aller von Fall zu Fall wechselnden Umstände hätte daher immer nur eine schwere Schädigung der Industrie verursacht, weshalb sie in der Regel bald entweder umgangen, oder wenigstens derart abgeschwächt wurde, dafs zwar eine solche Schädigung entfiel, ein Erfolg aber auch nicht mehr möglich war.

Zwar kann ja wohl einer Belästigung durch die gasförmigen Produkte der Verbrennung allgemein und in einfachster Weise durch Erstellung genügend hoher Schornsteine entgegengetreten werden. Diese Mafsregel ist auch umsomehr zu empfehlen, als infolge des durch den hohen Schornstein bedingten kräftigen Zuges ihre Durchführung in allen Fällen für die Anlage nur von Nutzen sein kann.

Auch der bei vollkommener und unvollkommener Verbrennung, namentlich bei manchen Braunkohlensorten auftretenden Belästigung durch Flugasche läfst sich in den meisten Fällen durch geeignete Vorrichtungen, insbesondere durch Anlage genügend grofser Aschenkammern in den Feuerzügen entgegentreten. Die Flugasche lagert sich darin ab und kann von Zeit zu Zeit ohne besondere Schwierigkeit, jedenfalls aber ohne weitergehende Belästigung, entfernt werden.

Anders liegen jedoch die Verhältnisse bezüglich des bei der unvollkommenen Verbrennung entstehenden Rauches.

Zwar läfst sich auch hier manche Belästigung dadurch vermeiden, dafs man sowohl die Züge als auch den Schornstein öfters und gründlich reinigt, wobei der letztere während seiner Reinigung abgedeckt wird. Ferner könnte durch Verwendung rauchfrei oder doch rauchschwach arbeitender Brennstoffsorten eine gewisse Abhilfe geschaffen werden. Allein abgesehen davon, dafs derartige Brennstoffe für allgemeine Benützung nicht in genügender Menge vorhanden sind, können aus dem Zwange, solche verwenden zu müssen, für einen Betrieb schwere wirtschaftliche Nachteile erwachsen. Überhaupt darf bei der Beurteilung der vorliegenden Frage nicht übersehen werden, dafs wirtschaftliche Rücksichten in hohem Grade dabei in Betracht kommen. Allerdings trifft ja bis zu einem gewissen Grade die Forderung der Allgemeinheit mit derjenigen eines möglichst sparsamen Betriebes zusammen. Dort, wo die Kohlen am vollkommensten verbrennen, wo also am wenigsten Rauch entwickelt wird, findet im allgemeinen auch die beste Ausnützung derselben statt[1]). Jedoch ist nicht zu vergessen, dafs die Dampfkosten aufser von dem Wirkungsgrad der Anlage noch ganz wesentlich von dem Preis der Kohle sowie von den Anlage- und Unterhaltungskosten von Kessel und Feuerung abhängen.

So hat der Umstand, dafs der Kohlenpreis in den verschiedenen Gegenden aufserordentlich verschieden ist und mit der Entfernung von den Kohlenbezirken wächst, ganz von selbst dazu geführt, dafs man z. B. in Süddeutschland und der Schweiz frühzeitiger und mit viel mehr Eifer bestrebt war, Feuerungen mit hohem Wirkungsgrad auszubilden und anzulegen und dafs daher auch dort verhältnismäfsig viel weniger stark rauchende Schornsteine angetroffen werden als in der Nähe der Kohlengruben.

[1]) Vergl. übrigens hierzu auch S. 8, Anmerkung 1.

Da aber solche Feuerungen in der Regel höhere Anlagekosten bedingen als der einfache Planrost, so wird es in Gegenden, wo die Kohlen billig sind und wo deshalb auch die Industrie am kräftigsten entwickelt zu sein pflegt, immer noch wirtschaftlich vorteilhafter sein können, in billiger Anlage, also mit geringerem Aufwand für Verzinsung und Abschreibung, aber bei weniger guter Ausnützung der Kohle zu arbeiten, als in teurer Anlage, welche zwar bessere Ausnützung gestattet, bei der aber höhere Beträge für Verzinsung und Abschreibung in Rechnung zu stellen sind. Bedenkt man dabei noch, daſs in Industriegegenden die Bevölkerung von dieser Industrie lebt und aus ihr Nutzen zieht, also auch gewisse schwer vermeidbare Belästigungen leichter mit in den Kauf nimmt, so leuchtet ein, daſs die Ansprüche bezüglich der Rauchverhütung je nach den örtlichen Verhältnissen verschieden sein müssen.

Sodann ist, wie schon bemerkt, nicht zu vergessen, welch groſse Rolle bei der Rauchentwicklung die Bedienung spielt, daſs man also bezüglich der Rauchbelästigung nicht unerheblich von dem Verständnis, der Zuverlässigkeit und der Ausdauer des Heizers abhängig ist. Namentlich dieser Punkt darf bei etwa zu ergreifenden Mitteln gegen die Rauchbelästigung nicht übersehen werden, vielmehr wird in allen Fällen zuerst festzustellen sein, bis zu welchem Grade letztere auf Rechnung der Bedienung zu setzen ist. Dieser Umstand wird ferner dazu führen müssen, bei der Auswahl eines Heizers die nötige Sorgfalt obwalten zu lassen, für die Heranbildung guter Heizer zu sorgen, ihre Überwachung in zweckmäſsiger Weise zu regeln und sie ihrer Dienstleistung entsprechend zu bezahlen [1]).

Erwägt man endlich noch, daſs im weiteren der Grad der Rauchentwicklung abhängt von den besonderen Verhältnissen der Anlage, von der Beschaffenheit des verwendeten Brennstoffes, von dem Kesselsystem und von der Art und der Stärke des Betriebes, so wird man einsehen, daſs eine allgemeine Regelung hier schlechterdings nicht durchführbar ist. Vielmehr ist klar ersichtlich, daſs ein wirklich erfolgreiches Vorgehen gegen die Rauchbelästigung, eine Beseitigung derselben oder doch ein Zurückführen auf ein erträgliches Maſs nur von Fall zu Fall und nur unter Mitwirkung geeigneter, technisch erfahrener Organe ohne Verletzung berechtigter Interessen möglich ist [2]).

Daſs diese Einsicht in Deutschland allmählich in immer weitere Kreise eindringt und dadurch die Bekämpfung der Rauchbelästigung immer mehr in gesunde Bahnen gelenkt wird, ist nicht zum wenigsten dem Vorgehen und den Bemühungen des Vereines deutscher Ingenieure zuzuschreiben, welchem ja auch die vorliegende Arbeit ihre Entstehung verdankt, die als Wegweiser auf dem vielgestaltigen Gebiet der Dampfkesselfeuerungen dazu beitragen soll, jene Einsicht noch weiter zu vertiefen.

---

[1]) Als wirksames Mittel zur Anspornung der Heizer erweist sich auch die Verteilung von Ersparnisprämien, z. B. in der Art, wie es im Lokomotivdienst seit langem durchgeführt ist.

[2]) S. auch C. Bach, Über den Stand der Frage der Rauchbelästigung durch Dampfkesselfeuerungen. Zeitschrift des Vereines deutscher Ingenieure, 1896, S. 492 u. f. (Begleitwort, S. VIII u. f.).

Die Vorgänge bei der Verbrennung. Entstehung und Ursachen der Rauchentwicklung in den Feuerungen im allgemeinen.

Um für die Beurteilung der verschiedenen Feuerungskonstruktionen entsprechend dem Zwecke der vorliegenden Arbeit die richtigen Grundlagen zu gewinnen, ist zunächst das Wesen des Rauches klarzustellen und es sind die Ursachen seiner Entstehung zu erörtern. Die Vorgänge bei der Verbrennung müssen also einer eingehenden Betrachtung unterzogen werden.

Am einfachsten gestaltet sich der Verbrennungsvorgang bei denjenigen Brennstoffen, welche, wie Holzkohle, Koks und Anthrazit, neben mineralischen Bestandteilen, die sich als Asche oder Schlacke ausscheiden, ganz oder doch zum weitaus gröfsten Teil aus reinem Kohlenstoff bestehen.

Der auf seine Entzündungstemperatur (etwa 700° C.) unter Luftzufuhr erhitzte Brennstoff gerät ins Glühen und verbindet sich unter Wärmeentwicklung, aber zunächst ohne jegliche Flammenbildung, mit dem Sauerstoff der Luft zu Kohlensäure nach der Formel

$$C + 2\,O = CO_2.$$

Die entstandene Kohlensäure kann nun entweder zusammen mit dem etwa vorhandenen überschüssigen Sauerstoff sowie mit dem von der Luft herrührenden Stickstoff, die bei der Verbrennung entwickelte Wärme mit sich führend, ohne weiteres abziehen, um als Heizgas am Kessel entlang zu streichen; oder sie trifft — und das ist bei allen Rostfeuerungen die Regel — unmittelbar nach ihrer Entstehung auf weitere glühende Kohle, von der sie teilweise wieder zu Kohlenoxyd reduziert wird nach der Formel

$$CO_2 + C = 2\,CO.$$

Je nachdem nun dieses Kohlenoxyd bei genügend hoher Temperatur nochmals mit Sauerstoff zusammentrifft oder nicht, verbrennt es unter Bildung einer kurzen, bläulichen Flamme zu Kohlensäure

$$2\,CO + 2\,O = 2\,CO_2$$

oder zieht es unverbrannt ab. Mit der wieder gebildeten Kohlensäure kann derselbe Vorgang wiederholt sich abspielen.

Um bei diesen Brennstoffen eine vollkommene Verbrennung zu erzielen, wird es also nur nötig sein, zu verhindern, dafs etwa gebildetes Kohlenoxyd unverbrannt abzieht. Da nun dessen Entzündungstemperatur verhältnismäfsig niedrig ist, — sie liegt bei rund 300° C., einer Temperatur, die in Dampfkesselfeuerungen jedenfalls nur vorübergehend nicht vorhanden ist, — so wird sich diese Forderung nur darauf beschränken, dafs für die Beschaffung und richtige Verteilung der zur vollständigen Verbrennung erforderlichen Luft Sorge getragen wird, so dafs jedes Kohlenoxydteilchen den nötigen Sauerstoff rechtzeitig vorzufinden vermag. In der That tritt denn auch bei Dampfkesselfeuerungen, da die Verbrennung in der angedeuteten Weise ohne grofse Schwierigkeit zu leiten ist, Kohlenoxydbildung nicht sehr häufig und in der Regel nur vorübergehend ein, so dafs, da auch ihre Menge meist nicht übermäfsig grofs ist, ein beträchtlicher Verlust dadurch nicht entsteht, jedenfalls aber, da das Gas nur in sehr verdünntem Zustand durch den Schornstein ins Freie gelangt, von einer schädlichen Wirkung desselben keine Rede mehr sein kann.

Da aufserdem sowohl Kohlenoxyd als auch Kohlensäure unsichtbare Gase sind, feste Auswürfe, abgesehen von etwaiger Flugasche, aber bei der unvollkommenen Verbrennung dieser Stoffe nicht entstehen, so ist eine eigentliche Rauchbelästigung bei Verwendung derselben ausgeschlossen.

Nicht so einfach liegen die Verhältnisse bei den gewöhnlichen Brennstoffen: Holz, Torf, Braunkohle und Steinkohle, von denen für die Dampfkesselfeuerungen in der Hauptsache die beiden letzten in Betracht kommen.

Diese Brennstoffe enthalten neben dem Kohlenstoff noch Wasserstoff, Sauerstoff und Stickstoff, welche unter sich sowie mit dem Kohlenstoff in der verschiedensten Weise verkettet sind, ferner einen wechselnden, zuweilen ganz bedeutenden Prozentsatz an hygroskopischem Wasser und mineralischen Bestandteilen (Asche), und endlich in der Regel noch etwas Schwefel.

Bei der trockenen Destillation dieser Stoffe, wie sie z. B. in den Leuchtgasretorten oder in den Braunkohlenschweelcylindern vor sich geht, werden neben dem verdampfenden Wasser und einer geringen Menge flüchtiger Stickstoff- und Schwefelverbindungen brennbare Gase, in der Hauptsache Kohlenwasserstoffe der verschiedensten Zusammensetzung, ausgetrieben, während der gröfsere Teil des in dem Brennstoff enthaltenen Kohlenstoffes mit den mineralischen Bestandteilen in der Form von Koks als fester Rückstand verbleibt, welcher je nach der Art der Kohle zerfällt (Sandkohle), zusammensintert (Sinterkohle) oder unter Aufblähen zusammenbackt (Backkohle).

Die entweichenden Kohlenwasserstoffe unterscheiden sich nun zunächst dadurch, dafs sie ungleiche Siedetemperaturen besitzen. Aufserdem bleiben die leichter flüchtigen bei der Abkühlung auf die Temperatur der Luft gasförmig, während die in geringerer Menge vorhandenen, schwerer flüchtigen und als Teerdämpfe bezeichneten sich zu einer zähflüssigen Masse, dem Teer, kondensieren, welcher z. B. bei der Leuchtgasfabrikation und der Kokerei durch besondere Vorrichtungen abgeschieden wird.

Dieselbe Trennung wie bei der trockenen Destillation findet nun auch in den Feuerungen statt. Während aber der dabei gebildete Koks in der bereits oben erörterten Weise ohne allzu grofse Schwierigkeiten vollkommen, jedenfalls aber ohne sichtbaren Schornsteinauswurf, verbrannt werden kann, ist eine vollkommene Verbrennung der Kohlenwasserstoffe, welche unter Flammenbildung erfolgt, ungleich schwieriger zu erreichen.

Bei den in den Dampfkesselfeuerungen herrschenden Temperaturen scheiden einzelne Kohlenwasserstoffe, von denen im Wesentlichen zunächst nur der Wasserstoff verbrennt, Kohlenstoff in äufserst feiner Verteilung aus, welcher jedoch, sofern er die nötige Luftmenge vorfindet und sofern im Verbrennungsraum überall die nötige Temperatur vorhanden ist, weiterbrennt und das Leuchten der Flamme verursacht. Sinkt aber an irgend einer Stelle die Temperatur unter die zur Verbrennung dieses Kohlenstoffes erforderliche Höhe oder ist die Luft schlecht mit den zu verbrennenden Gasen vermischt, so dafs der Kohlenstoff den zu seiner Verbrennung nötigen Sauerstoff nicht rechtzeitig zu finden vermag, so tritt eine Ausscheidung von Kohlenstoffteilchen ein, welche sich dann als „Rufs“ bemerkbar machen.

Zur vollkommenen Verbrennung der Kohlenwasserstoffe ist es also nötig, dafs an allen Stellen des Verbrennungsraumes die zu ihrer Entzündung nötige verhältnismäfsig hohe Temperatur herrscht und dafs aufserdem der erforderliche Sauerstoff zugegen ist. Wird diesen Bedingungen nicht entsprochen, so findet keine oder doch keine vollkommene Verbrennung statt. Die Dämpfe verdichten sich teilweise und scheiden Kohlenstoff und andere feste Bestandteile aus.

Im Schornsteinauswurf zwischen Rauch und Rufs zu unterscheiden, wie vielfach geschehen[1]) und dabei als Rauch die kondensierten Teerdämpfe, als Rufs dagegen den ausgeschiedenen Kohlenstoff zu bezeichnen, mufs, da die Ausscheidungen aus den verschiedenen Kohlenwasserstoffen meist von derselben Art sind, jedenfalls aber nur schwierig auseinander gehalten werden können, als unzulässig bezeichnet werden und zwar umsomehr, als eine derartige Trennung praktisch gar keinen Wert hat, da ja die Bedingungen zur Vermeidung fester Ausscheidungen aus sämmtlichen in Betracht kommenden Kohlenwasserstoffen vollständig dieselben sind, nämlich:

1. genügend hohe Temperatur im Verbrennungsraum,
2. Zuführung der richtigen, zur vollkommenen Verbrennung erforderlichen Luftmenge,
3. gute Vermischung der Luft mit den zu verbrennenden Gasen.

Die Höhe der Temperatur wird zunächst davon abhängen, wieviel von der durch die Verbrennung frei werdenden Wärme auf die entstehenden Gase und die noch vorhandene Verbrennungsluft übertragen wird und wieviel durch Leitung und Strahlung unmittelbar in die Wandungen des Verbrennungsraumes und in die ihn begrenzenden Heizflächen übergeht[2]). Der letztere Teil, welcher um so gröfser sich ergiebt, je höher der Temperaturunterschied zwischen der Brennstoffschicht und den Wandungen ist, je näher die letzteren dem Roste liegen und je wärmedurchlässiger sie sind, darf aber nur eine solche

[1]) S. Gutachten der vom Verband preufsischer Dampfkesselüberwachungsvereine 1891 eingesetzt gewesenen Kommission.

[2]) Eine genaue rechnerische Verfolgung der Temperatur im Verbrennungsraum müfste auf den Umstand Rücksicht nehmen, dafs sich die Wärmeaufnahmefähigkeit der Gase mit der Temperatur ändert. Sie ist jedoch, abgesehen von dem schwer zu berücksichtigenden Einflufs der Vermischung (s. unten) schon deshalb nicht durchführbar, weil uns eine genügend genaue Kenntnis der Gesetze über die Wärmeausstrahlung der Brennstoffschicht und über die Wärmeabgabe der verbrennenden Gase fehlt, und weil aufserdem in der Flamme selbst ein Wärmeverbrauch durch Dissociation stattfindet, über dessen Gröfse man gleichfalls keinen Anhalt besitzt.

Gröfse erreichen, dafs die Vollkommenheit der Verbrennung nicht gefährdet wird[1]). Er wird deshalb, je nach der Stärke der Wärmeentwicklung des Brennstoffes, verschieden sein müssen.

Eine Umgrenzung des Verbrennungsraumes mit stark wärmeentziehenden Heizflächen, welche den Vorteil bietet, dafs die Wärme rasch und ohne Verluste an den Ort ihrer Bestimmung gelangt, erweist sich im allgemeinen nur bei Brennstoffen von hohem Heizwert als zulässig. Bei solchen von geringem Heizwert ist dagegen, sofern nicht starkes Rauchen eintreten soll, der Verbrennungsraum möglichst mit wärmeundurchlässigen Wandungen zu umkleiden[2]) und aufserdem ist dessen Gröfse so zu bemessen, dafs die Verbrennung beendigt ist, bevor die Gase mit der Kesseloberfläche in Berührung kommen.

Die zur Verbrennung zuzuführende Luftmenge darf ein gewisses Mafs nicht überschreiten, da sonst die entwickelte Wärme sich auf eine gröfsere Gasmenge verteilen mufs, die Temperatur im Verbrennungsraum also abnimmt und die Verbrennung je nach der Gröfse dieser Abnahme beeinträchtigt wird. Die mindestens erforderliche Luftmenge darf aber eine gewisse Grenze auch nicht unterschreiten, sie mufs naturgemäfs gröfser sein, als der Sauerstoffmenge entspricht, welche der chemischen Zusammensetzung des Brennstoffes zufolge zur vollständigen Verbrennung eben noch ausreichen würde[3]). Der Grund hierfür liegt einmal in dem Umstand, dafs die Vermischung von Luft und Gas niemals vollständig gleichmäfsig erfolgt, sodann aber namentlich in folgendem: Mit fortschreitender Verbrennung nimmt der Sauerstoffgehalt des Gasgemisches immer mehr ab, die noch zu verbrennenden Gasteilchen treffen daher immer seltener auf Sauerstoffteilchen, verbrennen also immer langsamer und machen dadurch die Flamme umso länger, je geringer der Sauerstoffgehalt der Mischung ist. Infolge des stattfindenden Wärmeentzuges, dessen Einflufs auf die Verbrennung naturgemäfs um so gröfser ist, je langsamer diese verläuft, könnte nun, sofern ein Überschufs nicht vorhanden wäre, die Temperatur der noch zu verbrennenden Gase leicht unter die zur Entzündung notwendige sinken, bevor der erforderliche Sauerstoff sich fände. Eine Verbrennung würde also nicht

[1]) Eine solche Gefährdung tritt naturgemäfs leichter ein bei gasreichen (langflammigen) Brennstoffen als bei gasarmen (kurzflammigen), weshalb erstere ungleich schwieriger rauchfrei zu verbrennen sind als letztere.

[2]) Während des Anheizens läfst sich aber auch hiedurch die Bildung von Rauch nicht vermeiden.

[3]) Bei den Rostfeuerungen hängt die Gröfse des möglichen kleinsten Überschusses wesentlich von der Art der Verteilung der Kohle über den Rost, von der Stückgröfse und von etwa vorhandenen, die Mischung der entwickelten Gase mit der Verbrennungsluft befördernden Konstruktionsteilen ab, ferner von der Beschaffenheit der Kohle, namentlich ihrem Gehalt an gasbildenden und unverbrennlichen Bestandteilen, aufserdem von der Schnelligkeit, mit der die Luft den Rost durchströmt, also von der Zugstärke und der Anstrengung des Rostes, und endlich auch noch von der Art der Beschickung. Über die Gröfse dieses Überschusses siehe auch Zeitschrift des Vereines deutscher Ingenieure 1892, S. 838 (Fr. Hauff), 1894, S. 733 und 1896 S. 221 (R. Stribeck). An letzterer Stelle wird als erreichtes Mindestmafs bei fortlaufender Beschickung 15 bis 20 pCt. angegeben. Bei Kohlenstaubfeuerungen, wo allerdings schon von Anfang an eine sehr innige Mischung vorhanden ist, soll nach Versuchen von C. Schneider der Überschufs bis auf 2 pCt. heruntergebracht worden sein (s. Tabelle auf S. 130 und 131, Feuerung von de Camp), ohne dafs unverbrannte Gase in nennenswerter Menge nachzuweisen waren. (S. übrigens hierzu auch S. 132, Anmerkung 1.)

mehr eintreten und die Folge wäre, wie oben erörtert, eine Zersetzung der Kohlenwasserstoffe unter Abscheidung von Rufs.

Was endlich den Einflufs der Vermischung anbelangt, so ist zu beachten, dafs sowohl der erforderliche Luftüberschufs als auch die Raschheit der Verbrennung nicht unwesentlich von der guten Verteilung der Verbrennungsluft abhängen. Innige Mischung beschleunigt die Verbrennung bedeutend, verkürzt also die Flamme und bedingt infolge dessen eine erhebliche Temperatursteigerung. Schlechte Vermischung erfordert nicht nur einen höheren Luftüberschufs, erniedrigt also schon dadurch die Temperatur; sie verlangsamt aufserdem die Verbrennung in derselben Weise, wie dies bei Luftmangel der Fall ist, und rückt damit die Möglichkeit nahe, dafs infolge der zunehmenden Abkühlung Luft und Gas nicht mehr mit der nötigen Temperatur zusammentreffen, letzteres also unverbrannt abzieht.

Der durch unvollkommene Verbrennung entstehende Wärmeverlust pflegt, sofern er nur durch das nicht ausgenützte Heizvermögen des ausgeschiedenen Rufses bedingt ist, wie durch eine grofse Zahl von Versuchen nachgewiesen wurde, selbst bei sehr starker Rauchentwicklung 2, höchstens 3 pCt. des Heizwertes der Kohle nicht zu überschreiten. Auch die durch etwaigen Rufsansatz an den Heizflächen verursachte Erschwerung des Wärmeüberganges hat keinen erheblichen Verlust zur Folge; ein solcher wird sogar in den Fällen, wo für regelmäfsige und rechtzeitige Reinigung der Heizflächen Sorge getragen wird, nahezu ganz entfallen.

Gröfsere Einbufse erleidet dagegen der Wirkungsgrad durch unverbrannt abziehende Gase.

Bedeutend vermindert wird er aufserdem ziemlich häufig auch dadurch, dafs die Rauchentwicklung durch übermäfsige Luftzufuhr herbeigeführt wird, da hiebei die mit der Luft ungenützt durch den Schornstein abziehende Wärme beträchtlich anwächst. Von Einflufs auf die Gröfse dieses Verlustes ist aber aufser dem Grade des Luftüberschusses noch der Umstand, ob die überschüssige Luft schon von Anfang an durch den Rost in den Verbrennungsraum eingeführt wird, ob sie durch Undichtheiten der Wandungen des letzteren, durch besondere Oeffnungen in oder hinter der Feuerbrücke zuströmt, oder ob sie endlich erst später, nachdem die Gase schon einen mehr oder weniger grofsen Teil ihrer Wärme abgegeben haben, durch Fugen des Mauerwerkes in die Feuerzüge gelangt[1]).

Die bisherigen Erörterungen lassen erkennen, dafs das Hauptbestreben bei Einrichtung und Bedienung der Feuerungen darauf zu richten ist, die Temperatur im Verbrennungsraum genügend hoch zu halten und den Luftzutritt auf das geringste zulässige Mafs zu beschränken.

[1]) Über den Zusammenhang zwischen Rauchentwicklung und Wirkungsgrad ist noch anzufügen, dafs zwar der Rauch stets einen Wärmeverlust anzeigt, dafs aber aus dem Grad der Rauchentwicklung einer Feuerung durchaus nicht ohne weiteres auf deren Wirkungsgrad geschlossen werden darf. Letzterer kann vielmehr trotz anscheinend gleicher Färbung der Rauchsäule, je nachdem die Rauchbildung durch übermäfsige Luftzufuhr, schlechte Mischung, vorzeitigen Wärmeentzug u. s. w. verursacht wird, doch äufserst verschieden sein. Es ist sogar möglich, dafs er bei einer Anlage ohne sichtbaren Schornstein-Auswurf schlechter ausfällt als bei einer anderen mit rauchendem Schornstein.

Das häufig angetroffene Bestreben, die Rauchentwicklung durch starke nachträgliche Luftzufuhr vermindern zu wollen, mufs in vielen Fällen als verfehlt bezeichnet werden, da man auf diese Weise den Rauch in der Regel nicht vermindert, sondern nur verdünnt.

Schliefslich ist noch besonders zu betonen, dafs es sich in allen unseren Feuerungen nicht um „Rauchverbrennung" oder um „Rauchverzehrung" handelt, sondern dafs unser Bestreben nur das sein kann, überhaupt keinen Rauch entstehen zu lassen.

Die Verbrennung einmal ausgeschiedenen Rufses ist so schwierig zu erreichen, führt zu solchen Umständlichkeiten und wäre aufserdem meist wirtschaftlich so unzweckmäfsig, dafs eine solche ernstlich gar nicht in Frage kommen kann.

I. Die Planrostfeuerung.

A. Ursachen der Rauchentwicklung auf dem Planrost.

Um zu untersuchen, inwieweit den allgemeinen Bedingungen der rauchfreien Verbrennung in den wirklichen Feuerungsanlagen, und zwar zunächst auf dem gewöhnlichen Planrost, entsprochen wird, betrachten wir den Verlauf der Verbrennung in dieser Feuerung von einer Beschickung zur andern. Wir gehen aus von dem Augenblick, wo der in gleichmäſsiger Schicht über den Rost verteilte Brennstoff sich in voller Glut befindet. Die Temperatur im Verbrennungsraum ist hierbei, sofern die zur vollkommenen Verbrennung hinreichende Luftmenge in richtiger Verteilung zugeführt wird, hoch genug, um die etwa noch nicht ausgetriebenen Kohlenwasserstoffe sowie das entwickelte Kohlenoxydgas zu entzünden und deren vollkommene Verbrennung zu sichern. Mit fortschreitender Verbrennung nimmt aber die Höhe der Brennstoffschicht ab, der Widerstand für die durchströmende Luft sinkt, die Menge der letzteren wächst also über das zur vollkommenen Verbrennung nötige Maſs, und die entwickelte Wärme ist genötigt, sich auf eine gröſser werdende Gasmenge zu verteilen. Die Temperatur im Verbrennungsraum wird daher allmählich sinken.

Nunmehr muſs frischer Brennstoff eingebracht, die Feuerthür also geöffnet werden. Infolge der Schornsteinwirkung strömt sofort eine bedeutende Menge kalter Luft in den Verbrennungsraum, kühlt diesen beträchtlich ab und entführt eine groſse Menge Wärme durch den Schornstein. Die Abkühlung sowohl, als auch der Schornsteinverlust werden dabei um so gröſser ausfallen, je gröſser die Luftmenge ist, je stärker also der Zug, je gröſser die Öffnung der Feuerthür, und je länger letztere offen steht. Da aber gleichzeitig auch frischer Brennstoff in den Verbrennungsraum eingebracht wird, welcher zu seiner Erwärmung und der damit verbundenen Austreibung der Gase und des in ihm enthaltenen Wassers weitere Wärme verbraucht, so sinkt je nach der Gröſse der Beschickung und je nach dem Gas- und Wassergehalt der Kohle die Temperatur noch weiter. Auſserdem aber wird, da mit dem Zubringen von Brennstoff die Schichthöhe sich vergröſsert und infolge der Abkühlung die Zugstärke sich verringert, die Menge der durch die Brennstoffschicht strömenden Luft abnehmen.

Es ist daher sehr leicht möglich, daſs die entstehenden Kohlenwasserstoffe, deren in jedem Zeitteilchen zu verbrennende Menge von Menge und Art der eingebrachten Kohle und von dem Verlauf und der Lebhaftigkeit der Entgasung abhängig ist, weder die nötige Entzündungstemperatur noch die nötige Luftmenge vorfinden, daher nur unvollkommen verbrennen können und deshalb zur Bildung von Rauch Anlafs geben, und zwar umso mehr, je kräftiger und je rascher die Gasentwicklung erfolgt. Würde man durch Verstärkung des Zuges die Luftzufuhr nach der Beschickung derart gestalten, dafs ihre Menge eben hinreichend wäre, so könnte das Übel zwar verringert, jedoch nicht vollständig beseitigt werden, da ja die niedrige Temperatur nach wie vor vorhanden wäre.

Wir erkennen aus dem Erörterten, dafs in der Art der Rostbeschickung eine wesentliche Ursache der Rauchentwicklung bei der Planrostfeuerung liegt, dafs aber die dabei eintretende Verminderung des Wirkungsgrades nicht allein in der verloren gehenden Verbrennungswärme des ausgeschiedenen Rufses und der etwa unverbrannt abziehenden Gase ihre Ursache hat, sondern insbesondere auch darin liegt, dafs die im Überschufs einströmende kalte Luft eine grofse Wärmemenge ungenützt durch den Schornstein entführt.

Ähnliche Wärmeverluste verursacht das Schüren und Abschlacken des Rostes und zwar sind sie um so gröfser, je öfter diese Thätigkeiten vorgenommen werden müssen, je ungleichmäfsiger also die Kohle brennt, je stärker sie zusammenbackt und je mehr Schlacke ausgeschieden wird.

Die Rauchbildung ist hierbei je nach dem Stande des Feuers verschieden und kann unter Umständen ganz entfallen. Bei stark backender Kohle kann sie dadurch eine erhebliche Gröfse annehmen, dafs diese beim Zusammenbacken Gasblasen einschliefst, welche beim Aufbrechen der Kohlenklumpen plötzlich frei werden und dann meist die nötige Luft oder die nötige Temperatur nicht vorfinden. Mit der Schlackenbildung ist eine Rauchentwicklung insofern verbunden, als dadurch die Rostspalten verstopft und verschmiert werden, so dafs an den betreffenden Stellen der Luftzutritt gehindert und damit die Luftverteilung verschlechtert, unter Umständen sogar Luftmangel verursacht wird. Die Stärke der Schlackenbildung hängt aufser von der Art und Menge der mineralischen Bestandteile der Kohle wesentlich von der in der Kohlenschicht herrschenden Temperatur ab, wächst daher im allgemeinen mit der Schichtstärke sowie mit den sonstigen diese Temperatur erhöhenden Einflüssen[1]).

Weiter wird die Verbrennung durch ungleichmäfsige Bedeckung des Rostes ungünstig beeinflufst, welche bewirkt, dafs an einzelnen Stellen desselben, wo die Schicht niedrig oder gar der Rost unbedeckt ist, die Luft wenig oder gar keinen Widerstand findet, also in grofser Menge einströmt, während sie an anderen Stellen, wo die Verhältnisse umgekehrt liegen, nur in geringem Mafse zutritt; dadurch wird eine sehr ungleiche Verteilung der Luft verursacht und die Gefahr nahegelegt, dafs ein genügender Ausgleich des Sauerstoffgehaltes und der Temperatur der verschiedenen Strömungen nicht rechtzeitig genug erfolgt und Rauchbildung eintritt. Selbst durch stärkere Luftzufuhr (höheren Luftüberschufs), welche dann aber auch den Schornsteinverlust erhöht, kann hier nicht genügend Abhilfe geschaffen werden. Eine ganz ähnliche Wirkung hat ungleiche Stückgröfse, weil dadurch eine ungleich dichte Lagerung geschaffen und damit

[1]) Schädlich wirkt die Ausscheidung der Schlacken auch noch insofern, als letztere mit zunehmender Temperatur immer dünnflüssiger werden und beim Abfliefsen Kohlenteilchen einhüllen, welche dadurch der Verbrennung entzogen werden. Gefördert wird dieser Übelstand noch, wenn, wie dies in manchen Fällen geschieht, bei der Beschickung Kohle und Schlacke durcheinandergerührt werden.

auch an den verschiedenen Stellen ein verschieden grofser Widerstand für die durchströmende Luft herbeigeführt wird. Die ungleiche Vermischung der Luft mit den Gasen wird dabei noch dadurch verstärkt, dafs an den Stellen, wo die Stücke gröfser sind, neben dem stärkeren Zuflufs ein geringerer Bedarf vorhanden ist, da der Sauerstoff dort weniger Angriffsfläche findet und die Gasentwicklung langsamer verläuft.

B. Bedienung, Bau und Betrieb des Planrostes.

Um die Ursachen der Rauchentwicklung einzuschränken, ergeben sich zunächst für die Bedienung des Planrostes folgende Forderungen:

1. Das Offenhalten der Feuerthür zum Beschicken, Schüren und Abschlacken ist möglichst zu beschränken.
2. Der Brennstoff ist in kleinen Mengen[1]), also in kurzen Zwischenräumen, möglichst rasch aufzugeben[2]), und zwar dann, wenn das Feuer in höchster Glut sich befindet. Die Schicht soll also möglichst wenig niederbrennen.
3. Der Brennstoff soll von möglichst gleichmäfsiger Beschaffenheit sein und soll den Rost in möglichst gleichmäfsiger Höhe bedecken.

Die besten Ergebnisse wird kleinstückige Kohle (von Nufsgröfse) liefern, deren Lagerung nicht so dicht ist, dafs sie den Zug übermäfsig beeinträchtigt, die jedoch gestattet, mit kleinem Luftüberschufs zu arbeiten, da sie einerseits der durchströmenden Luft genügend Oberfläche zum Angriff darbietet und andererseits infolge der engen und stark verzweigten Kanäle die Luft gut verteilt.

Die Beschickung des Rostes wird hauptsächlich auf zwei Arten vorgenommen.

Die erste Art besteht darin, den Brennstoff gleichmäfsig über die brennende Schicht zu verteilen. Naturgemäfs findet hierbei eine sehr rasche Entgasung der Kohle statt, jedoch ist, sofern das unter 1 und 2 gesagte befolgt wird, die Menge der jedesmal entwickelten Gase, also auch die Rauchbildung, nicht sehr grofs. Die Abkühlung kann noch durch Abstellen des Zuges über die Dauer der Beschickung vermindert werden, während durch Verstärken desselben unmittelbar nachher etwaigem Luftmangel vorgebeugt werden kann.

Bei der zweiten Beschickungsart wird in der Weise verfahren, dafs man den Brennstoff vorn aufgiebt, wo er durch die im Verbrennungsraum herrschende hohe Temperatur entgast wird. Die entstehenden Gase werden hiebei genötigt, über die hellglühende Schicht wegzustreichen, finden also eher Gelegenheit, sich zu entzünden. So-

---

[1]) Die Beschickung in grofsen Mengen und übermäfsig grofsen Stücken ist auch insofern schädlich, als hiebei die Lagerung der glühenden Kohlen durch das Niederfallen des frischen Brennstoffes gestört und infolgedessen der gute Verlauf des Verbrennungsvorganges beeinträchtigt wird. Aufserdem aber birgt sie noch die Gefahr der Entstehung von Gasexplosionen in sich. Siehe hierüber namentlich Zeitschrift des bayerischen Dampfkesselrevisionsvereines 1898, No. 2 S. 10 u. ff., wo eingehend über das Auftreten solcher Explosionen und die Ursachen ihrer Entstehung berichtet wird.

[2]) Hiebei werden allerdings gewisse Grenzen einzuhalten sein. Werden die Zwischenräume zwischen 2 Beschickungen zu klein genommen, so nimmt die überschüssig zuströmende Luftmenge wieder zu und der erzielte Vorteil geht wieder verloren. S. auch S. 41.

bald die Entgasung beendet ist und die Kohle zu glühen anfängt, schiebt man letztere nach hinten und bringt wieder frischen Brennstoff auf[1]).

Eine derartige, nach C. Bach[2]) in den 80er Jahren von einem Lehrheizer in Basel geübte und verbreitete Art und Weise, die Feuerung zu beschicken, ist durch nebenstehende Figuren erläutert. Vor dem Aufwerfen wird der glühende Brennstoff mit einer entsprechend geformten Krücke zurückgeschoben, Fig. 1, sodafs ein nach drei Seiten von glühendem Brennstoff begrenzter Raum freibleibt, auf welchen man die frischen Kohlen (etwa 2—3 Schaufeln) aufwirft, wobei man aber, wie Fig. 2 zeigt, einen Teil des Rostes von 20 bis 30 cm Breite und 2 bis 5 cm Länge unbedeckt läfst.

Statt die zur Verbrennung der ausgetriebenen Gase erforderliche Luft durch die kleine auf dem Rost freigelassene Fläche zuströmen zu lassen, welche Methode, wenn sie nicht zur Verschwendung führen soll, einen erheblichen Grad von Aufmerksamkeit seitens des Heizers voraussetzt, benutzt man für diesen Zweck vielfach auch einstellbare Öffnungen in der Feuerthür. Um ferner zu vermeiden, dafs beim Aufwerfen auf den entblöfsten Rost und beim Zurückschieben des Brennstoffes Kohlenstückchen durch die Rostspalten fallen, wird zuweilen, namentlich bei Verwendung von magerer kleinstückiger Kohle, vorn eine Rostplatte eingebaut, die aber so grofs sein mufs, dafs sie den frischen Brennstoff aufnehmen kann. Die zur Verbrennung nötige Luft strömt dabei meist vollständig durch den eigentlichen, die glühende Brennstoffschicht tragenden Rost zu, und die ausgetriebenen Gase treffen beim Wegstreichen über letzteren mit ihr zusammen. Natürlich hindert nichts, auch in diesem Fall einen Teil der Luft durch Öffnungen der Feuerthür zuzuführen[3]). Ein Nachteil dieser Anordnung besteht darin, dafs die Rostplatte leicht verbrennt.

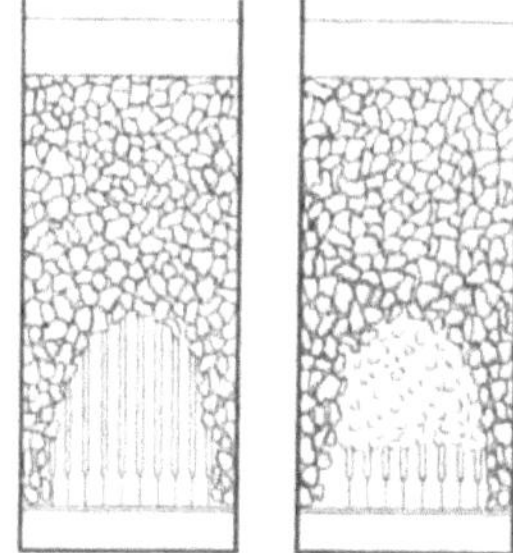
Fig. 1 und 2.

Dieses zweite Verfahren der Rostbeschickung ist namentlich bei kleineren Feuerungen zu empfehlen, sowie überall dort, wo es bei einer Planrostfeuerung darauf ankommt, den Rauch möglichst zu vermeiden. Es erfordert jedoch einen geschulten und gewissenhaften Heizer — andere als gewissenhafte Heizer sollten übrigens überhaupt nicht angestellt werden — und ist bei stark backender Kohle nicht anwendbar. Es kann auch, da die Feuerthür wegen des notwendigen Zurückschiebens länger offen zu halten ist, zu etwas gröfseren Schornsteinverlusten Anlafs geben. Sein Hauptmangel liegt jedoch darin, dafs es eine erhebliche Steigerung des Betriebes nicht zuläfst, ohne seine Vorteile einzubüfsen. Die vorn aufgegebene Kohle erfordert zur Entgasung eine gewisse Zeit, welche mit der Menge der Kohlen und mit deren Gasreichtum wächst[4]). Fehlt diese Zeit, so ist Rauchbildung beim Zurückschieben unvermeidlich. Natürlich ist hierbei auch, da ja nur ein Teil

[1]) Nach Schimming, Die Beurteilung der Dampfkessel, Leipzig 1886, soll dieses Verfahren zuerst in Cornwall gehandhabt worden sein.

[2]) S. Zeitschrift des Vereines deutscher Ingenieure 1883 S. 180.

[3]) Die Feuerthür selbst einige Zeit zu öffnen, wie es vielfach üblich ist, empfiehlt sich nicht.

[4]) Über Mittel, die Entgasung zu beschleunigen siehe S. 32.

des Rostes der eigentlichen Verbrennung dient, für dieselbe Leistung eine gröfsere Rostfläche erforderlich als bei gleichmäfsiger Verteilung der Kohle über den Rost.

Eine weitere, namentlich bei breiten Rosten zuweilen gebräuchliche Art der Beschickung besteht darin, dieselbe abwechselnd auf beiden Rosthälften vorzunehmen, so dafs immer die eine Hälfte in heller Glut sich befindet, wenn die andere frisch beschickt wird. Endlich ist auch noch eine Beschickungsart in Gebrauch, bei welcher der frische Brennstoff hinten an der Feuerbrücke aufgeworfen wird, so dafs die glühenden Gase darüber wegstreichen. Nach beendigter Entgasung wird alsdann der Brennstoff über den Rost ausgebreitet und die Neubeschickung vorgenommen. Die Einwirkung auf den frischen Brennstoff ist zwar hierbei aufserordentlich kräftig; dieses Verfahren erfordert jedoch, wenn die Wärmeverluste nicht erhöht werden sollen, eine grofse Gewandtheit in der Bedienung des Feuers.

Damit nun der Heizer auch wirklich in den Stand gesetzt wird, den im vorstehenden gegebenen Regeln richtig nachzukommen und damit Erfolg zu erzielen, mufs die Feuerung zweckentsprechend gebaut sein.

In erster Linie ist dies vom Rost zu verlangen. Derselbe soll in bequemer Höhe liegen (etwa 60—80 cm über dem Heizerstand) und mufs so grofs sein, dafs die Möglichkeit vorliegt, mit handlichen Schürgeräten, ohne allzu grofse Anstrengung, rasch die in Betracht kommenden Arbeiten vornehmen zu können. Zweckmäfsig ist es, dem Rost eine schwache Neigung nach hinten zu erteilen. Hierdurch wird nicht nur seine Unterfläche übersichtlich, sondern man kann bei dieser Anordnung auch die in den Spalten festsitzenden Schlacken, welche mit einem entsprechend geformten Gerät vorteilhaft von unten her losgelöst werden, vollständiger und rascher entfernen[1]). Zur Erleichterung dieser Arbeit empfiehlt es sich, in der zum Aschenfall führenden Öffnung einen geeigneten Stützpunkt für das Werkzeug anzubringen. In manchen Fällen ist es der besseren Bedienung halber rätlich, statt eines grofsen 2 kleine Roste anzuwenden.

Die zum Zweck der Rauchverhütung so oft in den verschiedensten Ausführungen angepriesenen Roststabkonstruktionen vermögen auf dieselbe nur mittelbaren Einflufs auszuüben. Durch unzweckmäfsige Gestaltung der Stäbe kann das Festsetzen der Schlacke begünstigt und die Reinigung erschwert und verlängert werden, so dafs auf diese Weise der Rauchbildung Vorschub geleistet wird.

Die Anforderungen, die an eine gute Rostkonstruktion gestellt werden müssen, sind folgende[2]):

1. Der Rost soll möglichst viel freie Fläche darbieten und die Luft zu allen Punkten der Brennstoffschicht in richtiger Menge mit möglichster Leichtigkeit zuströmen lassen[3]).

---

[1]) In vielen Fällen erweist sich die Neigung des Rostes schon deshalb als notwendig, um Höhe für die Feuerbrücke zu bekommen, ohne den Querschnitt für die darüber hinwegziehenden Gase, d. h. die Gröfse der Feuerluke, unzulässig zu vermindern.

[2]) S. hierüber auch Dr. H. Meidinger, Feuerungsstudien, Karlsruhe 1878.

[3]) Man trifft vielfach die kompliciertesten Rostanordnungen, welche offenbar das Bestreben verfolgen, die Luft in möglichst vielen Strahlen der Brennstoffschicht zuzuführen. Die Konstrukteure solcher

2. Durch die Rostspalten soll möglichst wenig Brennstoff fallen.
3. Der Rost soll sich bequem reinigen lassen.
4. Derselbe soll genügende Haltbarkeit besitzen.

Der Roststab mufs in erster Linie genügend hoch sein, um durch grofse seitliche Flächen der vorbei streichenden Luft die Möglichkeit zu gewähren, ihn genügend kühl zu halten. Seine Dicke ist, um den Luftzutritt möglichst wenig zu beschränken, nicht gröfser zu nehmen als notwendig; in der Regel überschreitet sie 8—10 mm nicht, ist aber bei manchen Rostarten, z. B. bei dem sehr verbreiteten Mehl'schen Rost, noch geringer (etwa 6 mm). Die Dicke ist hauptsächlich abhängig von der Höhe und Länge des Stabes, sie mufs genügenden Widerstand gegen Verwerfen und Zerspringen gewährleisten und ist aufserdem um so stärker zu nehmen, je mehr der Brennstoff Schlacken ausscheidet und je mehr er zusammenbackt. Die obere Fläche des Stabes, mit welcher die glühende Kohle in Berührung kommt, soll dachförmig sein, um die Luft möglichst unbehindert zuströmen zu lassen und die Berührungsfläche des Stabes mit dem Brennstoff möglichst klein zu gestalten. Die Spaltöffnung ist abhängig von der Beschaffenheit der Kohle, jedoch nicht allein von ihrer Stückgröfse, sondern auch von der Schlackenbildung. Dünnflüssige Schlacke fordert zur Vermeidung von Verstopfungen weitere Spalten als zähflüssige, welche nicht so sehr in die Spalten eindringt. Die Lebensdauer des Rostes ist abhängig von der mittleren Temperatur, welche die Stäbe im Betriebe annehmen. Diese ist wieder bedingt durch die Temperatur der Brennstoffschicht, welche abhängt von der Art des Brennstoffes, der Schichthöhe und dem Bau der Feuerung; aufserdem wird sie aber natürlich auch noch durch die Gröfse der Berührungsfläche zwischen Stab und Brennstoff und durch die Stärke des Wärmeentzuges seitens der vorbeistreichenden Luft beeinflufst, also durch die Menge der letzteren und durch die Höhe des Stabes.

Aufser dem Rost müssen aber auch die anderen Teile der Feuerung zweckmäfsige Abmessungen besitzen.

Die Feuerthür darf nicht unnötig grofs sein, damit der Luftzutritt beim Öffnen thunlichst beschränkt bleibt. Um das Nachsaugen von Luft zu vermeiden, sollen die Anlageflächen sämtlicher Verschlüsse gehobelt werden, und es ist durch zweckmäfsige Wahl der Form und der Abmessungen dafür zu sorgen, dafs kein Verziehen stattfindet. Die Feuerthür soll aufserdem leicht und womöglich selbstthätig schliefsen. Ferner ist zu empfehlen, zur Beobachtung der Flamme Schaulöcher anzubringen, so dafs der Heizer nicht genötigt ist, zu diesem Zweck jedesmal die Feuerthür zu öffnen.

Von nicht zu unterschätzendem Einflufs auf die Vollkommenheit der Verbrennung ist weiter die Anordnung der Feuerbrücke und der darüber entstehenden Öffnung, der Feuerluke. Der Zweck der Feuerbrücke besteht zunächst darin, zu verhindern, dafs Kohle in den ersten Feuerzug gestofsen wird. Ferner soll durch genügende Höhe der Brücke die Luft gezwungen werden, den Rost an allen Stellen in möglichst senkrechter Richtung zu durchströmen, so dafs ein möglichst gleichmäfsiger Abbrand

---

Roste übersehen jedoch, dafs der Rost nur als Träger des Brennstoffes dienen, im übrigen aber die Luftzufuhr möglichst wenig beschränken soll. Die Verteilung der Luft wird am besten durch die Brennstoffschicht selbst besorgt, deren gleichmäfsige Beschaffenheit daher vom Heizer sorgfältig zu erhalten ist. (S. auch S. 48.)

erzielt wird. Da es aber trotzdem niemals zu erreichen ist, den Zustand des Feuers völlig gleichmäfsig zu gestalten, wozu namentlich auch der Umstand beiträgt, dafs die Rostspalten nie ganz von angesetzten Schlacken freizuhalten sind, da also auch das vom Rost abziehende Gasgemisch keine gleichmäfsige Beschaffenheit besitzen wird, vielmehr aus einer Reihe neben einander herziehender ungleich starker Gas- und Luftströme besteht, welche vielfach auch noch verschiedene Temperaturen besitzen, so hat die Feuerluke die weitere Aufgabe, diese Verschiedenheiten, die um so gröfser sind, je ungleichmäfsiger Rostbedeckung und Stückgröfse sind, dadurch auszugleichen, dafs sie die Gase auf einen kleineren Querschnitt zusammendrängt und sie in der Regel aufserdem nötigt, vorher ihre Bewegungsrichtung zu ändern, um so der Herbeiführung einer möglichst vollständigen Mischung Vorschub zu leisten. Natürlich darf aber die Verengung nicht so weit getrieben werden, dafs dadurch der Zug unzulässig beeinträchtigt und die Temperatur im Verbrennungsraum (und damit auch der Verlust durch Ausstrahlung und unter Umständen die Schlackenbildung) zu sehr gesteigert wird. Auch darf dem Zweck der Feuerbrücke nicht dadurch wieder entgegengearbeitet werden, dafs durch die Art der Begrenzung der Öffnung die Verteilung des Luftzuflusses ungünstig beeinflufst und so die Gleichmäfsigkeit des Abbrandes mehr gestört als gefördert wird.

In vielen Fällen soll die Feuerbrücke noch dadurch zur Beförderung der Verbrennung beitragen, dafs sie zur Zeit der höchsten Glut Wärme in sich aufspeichert, die dann während der Entgasung an die vorbeistreichenden Destillationsprodukte abgegeben wird.

Die Verbrennung wird naturgemäfs durch einen genügend kräftigen Zug befördert[1]), weshalb es sich empfiehlt, aufser der richtigen Bemessung des Schornsteines, besonders der Höhe desselben, die ganze Anlage so zu gestalten, dafs unnütze Verengungen in den Zügen, unnötig viele und scharfe Wendungen, grofse Entfernung von Kessel und Schornstein u. s. w. möglichst vermieden werden. Auch ist darauf zu achten, dafs das Mauerwerk der Züge stets dicht ist, da die durch dasselbe nachgesaugte kalte Luft nicht nur den Zug beeinträchtigt, sondern auch den Schornsteinverlust erhöht und den Wärmeübergang vermindert.

Endlich ist es noch sehr zu empfehlen, durch ein Fenster im Dach des Kesselhauses oder durch eine Spiegelvorrichtung dem Heizer den Schornsteinkopf sichtbar zu machen, ihm also die Möglichkeit zu gewähren, den Erfolg seiner Thätigkeit zu beobachten, ohne dafs er genötigt ist, seinen Platz vor dem Kessel zu verlassen.

Weiteres über den Zusammenbau der Feuerung mit dem Kessel ist für die verschiedenen Arten der Planrostfeuerung (Vor-, Unter- und Innenfeuerung) gesondert zu besprechen. Zuvor aber mufs noch auf die Betriebsverhältnisse und deren Einflufs auf die Rauchbildung eingegangen werden.

Jeder Brennstoff liefert die günstigsten Verbrennungsergebnisse bei ganz bestimmter Schichthöhe, Zugstärke und aus letzterer sich ergebender Verbrennungsgeschwindigkeit bezw. Rostanstrengung.

Die günstigste Schichthöhe ist durch Probieren zu ermitteln. Sie darf nicht zu

[1]) Übermäfsig starker Zug ist insofern schädlich, als dadurch das Nachsaugen kalter Luft durch das Mauerwerk verstärkt wird, wodurch namentlich bei Kesseln mit Aufsenfeuerung der Wirkungsgrad nicht unerheblich beeinträchtigt werden kann.

klein sein, um gegenüber der niemals zu erzielenden vollständigen Gleichmäfsigkeit der Kohlenstücke, der Schichthöhe und des Abbrandes einen genügenden Ausgleich zu bieten und um zu verhindern, dafs die mit abnehmender Schichthöhe wachsenden, durch das Öffnen der Feuerthür hervorgerufenen Schwankungen der Temperatur des Flammenraumes unzulässig zunehmen. Andererseits darf sie aber auch nicht zu grofs werden, weil mit der Höhe die Schlackenbildung und die Beeinträchtigung der Zugstärke zunimmt.

Natürlich mufs der Schornstein die zur Erreichung der günstigsten Zugstärke erforderlichen Abmessungen besitzen.

Bei den verbreitetsten unserer Rostfeuerungen können nun aber die für die Verbrennung günstigsten Verhältnisse nur sehr selten festgehalten werden. Es liegt dies einmal daran, dafs man überhaupt vielfach nicht zum voraus weifs, wieviel Kohle auf dem Rost verbrannt werden soll, der Konstrukteur daher dessen Gröfse nicht nach der Dampferzeugung, sondern nur nach der Gröfse der Heizfläche festzulegen pflegt, sodann aber daran, dafs wohl bei keiner Kesselanlage der Dampfbedarf fortwährend derselbe bleibt, dafs in sehr vielen Fällen beträchtliche, oft plötzlich eintretende Schwankungen vorkommen, und dafs endlich die Beanspruchung nicht geändert werden kann, ohne dafs auch die anderen Gröfsen, namentlich die Zugstärke, eine Änderung erfahren.

Ist nun die Beanspruchung des Rostes zu grofs[1]), dieser also zu klein, so werden die einzelnen Beschickungen zu grofs, die Kohle mufs rascher verbrennen, die Gasbildung ist bedeutender und die Gase treten früher mit Heizflächen in Berührung. Die Gefahr der Rauchbildung wächst also beträchtlich.

Ist dagegen die Beanspruchung zu klein, d. h. ist der Rost für die betr. Verhältnisse zu grofs, so mufs der Zug gedrosselt werden. Die Verbrennung wird verlangsamt und der Ausgleich der verschiedenen Strömungen beim Wegfliefsen über die Feuerbrücke wird beeinträchtigt.

Dafs bei wechselnder Anstrengung, namentlich bei rascher Änderung der Wärmeentwicklung, die Entstehung von Rauch nicht vermieden werden kann, ist einleuchtend. In beiden Fällen, bei plötzlicher Steigerung der Wärmeentwicklung sowohl, als auch bei plötzlicher Verminderung wird das Gleichgewicht zwischen der zu verbrennenden Gasmenge und der hiezu erforderlichen Luft gestört. Im ersten Fall werden infolge der starken Beschickung plötzlich sehr viele Gase entwickelt, welche die zur Verbrennung nötige Luft nicht, oder wenigstens nicht rechtzeitig, vorfinden. Im zweiten Fall wird der Luftzutritt plötzlich gehemmt, sodafs die bereits entwickelten oder aus der schon aufgegebenen Kohle noch frei werdenden Gase, Luftmangels halber, Rauchbildung verursachen. Um dem abzuhelfen, dürfen eben die Änderungen nur allmählich vorgenommen werden, wobei für den Fall, dafs plötzlich eintretende Steigerungen zu erwarten sind, durch Anlage eines genügend grofsen, als Wärmespeicher dienenden Wasserraumes dafür zu sorgen ist, dafs sich der Übergang ohne unzulässige Schwankungen der Dampfspannung vollzieht.

[1]) Unzulässige Gröfse der Rostanstrengung kann auch durch zu kleine Heizfläche herbeigeführt werden. Die Wärme braucht nämlich zum Übergang in das Kesselwasser eine bestimmte Zeit; ist diese infolge ungenügend langer Berührung mit Heizflächen nicht vorhanden, so entweichen die Gase mit zu hoher Temperatur in den Schornstein, verursachen also einen bedeutenden Wärmeverlust und geben dadurch mittelbar zu stärkerer Beanspruchung des Rostes Veranlassung.

Übermäfsige Rostanstrengungen sollen unter allen Umständen ferngehalten werden, weshalb das Bestreben immer mehr dahin zu richten ist, den Rost von vornherein mit Rücksicht auf den gröfsten zu erwartenden Dampfverbrauch zu bemessen und durch Verschieben der Feuerbrücke, Abdecken des Rostes oder auf andere Art die Rostfläche derart dem jeweiligen Dampfbedarf anzupassen, dafs die Beanspruchung der günstigsten Gröfse möglichst nahe bleibt[1]).

Die Planrostfeuerungen zerfallen nun, je nach der Lage der Feuerung zum Kessel, in Vorfeuerungen, Unterfeuerungen und Innenfeuerungen.

Vorfeuerung: Die Feuerung ist dem Kessel vorgebaut. Ihre Wände sind nur aus feuerfesten Steinen gebildet, die eine erhebliche Menge Wärme aufzuspeichern vermögen. Die Anordnung hat daher der Unter- und Innenfeuerung gegenüber den Vorteil, dafs im Verbrennungsraum unter sonst gleichen Umständen während der ganzen Dauer des Betriebes eine höhere Temperatur herrscht, dafs die Abkühlung unmittelbar nach der Beschickung durch die in den Wänden aufgespeicherte Wärme teilweise wieder ausgeglichen wird und dafs geringere Temperaturschwankungen sich einstellen. Ferner ist nicht zu übersehen, dafs der Konstrukteur sowohl in der ganzen Anordnung als auch in der Wahl der einzelnen Abmessungen wegen der geringeren Abhängigkeit vom Kessel viel mehr Spielraum hat als bei Unter- oder Innenfeuerungen, bei denen er sich in der Regel mehr oder weniger in einer Zwangslage befindet.

Trotzdem nun diese Umstände eine rauchfreie Verbrennung nicht wenig begünstigen, leidet die Vorfeuerung doch an ganz erheblichen Nachteilen, welche bestehen

1. in gröfseren Wärmeverlusten nach aufsen,
2. in höherem Brennstoffaufwand zum Anheizen, welcher bei Anlagen, die nur Tagesbetrieb haben, gegenüber der Innenfeuerung einen unmittelbaren täglichen Verlust bedeutet,
3. in stärkerem Nachsaugen von Luft durch das Mauerwerk des Verbrennungsraumes, also an einer Stelle, wo die schädliche Wirkung überschüssiger Luft wegen der hohen Temperatur der Gase besonders grofs ist[2]),
4. in gröfserem Raumbedarf,
5. in höheren Anlagekosten,
6. in höheren Unterhaltungskosten, bedingt durch die stärkere Abnützung, welche um so gröfser ist[3]), je höher die Temperatur, je gröfser deren Schwankungen und je weniger widerstandsfähig das Mauerwerk ist.

---

[1]) S. auch R. Flimmer, „Über rauchfreie Verbrennung", Leipzig 1883, S. 17 u. f., wo diese Verhältnisse eingehend behandelt werden, sowie C. Bach, Über den Stand der Frage der Rauchbelästigung durch Dampfkesselfeuerungen, Zeitschrift des Vereines deutscher Ingenieure 1896, S. 492 u. f. (Begleitwort, S. VIII u. f., besonders auch S. VIII, Anmerkung 1). Zu verweisen ist aufserdem noch auf die beachtenswerten Schrägrostkonstruktionen von G. W. Kraft und Fr. Hochmuth, S. 104 u. f., welche diese Forderungen zu verwirklichen suchen.

[2]) Müller, Hamburg, sucht die Nachteile 1—3 dadurch zu vermeiden, dafs er die Wände der Vorfeuerung als Heizflächen ausbildet, womit er die Feuerung jedoch in eine nicht ganz einwandfreie Innenfeuerung verwandelt.

[3]) Die hierbei notwendig werdenden Ausbesserungsarbeiten fallen der damit verbundenen Betriebsstörungen halber bei Feuerungen für Dampfkessel viel mehr in die Wagschale als z. B. bei solchen für

Die Anordnung einer Vorfeuerung ist daher im allgemeinen nur berechtigt für Brennstoffe, welche keine so hohe Temperatur zu erzeugen im stande sind, um einen Wärmeentzug vor völlig beendeter Verbrennung ohne Nachteil zu ertragen, deren Verbrennungswärme aber auch nicht so grofs ist, dafs das Mauerwerk übermäfsig angegriffen würde.

Solche Brennstoffe sind: die meisten Braunkohlensorten, ferner Torf, Holz, Lohe, Sägespähne u. s. w., welche nicht nur einen verhältnismäfsig niederen Heizwert besitzen, sondern aufserdem auch noch viel öfteres und längeres Offenhalten der Feuerthür notwendig machen. Letzterer Umstand rührt daher, dafs zur Erzeugung einer bestimmten Dampfmenge eine viel gröfsere Menge geringwertigen als guten Brennstoffes erforderlich ist, dafs solche minderwertigen Brennstoffe öfters ungleich brennen und sehr oft auch noch starke Schlackenbildung verursachen.

Vollständig verkehrt erscheint es aber, wie dies früher häufiger anzutreffen war, gute Steinkohlen in Vorfeuerungen zu verbrennen, da hiebei sämtliche Nachteile dieser Anordnung in stärkstem Mafse zur Geltung kommen.

Eine gebräuchliche Planrostvorfeuerung für Braunkohle zeigt Fig. 3. Das Gewölbe geht wagerecht oder mit geringer Steigung in Höhe der Heizthür bis etwa zur Mitte des Rostes, worauf es sich in der dargestellten Weise zum Anschlufs an das Flammrohr erweitert. Zweckmäfsige Form des Übergangsgewölbes ist sowohl für lange Dauer des Mauerwerkes, als auch für gute Verbrennung, sowie zur Vermeidung schädlicher Stichflammen von grofser Wichtigkeit. Mit Rücksicht auf letztere, welche namentlich dann gern auftreten, wenn das niedrige Gewölbe zu weit nach hinten sich erstreckt und der Übergang mit zu starker Krümmung erfolgt, wird das Anschlufsmauerwerk auf kurze Erstreckung in das Flammrohr hineingeführt. Bei guter Gewölbeanordnung erweist sich diese Ausmauerung nur zum Schutz der Nietnähte als notwendig.

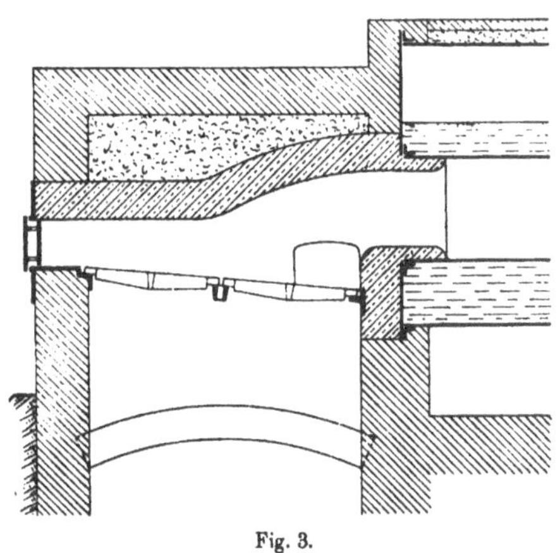

Fig. 3.

Die vorliegende Konstruktion dürfte sich namentlich für die oben beschriebene zweite Beschickungsart eignen, da das nicht ganz bis zur Mitte reichende niedrige Gewölbe mit seiner Wärme kräftig auf den frisch aufgegebenen Brennstoff einzuwirken vermag, da aufserdem infolge der Form des Gewölbes die Hauptverbrennungszone auf dem hinteren Teil des Rostes liegt (es wird dort mehr Luft zufliefsen als vorn), und da endlich die vorn

---

technologische Zwecke, für Brennöfen und dergleichen, wo man zur Erzeugung hoher Hitzegrade gleichfalls ausgedehnten Gebrauch von feuerfestem Mauerwerk macht.

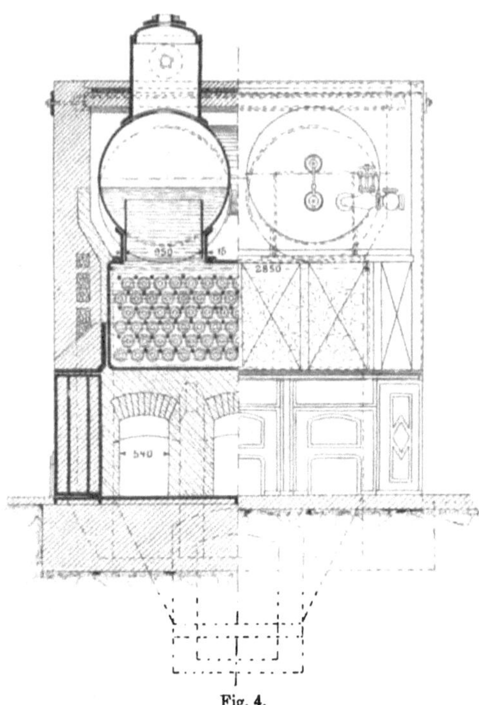

Fig. 4.

entwickelten Gase gezwungen werden, mitten in das von hinten abströmende hoch erhitzte Gemisch von Verbrennungsprodukten und Luft einzutreten.

Eine von H. v. Reiche vielfach ausgeführte Konstruktion zeigt Fig. 1 und 2 Tafel I[1]). Über dem Rost ist ein durchbrochenes Gewölbe angeordnet, welches mit seiner Wärme den frisch aufgeworfenen Brennstoff bestrahlt und die abziehenden Kohlenwasserstoffe kräftig mischt und erhitzt, so daſs in der über dem Gewölbe befindlichen Verbrennungskammer eine vollkommene Verbrennung erfolgen kann. In den ersten Ausführungen waren alle Durchbrechungen des Gewölbes gleich groſs. Da es sich aber bald zeigte, daſs hiebei die Gase hauptsächlich durch die hinteren Schlitze abströmten, so wurden diese enger gemacht als die vorderen, und auſserdem wurde bei zwei nebeneinander liegenden Feuerungen die Verbrennungskammer gemeinsam angeordnet, die Schlitze jedoch auf die innere, an die Zwischenmauer stoſsende Hälfte der Gewölbe beschränkt und derart gegen einander versetzt, daſs immer der Schlitz des einen Gewölbes einer Rippe des andern entsprach. Auf diese Weise gelang es bei abwechselnder Beschickung der beiden Roste[2]), die Rauchentwicklung sehr zu beschränken.

[1]) H. v. Reiche, Anlage und Betrieb der Dampfkessel. 3. Auflage, I. Band S. 139 u. f., II. Band Tafel 6.

[2]) S. auch S. 35 u. f.

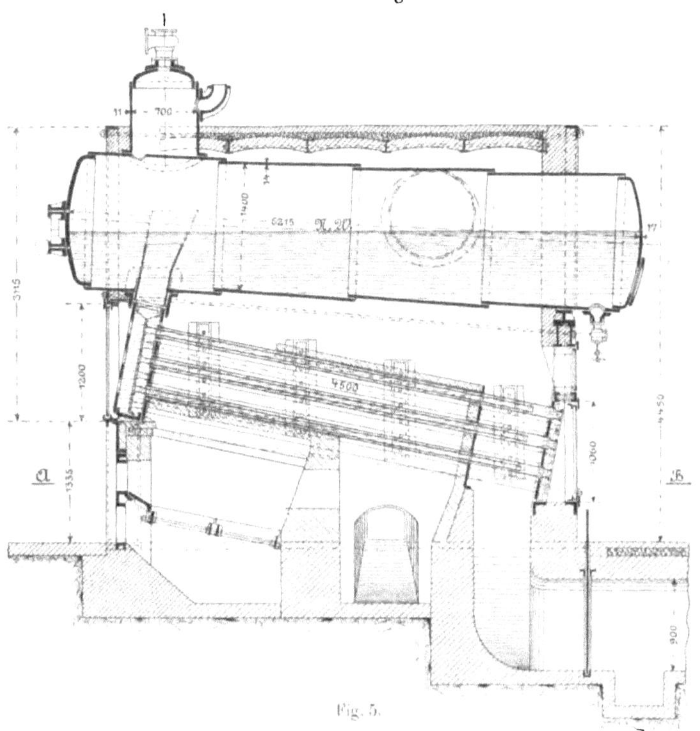

Fig. 5.

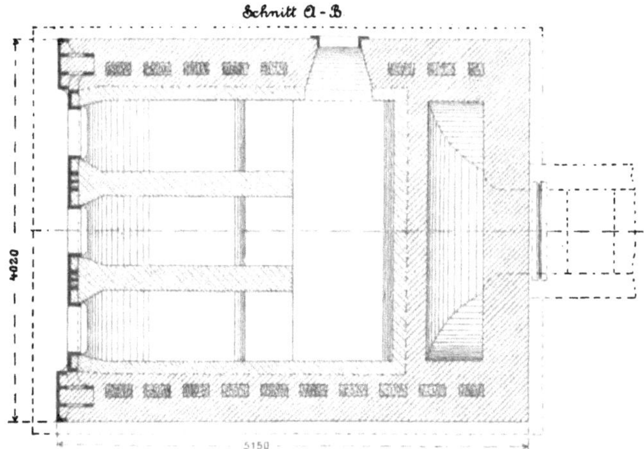

Fig. 6.

Unterfeuerung: Die Feuerung ist dem Kessel untergebaut. Bei Walzenkesseln, für welche sie jedoch aus hier nicht zur Erörterung stehenden Gründen immer mehr verlassen wird, mufs verlangt werden, dafs der Rost, je nach der Flammenlänge des Brennstoffes, genügend tief unter der Feuerplatte liegt (in der Regel nicht unter 50—60 cm).

Besondere Schwierigkeit bietet die Anordnung dieser Feuerung bei Wasserrohrkesseln, wo sie nicht leicht zu umgehen ist.

Bei der hiebei vielfach üblichen und mit Rücksicht auf eine möglichst gute Ausnützung der Heizfläche und der Wärme gewählten Führung der Gase, senkrecht zum Röhrenbündel, kommen dieselben, vom Roste aufsteigend, in kürzester Frist mit den SSiederöhren in Berührung, erleiden also einen bedeutenden Wärmeentzug, ohne dafs ihnen die Möglichkeit geboten wäre, vorher vollkommen zu verbrennen. Sie haben, bevor sie an die Röhren herantreten, im Verbrennungsraum nicht einmal Zeit und Gelegenheit, sich zu vermischen (s. S. 16); auch wird bei dieser Anordnung nicht wie bei anderen Feuerungen die Entzündung durch die Einwirkung einer Feuerbrücke befördert.

Da aus diesem Grunde selbst bei bester Bedienung kaum eine rauchfreie Verbrennung zu erzielen ist, sofern nicht sehr gasarmer Brennstoff verwendet wird, so hat man, um die Übelstände zu mildern, vielfach eine andere, aus Fig. 4—6[1]) ersichtliche Anordnung der Gasführung getroffen, welche gestattet, die Feuerung als eine Art Vorfeuerung einzurichten, welche aber auch bis zu einem gewissen Grad deren Übelstände aufweist.

Innenfeuerung: Die Feuerung ist in den Kessel eingebaut, so dafs nicht nur die Decke des Verbrennungsraumes, sondern auch dessen Seitenwände aus Heizflächen bestehen. Das Bestreben ist hiebei dahin gerichtet, die aus dem Brennstoff entwickelte Wärme möglichst rasch in das Kesselwasser überzuführen, um nicht nur möglichst wenig Wärme zu verlieren, sondern auch möglichst an Platz zu sparen. Natürlich darf aber durch den raschen Wärmeentzug die Vollkommenheit der Verbrennung nicht gefährdet werden, weshalb zur Hauptsache nur Brennstoffe von hohem Heizwert mit gutem Erfolg in der Innenfeuerung verwendet werden können. Jedoch kann auch bei diesen, sofern die Gase vor vollendeter Verbrennung mit Heizflächen in Berührung kommen, die Entwicklung von Rauch nicht vermieden werden. Soll solcher nicht auftreten, sind aber Heizflächen, welche im Wege der abziehenden Verbrennungsprodukte liegen, nicht zu umgehen, so mufs eben ein entsprechender kurzflammiger Brennstoff verwendet werden.

---

[1]) Konstruktion von E. Willmann in Dortmund; bei derselben ist aufserdem, um eine leichtere und bessere Bedienung zu ermöglichen, eine Zerlegung in 3 getrennte Feuerungen vorgenommen. Die Konstruktion ist dem Bericht von R. Stribeck: Die Dampfkessel der Internationalen Elektrotechnischen Ausstellung zu Frankfurt a. M. 1891, Zeitschrift des Vereines deutscher Ingenieure 1891, S. 1124 entnommen. Auf S. 1125 daselbst finden sich weitere mit der Rauchvermeidung nicht im Zusammenhang stehende Gründe für eine derartige Anordnung der Gasführung.

Ähnliche Konstruktionen zeigen die Figuren 31—33 Tafel III, 92, 95—97 Tafel VIII, 155 und 156, 160 bis 162, 163—165 Tafel XVI, 179—182 Tafel XIX, 199 und 200 Tafel XX, sowie die Textfiguren 31—33, 38, 39 und 40, 51—53 und 76.

II. Besondere Einrichtungen an der Planrostfeuerung.

Die vorstehenden Erörterungen haben gezeigt, daſs zwar auch auf dem einfachen Planrost eine rauchfreie oder doch rauchschwache Verbrennung erzielt werden kann, daſs aber hiezu eine fortgesetzt sorgfältige Bedienung sowie unter Umständen eine recht erhebliche Anstrengung und Gewandtheit von seiten des Heizers erforderlich ist. Um nun diesem die Erfüllung seiner Aufgabe zu erleichtern, ist eine ganze Reihe von Einrichtungen am Planrost getroffen worden, welche den Zweck verfolgen, eine Verbesserung des Verbrennungsvorganges dadurch herbeizuführen, daſs sie entweder eine unzulässige Luftzufuhr während der Beschickung möglichst fernzuhalten, überhaupt Luftzufuhr und Luftbedarf einander möglichst anzupassen suchen, oder aber daſs sie die mit der überschüssigen Luftzufuhr verbundene Abkühlung durch Wärmezufuhr wieder auszugleichen sowie eine möglichst innige Mischung von Luft und Gas herbeizuführen bestrebt sind.

A. Einrichtungen, welche die Störungen des Feuers durch das Beschicken, Schüren und Abschlacken dadurch zu vermindern bezwecken, daſs sie das Öffnen der Feuerthür beschränken.

Kohlenaufschütter von Strupler, D. R. P. No. 18718, vom 28. Februar 1882. Diese Vorrichtung besteht aus einem Rahmen von der Gröſse des Rostes, welcher derart auf einem Wagen montiert ist, daſs er in die Feuerung über der glühenden Brennstoffschicht eingeschoben werden kann. Der Rahmen enthält eine Anzahl jalousieartig beweglicher, excentrisch gelagerter Klappen, die eine geschlossene Fläche zu bilden vermögen, auf welcher die zu beschickende Kohle in gleichmäſsiger und beliebig hoher Schicht ausgebreitet wird, um in derselben Verteilung nach Einschieben des Rahmens und darauf folgendem gleichzeitigen Umkippen sämtlicher Klappen durch die gebildeten Spalten auf den Rost zu fallen.

Ein derartiger von Gebr. Sulzer in Winterthur gebauter Kohlenaufschütter ist durch Fig. 3—5 Tafel I[1]) dargestellt. Derselbe ermöglicht gleichmäſsige Beschickung selbst der längsten Roste. Er erleichtert dem Heizer sein Geschäft ganz erheblich und

[1]) Neuere Dampfkesselkonstruktionen und Dampfkesselfeuerungen mit Rücksicht auf Rauchverbrennung; herausgegeben vom Verband deutscher Dampfkesselüberwachungsvereine, Berlin 1890. Blatt 49.

beschränkt infolge der kürzeren Dauer der Beschickung und des hiebei stattfindenden teilweisen Abschlusses der Feuerthür auch den Luftzutritt und die Abkühlung[1]), erniedrigt also den Schornsteinverlust und erhöht damit den Wirkungsgrad. Die Rauchbildung vermag er jedoch nicht ganz zu beseitigen, da der Natur der Sache nach der Brennstoff in beträchtlicher Menge auf den Rost gebracht werden muſs, so daſs unmittelbar nach der Beschickung sich sehr viele Kohlenwasserstoffe entwickeln, welche zum Teil die zur Verbrennung nötige Luft nicht vorfinden werden. Der Hauptgrund für die geringe Verbreitung dieser Vorrichtung liegt jedoch in dem Umstand, daſs die verwendete Kohle eine bestimmte Stückgröſse nicht überschreiten darf. Zwar werden bei der getroffenen Anordnung unzulässig groſse Stücke zurückgehalten; dagegen wird aber auch der Heizer leicht veranlaſst, die Kohle übermäſsig klein zu schlagen, so daſs zu viel Gries entsteht. Weniger erhebliche Nachteile sind darin zu erblicken, daſs der Apparat viel Platz vor dem Kessel beansprucht (bei Bedienung mehrerer Feuerungen durch einen einzigen Apparat muſs dieser auf eine Schiebebühne gesetzt werden), daſs er nicht gerade billig ist, und daſs er endlich der Feuerung sorgsam angepaſst werden muſs.

In ähnlicher Weise erfolgt die Rostbeschickung bei der von O. Thost in Zwickau ausgeführten Cario-Feuerung, welche durch die Figuren 6—11 Tafel I in einer Anordnung als Innen- und in einer solchen als Unterfeuerung dargestellt ist.

Die beiden dachförmig zusammenstoſsenden, parallel der Kesselachse verlaufenden Schrägroste gehen vermöge der winkelförmigen Gestalt ihrer Stäbe, Fig. 11 Tafel I, unten in Planroste über, auf denen die Schlacke sich ansammelt und ausbrennt. Die drei zur Unterstützung der Roststäbe F dienenden, in der Regel aus Röhren gebildeten Rostbalken E sind mit dem Rostbock R, der Rostplatte S, der Stirnplatte A und dem guſseisernen Teil der Feuerbrücke L_1 zu einem Gestell verschraubt, das im ganzen, ohne jede Befestigung, in das Flammrohr oder unter den Kessel geschoben wird. Sehr lange Roste besitzen, wie Fig. 9 zeigt, noch besondere Zwischenböcke. Die Rostplatte S, welche mit der Führung für die zur Beschickung dienende Kohlenmulde zusammengegossen ist, dient lediglich zum Abschluſs zwischen dem Rost und der Stirnplatte A. Die Form der Kohlenmulde ist aus Fig. 10 Tafel I ersichtlich. Sie liegt beim Anfüllen einerseits mit ihrer Spitze auf einem vor der Feuerthür befindlichen, mit der Stirnplatte zusammengegossenen Bügel H und stützt sich andererseits mit einem an ihr angeschraubten Bock auf den Boden. Die in der Höhe des Rostfirstes befindliche kreisrunde, der Mulde angepaſste Beschickungsöffnung ist durch eine zweiteilige Thür verschlossen, deren beide Hälften an einem gemeinsamen Zapfen pendelnd aufgehängt sind und durch die daraufstoſsende Spitze der Kohlenmulde zur Seite gedrängt werden können (Fig. 10 Tafel I). Die Beschickung erfolgt derart, daſs die Mulde über den First des Rostes nach hinten geführt und abwechselnd nach beiden Seiten entleert wird. Mit dem Herausziehen der Mulde fallen auch die beiden Thürhälften wieder selbstthätig zusammen. Auſser der Beschickungs-

[1]) In manchen Fällen (s. z. B. A. Hering, Zeitschrift des Vereines deutscher Ingenieure 1889, S. 47) wird der Luftzutritt während der Beschickung auſserdem noch dadurch eingeschränkt, daſs als Feuerthür eine leicht drehbare Klappe mit wagerechter Achse verwendet ist, die nur so weit geöffnet wird, daſs der Rahmen eben noch eingeschoben werden kann, während die entstehende Öffnung in der Regel durch ein am Rahmen befindliches Querstück wenigstens teilweise wieder verschlossen wird.

öffnung besitzt die Feuerung zwei weitere, beiderseits in Höhe der Schlackenroste angeordnete Thüren, deren jede mit einem Schauloch C versehen ist und einen senkrechten, durch eine pendelnde Klappe K verschliefsbaren Schlitz enthält, welcher dazu dienen soll, einen Schürhaken zum Bestreichen der Rostfläche in die Feuerung einführen zu können. Die Thüren werden zum Loslösen und Entfernen der Schlacken benutzt.

Durch die röhrenförmigen Rostträger, welche vorn durch stellbare Ventile verschlossen sind, wird Luft in die Feuerbrücke L_1 geleitet, welche, auf ihrem Wege erwärmt, bei Unter- und Vorfeuerungen durch Öffnungen in der Feuerbrücke oder in den Seitenwänden zur Flamme gelangt, bei der Innenfeuerung dagegen durch ein Rohr M in eine zweite von O. Thost in Zwickau herrührende Feuerbrücke L_2 (Fig. 7 Tafel I) geführt wird, welche aus einem mit Mauerwerk verkleideten Gufseisenkörper N besteht, an den sich ein hohler, mit Öffnungen Q versehener Schamottring O anschliefst. Die Luft erhitzt sich hier noch höher und strömt durch die Öffnungen des Ringes zur Flamme.

Die Cario'sche Anordnung gewährt wie der Strupler'sche Kohlenaufschütter die Möglichkeit, selbst die längsten Roste noch gleichmäfsig beschicken zu können, und da infolge der eigentümlichen Form auch die verfügbare Breite des Rostes beträchtlich zunimmt, so ist man bezüglich der Gröfse der Rostfläche sehr wenig eingeschränkt. Durch das Fernhalten übermäfsigen Luftzutrittes während der Beschickung wird erreicht, dafs der Schornsteinverlust geringer ausfällt als beim gewöhnlichen Planrost. Die Beschickung des Rostes ist einfach und da der Heizer der strahlenden Wärme weniger ausgesetzt ist, auch wenig ermüdend. Anstrengend und mit Schwierigkeiten verbunden ist dagegen das Schüren und Abschlacken, welche Arbeiten durch die kleinen Schlackenthüren bei stark schlackenhaltigen und bei backenden Kohlen nur unvollkommen besorgt werden können, so dafs bei solchen die Thüren verhältnismäfsig lange offen gehalten werden müssen. Dabei geht natürlich der durch die Beschränkung der Luftzufuhr während der Beschickung erzielte Gewinn gröfstenteils wieder verloren, weshalb die Feuerung bei Verwendung solcher Kohlensorten einen wesentlichen Vorteil nicht bietet.

Über die Rauchverhütung bei der Cario-Feuerung ist endlich noch folgendes auszuführen. Nach den Angaben der Erbauer soll das rauchfreie Brennen dadurch erreicht werden, dafs beim Einschieben der Mulde auf dem First des Rostes sich eine Rinne bilde, in welcher der frische Brennstoff sich ablagere, um erst nach erfolgter Entgasung in dem Mafse des Abbrandes allmählich auf den schrägen Rostflächen niederzurutschen. Es zeigt sich jedoch, dafs dieser Verlauf der Verbrennung nur eintritt, wenn mit hoher Rostbedeckung gearbeitet wird, wodurch aber ein beträchtlicher Roststabverbrauch sich einstellt. Arbeitet man dagegen, um diesen zu vermeiden, mit niederer Schicht, so bleibt der frische Brennstoff nicht oben liegen, sondern verbreitet sich sofort über die ganze Fläche des Schrägrostes, wobei sich natürlich infolge der raschen Gasentwicklung die Bildung von Rauch nicht vermeiden läfst.

Aus der Art des Verbrennungsvorganges folgt auch, dafs die fortdauernde unmittelbare Zufuhr von Luft zur Flamme bei der Cario-Feuerung notwendig zur Verschwendung führen mufs. Bei dem periodischen Verlauf der Verbrennung hätte diese Zufuhr eine gewisse Berechtigung nur unmittelbar nach der Beschickung, wobei es aber noch fraglich erschiene, ob sie in der durch Fig. 7 Tafel I dargestellten Weise rechtzeitig genug erfolgte. (S. hierüber auch S. 37 und 38, sowie S. 40.) Nach Verdampfungsversuchen des Schweizerischen Vereines von Dampfkesselbesitzern soll der Wirkungsgrad eines mit Cario-Feuerung ausgerüsteten Zweiflammrohrkessels bei einem Verhältnis von Heizfläche zu Rostfläche = 33,3 : 1 bis zu 78,5 % betragen haben, wobei allerdings pro qm Heizfläche und Stunde nur 8,9 kg Wasser verdampft wurden und die Beanspruchung des Rostes nur 42,5 kg betrug.

Eine der Cario-Feuerung ganz ähnliche Anordnung besitzt die von H. R. Heinicke in Chemnitz gebaute Feuerung von Haage[1]).

Die Feuerthür von W. Holdinghausen (Peters), D. R. P. No. 35445 vom 28. Oktober 1885 ist durch Fig. 7 schematisch dargestellt. Durch Drehen eines aufserhalb der Feuerung auf der Achse c sitzenden Hebels wird die Feuerthür in die punktierte Lage gebracht. Der frische Brennstoff wird alsdann vor der Platte b aufgeschüttet und mit einem entsprechend geformten Werkzeug unter die glühende Kohle geschoben. Dadurch werden während der Beschickung nicht nur Luftzutritt und Abkühlung einge-

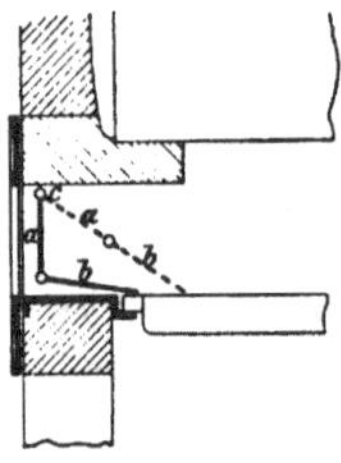

Fig. 7.

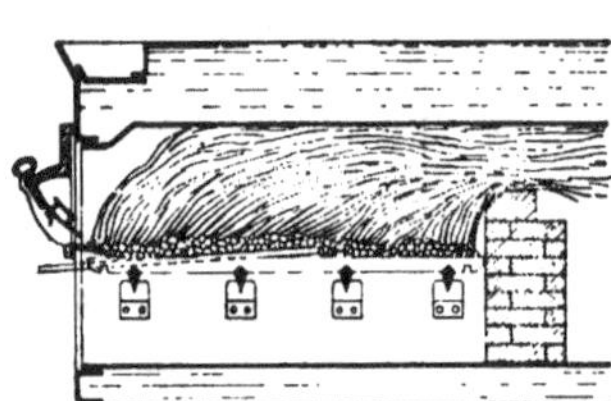

Fig. 8.

schränkt, also der Schornsteinverlust vermindert, sondern es läfst sich überdies, weil ja die entwickelten Kohlenwasserstoffe genötigt sind, durch die glühende Kohle zu streichen[2]), auch die Rauchentwicklung in genügend engen Grenzen halten. Da jedoch zur Herstellung eines dichten Abschlusses des Verbrennungsraumes die Anordnung einer besonderen Feuerthür sich noch als notwendig erweisen dürfte, so ist kaum zu erwarten, dafs die Platten a und b, insbesondere die letztere, eine grofse Haltbarkeit besitzen werden.

Inwieweit die Einrichtung sich Eingang verschafft hat, ist nicht bekannt. Jedenfalls eignet sie sich nur für kleine Feuerungen.

Die Feuerthür von W. A. Martin & Co., Fig. 8[3]) ist um eine wagerechte Achse drehbar, sodafs, wenn der Brennstoff vorn aufgegeben und nach der Entgasung zurückgeschoben wird, der Luftzutritt während der Beschickung nicht übermäfsig grofs ausfällt. Um Rauchbildung zu vermeiden, ist es aber auch hier erforderlich, den Brennstoff in

[1]) Neuere Dampfkesselkonstruktionen und Dampfkesselfeuerungen, herausgegeben vom Verband deutscher Dampfkesselüberwachungsvereine, 1890. Blatt 46.

[2]) Siehe hierüber auch S. 64, sowie S. 118 u. f. Aufserdem ist auf die dasselbe Princip verfolgende Handschaufel von Melville zu verweisen, welche derart eingerichtet ist, dafs beim Einschieben in die Feuerung durch eine mit der Schaufel verbundene Platte die glühende Kohlenschicht gehoben und der frische Brennstoff unter dieser auf den Rost gebracht wird.

[3]) C. Bach, Zeitschrift des Vereines deutscher Ingenieure 1883, S. 473.

kleinen Mengen und dafür öfters aufzugeben. Das Schüren und Abschlacken läfst sich gleichfalls ohne Eindringen einer übermäfsigen Luftmenge vornehmen, da man das hierzu dienende Geräte entweder unter der Feuerthür oder unter der Thürplatte (Rostplatte) in den Verbrennungsraum einschieben kann, während ein Schauloch es dem Heizer ermöglicht, seine Thätigkeit zu beobachten. Die am Kopf der Roststäbe auf deren Unterseite vorhandenen Einschnitte (s. Fig.) sollen ferner noch die Möglichkeit gewähren, dafs auch ohne Öffnen der Feuerthür durch kräftiges Rütteln der Stäbe mit einem geeigneten Werkzeug geschürt und abgeschlackt werden kann.

In ähnlicher Weise soll bei einer Reihe von Einrichtungen das Schüren und Abschlacken dadurch erfolgen, dafs die Roststäbe von aufsen entweder gedreht oder gerüttelt, oder aber abwechselnd gegen einander gehoben und gesenkt werden. Der Antrieb erfolgt namentlich in letzterem Fall häufig durch eine Transmission, wobei sich dann die Stäbe gewöhnlich in ununterbrochener Bewegung befinden und oft auch gleichzeitig die Rostbeschickung besorgen (s. unter IV. B. Mechanische Rostbeschickung S. 115 u. f.).

Alle derartigen Konstruktionen vermögen zwar die mit den Bedienungsarbeiten verbundenen Nachteile wohl einigermafsen zu mildern, jedoch kranken sie in der Regel, wie noch auf S. 116 und 117 ausführlich zu erörtern ist, an so vielen anderen Übelständen, dafs sich in Deutschland nur wenige von den vielen im Lauf der Zeit aufgetauchten Konstruktionen andauernd im Betriebe erhalten konnte.

B. Einrichtungen, durch welche beim Öffnen der Feuerthür der Zug vermindert wird.

Das Einströmen kalter Luft in den Verbrennungsraum mit allen in seinem Gefolge auftretenden Übelständen: Abkühlung des Verbrennungsraumes, Zersetzung der Kohlenwasserstoffe, Schornsteinverlust, Beschädigung des Kessels, kann wesentlich eingeschränkt werden, wenn man jedesmal, bevor die Feuerthür geöffnet wird, durch Schliefsen des Rauchschiebers oder einer in den Feuerzügen vorhandenen Klappe den Zug soweit vermindert, dafs nur wenig Luft durch die Feuerthür einzuströmen vermag, dafs jedoch die vom Rost abziehenden Gase eben noch verhindert werden, durch die Feuerthür auszutreten.

Da aber dieses Mittel nicht nur mehr Aufmerksamkeit und Sorgfalt vom Heizer erfordert[1]), sondern auch die Belästigung durch strahlende Hitze ganz bedeutend erhöht, so wird nicht immer aus freien Stücken Gebrauch davon gemacht. Man hat daher versucht, seine Anwendung dadurch dem Belieben des Heizers zu entziehen, dafs man den Rauchschieber zwangläufig mit der Feuerthür kuppelte, derart, dafs beim Öffnen der letzteren ersterer geschlossen wird.

Eine solche Einrichtung ist z. B. durch Figur 9 und 10 (Konstruktion der Rheinischen Apparate-Bau-Anstalt in Brühl bei Köln, D.R.P. No. 58050 vom 21. Dezember 1890) dargestellt. Rauchschieber und Feuerthür werden durch den Hebel a gleichzeitig in entgegengesetzter Richtung bewegt, und zwar erfolgt die Übertragung auf

[1]) Gerade in Bezug auf den Gebrauch dieses Mittels dürften sich die schon in der Anmerkung 1, S. 3 erwähnten Ersparnisprämien als sehr zweckdienlich erweisen.

ersteren durch einen Rollenzug, während die Feuerthür, deren Achse d eine als Schraubenfläche ausgebildete Verlängerung c trägt, durch die als Mutter dienenden Rollen b gedreht wird.

Die Anordnung hat aber den Nachteil, daſs sich die Zugstärke mittels des Schiebers s und der Zugschraube z nicht einfach genug ändern läſst, was für ihre Verwendung bei wechselndem Betriebe nicht gerade günstig ist.

Diesem Übelstand der meisten derartigen Einrichtungen mit zwangläufiger Kupplung sucht H. Paucksch in Landsberg a. W., Fig. 12—15 Tafel II[1]), dadurch abzuhelfen, daſs er in die Seitenzüge des Kessels noch besondere drehbare Klappen G einbaut. Die Achse

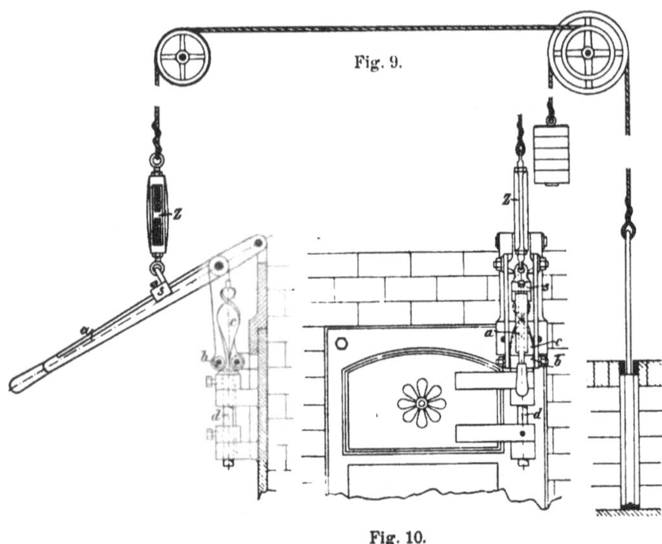

Fig. 10.

jeder Feuerthür ist nach oben verlängert und trägt daselbst ein Zahnradsegment, welches in ein zweites, mit Kurbelzapfen versehenes eingreift, das auf dem Kesselgemäuer gelagert und durch eine Zugstange mit einem auf der Achse der Klappe sitzenden Hebel verbunden ist.

Einrichtungen der letzteren Art sind aber häufig sehr schwer beweglich, da die einzelnen Teile, namentlich auch die Lagerungen der Klappen, in hohem Grade den schädlichen Einflüssen der Hitze und des Staubes ausgesetzt sind und da zudem auch auf die Montierung vielfach nicht die nötige Sorgfalt verwendet wird. Sie werden daher nicht selten nach kurzer Zeit wieder entfernt oder wenigstens auſser Betrieb gesetzt.

[1]) Der mit der Einrichtung versehene Kessel besitzt Pauckschsches Patentrohr. Ob durch den Wechsel der Schuſsweiten dieses Rohres, wie von J. L. Lewicki in der Zeitschrift des Vereines deutscher Ingenieure 1887, S. 974 u. ff. behauptet wird, die Mischung der Gase wesentlich unterstützt und dadurch die Verbrennung etwa noch nicht verbrannter Kohlenwasserstoffe erreicht wird, erscheint zweifelhaft. In Wirklichkeit wird durch die Anordnung eine zwar gute, allerdings aber auch teure Heizfläche gewonnen.

Um nun die verschiedenen Übelstände der zwangläufigen Verkupplung zu umgehen, dennoch aber den Heizer beim Öffnen der Feuerthür zum Schliefsen des Rauchschiebers zu zwingen, wird zuweilen die Anordnung derart getroffen, dafs man das die Bewegung des letzteren vermittelnde Organ vor die Feuerthür legt, so dafs diese nicht geöffnet werden kann, bevor nicht der Rauchschieber geschlossen ist. Letzterer kann hierbei immer noch unabhängig von der Feuerthür verstellt werden.

C. Vorrichtungen zur Regelung des Zuges[1]).

Einen ähnlichen Zweck wie die vorstehend beschriebenen Konstruktionen verfolgen die Zugregulierungsvorrichtungen. Diese suchen die Luftzufuhr nicht nur während der Beschickung zu beschränken, sondern sie auch während des ganzen Verlaufes der Verbrennung, wo ihre Änderung bei dem gewöhnlichen Planrost bekanntlich entgegengesetzt derjenigen des Bedarfes verläuft, dem letzteren möglichst anzupassen.

Zu diesem Zweck wird der Rauchschieber nur teilweise ausbalanciert, wobei er jedoch seinem Bestreben, sich abwärts zu bewegen und den Zug zu verändern, nur in dem Mafse folgen kann, als ein Hemmwerk (Katarakt, Uhrwerk oder dergleichen) dies gestattet. Da nun in der Anordnung derartiger Hemmwerke natürlich unzählige Variationen möglich sind, so giebt es auch eine sehr grofse Zahl solcher Vorrichtungen.

Zu den bekanntesten gehören diejenigen von C. W. Staufs in Berlin, Speckbötel in Hamburg und Hörenz in Dresden, deren erstere durch Fig. 11—13 dargestellt ist.

Der Katarakt besteht aus einem eisernen Gefäfs a von cylindrischer Form, welches oben mit einem Deckel g verschlossen und teilweise mit Öl oder Glycerin gefüllt ist. In dem Gefäfs befindet sich eine bewegliche Glocke b, die an 2 den Deckel g durchdringenden und oben mittels des Ringes h verbundenen Stäben i aufgehängt und durch einen Rollenzug mit dem teilweise ausbalancierten Rauchschieber k derart verbunden ist, dafs bei dessen tiefster Lage, welche eben noch das Zurückschlagen der Flamme durch die geöffnete Feuerthür verhindert, die Glocke an den Deckel g anstöfst, wobei ihr unterer Rand etwa 2 cm über dem Flüssigkeitsspiegel stehen soll.

Nach erfolgter Beschickung wird der Rauchschieber hochgezogen, die Glocke b also in die Flüssigkeit eingetaucht. Dabei mufs natürlich die Luft genügend schnell aus dem Inneren der Glocke austreten können, was durch das in ihrer Decke befindliche Rückschlagventil (s. Fig. 12) ermöglicht wird. Der hochgezogene und sich selbst überlassene Rauchschieber sucht nun zu sinken, vermag dies aber, da unter der Glocke ein luftverdünnter Raum sich bildet, nur in dem Mafse zu thun, als in das Innere der Glocke Luft eindringen kann. Zu diesem Zweck besitzt das Rückschlagventil in der Nähe seines Randes eine kleine Bohrung l, welche derart über einer spiralförmig sich erweiternden Abkantung des Ventilsitzes liegt, dafs je nach der gegenseitigen Lage eine verschieden grofse Durchgangsöffnung frei wird. Die Einstellung erfolgt mittels der Schraube f durch Festklemmen der Büchse d, welche dem Stab c als Führung dient und daher mit c

[1]) Über solche Vorrichtungen siehe auch Zeitschrift des Vereines deutscher Ingenieure 1893, S. 805 und 1894 S. 621.

auch das Ventil zu verdrehen vermag, da letzteres gegen c nur in achsialer Richtung Spielraum besitzt.

Die Einstellung des Ventiles und damit die Dauer der Abschlufsbewegung richtet sich nach der Art der Kohle und nach der Stärke der Beschickung. Die Beschleunigung der Abschlufsbewegung unmittelbar vor der Neubeschickung erreicht man dadurch, dafs der Flachstab c

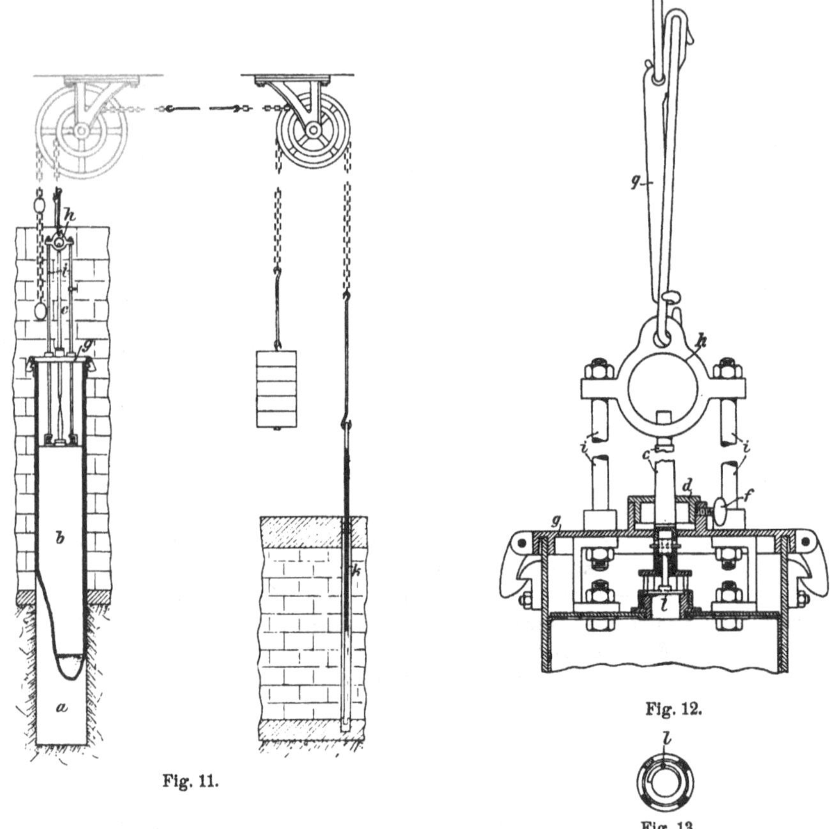

Fig. 11.

Fig. 12.

Fig. 13.

in seinem unteren Teil eine Verdrehung besitzt. Sobald diese durch die Büchse d gleitet, wird die Bohrung des Ventils ganz freigelegt und die Luft vermag rascher einzudringen.

Wünscht man den Schieber zu einer beliebigen Zeit zu schliefsen, so hat man nur nötig, das Ventil mittels des Stabes c zu heben, worauf ein rascher Luftausgleich erfolgt.

Soll bei Einstellen des Betriebes der Schieber den Rauchkanal vollständig verschliefsen, so wird mittels der Hebelvorrichtung q zwischen h und der Kette die Verbindung entsprechend verlängert.

In ähnlicher Weise wird bei den anderen derartigen Konstruktionen die Bewegung des Rauchschiebers geregelt. Zuweilen ist der Katarakt durch ein Uhrwerk ersetzt. Auch findet man in vielen Fällen ein Klingelwerk angeordnet, welches dem Heizer anzeigen soll, daſs der Rost beschickt werden muſs. Bei manchen Konstruktionen erfolgt die Bewegung bis zur tiefsten Stelle mit nahezu gleichmäſsiger Geschwindigkeit, während in anderen Fällen der Schieber selbstthätig überhaupt nicht ganz abschlieſst, vielmehr vor der Neubeschickung von Hand niedergelassen werden muſs.

Aus der Wirkungsweise aller dieser Vorrichtungen folgt nun zunächst, daſs sie ihrem Zweck nur dann gerecht werden können, wenn bei jeder Beschickung gleich viel Kohle aufgegeben wird, wenn also bei wechselndem Betrieb nicht die Gröſse der Beschickungen, sondern deren Anzahl geändert wird. Auſserdem macht natürlich jeder Wechsel der Kohlensorte eine andere Einstellung erforderlich, was in vielen Betrieben sehr lästig werden kann. Da ferner jeder Zugregler den seiner Konstruktion zu Grunde liegenden Voraussetzungen zufolge einen nicht unerheblichen Abbrand der Kohlenschicht bedingt (bei Stauſs z. B. soll die Zeit zwischen 2 Beschickungen mindestens 12 Minuten betragen), wobei natürlich auch die Menge der jeweils aufgegebenen Kohle und damit diejenige der entstehenden Kohlenwasserstoffe ziemlich groſs ausfällt, und da eine Abkühlung des Verbrennungsraumes selbst bei vollständigem Abschluſs des Rauchschiebers doch nicht ganz zu vermeiden ist, so wird sich durch eine solche Einrichtung allein die Bildung von Rauch nicht verhindern lassen. Dagegen wird durch das Bestreben, die letztere einzuschränken oder gar vollständig zu unterdrücken, die Gefahr nahegelegt, die Regelungsvorrichtung derart einzustellen, daſs nach der Beschickung viel zu viel Luft zugeführt wird, so daſs der Rauch nicht vermindert, wohl aber erheblich verdünnt wird, was natürlich wirtschaftlich nicht zweckmäſsig ist. Es muſs weiterhin hervorgehoben werden, daſs die Einrichtung in keiner Weise Gewähr dafür bietet, daſs Luftzufuhr und Luftbedarf, namentlich während der Entgasung, einander in jedem Augenblick entsprechen. Während nämlich die Luftzufuhr im wesentlichen von der Zugstärke und der Höhe der Brennstoffschicht abhängig ist, ändert sich der Luftbedarf zwar gleichfalls mit der Höhe der letzteren, jedoch umgekehrt wie die Zufuhr, auſserdem aber mit dem Gasreichtum der Kohle, der Stärke der Beschickung, der Schnelligkeit und dem Verlauf der Entgasung. Daſs das Hemmwerk die Änderung der Zugstärke allen diesen Einflüssen entsprechend zu gestalten vermöge, ist mehr als zweifelhaft[1]). Da nun vielen dieser Apparate auch noch der sehr wesentliche Übelstand anhaftet, daſs sie gegen die Einwirkung von Staub und Schmutz sehr empfindlich sind und daher vielfach bei nicht genügend sorgfältiger Überwachung nach kurzer Zeit nicht mehr richtig arbeiten oder ihren Dienst ganz versagen, so ist es nicht zu verwundern, daſs sie in vielen Kesselhäusern bald wieder entfernt oder wenigstens auſser Betrieb gesetzt werden[2]). Wo in Prospekten von erheblichen, durch einen

[1]) Es kann dies zwar durch Zufall zutreffen, sicher darauf gerechnet könnte aber nur dann werden, wenn es möglich wäre, die Änderung der Luftzufuhr von derjenigen der Zusammensetzung der Heizgase abhängig zu machen. S. auch R. Stribeck, Zeitschrift des Vereines deutscher Ingenieure, 1895, S. 221.

[2]) Eine gegen diese Einflüsse wenig empfindliche, in der Augsburger Kammgarnspinnerei (Direktor Mehl) konstruierte und ausprobierte Vorrichtung, welche befriedigend arbeiten soll, ist von Professor Schröter in der Zeitschrift des Vereines deutscher Ingenieure 1896, S. 369 u. ff. dargestellt und beschrieben. Weiteres darüber findet sich in der Zeitschrift des Bayerischen Dampfkesselüberwachungsvereines 1898, S. 32 u. f. Ein für ihre Anwendung nicht unwesentlicher Nachteil besteht jedoch darin, daſs die Vorrichtung durch eine Transmission angetrieben werden muſs, die nicht in allen Kesselhäusern zur Verfügung steht.

solchen Apparat herbeigeführten Ersparnissen die Rede ist, deutet dies, wenn die Angaben zuverlässig sind, immer darauf hin, dafs die Feuerung vor Anbringung der Vorrichtung aufserordentlich schlecht bedient wurde und mit sehr hohem Luftüberschufs arbeitete, welchem der Apparat einigermafsen Einhalt gebot. Sicher ist jedoch, dafs mit demselben Mafs von Aufmerksamkeit, wie diese Zugregler sie verlangen, sofern die erhoffte Wirkung eintreten soll, auch auf dem gewöhnlichen Planrost mindestens dasselbe Ergebnis erzielt werden kann, ohne dafs die Nachteile der Apparate mit in den Kauf zu nehmen sind.

D. Wärmespeicher im Verbrennungsraum.

Übergeschobene Gewölbe, verlängerte Feuerbrücken, Flammrohreinsätze, Gitterkörper, mit Glühkörpern belegte Roste u. s. w.

Alle diese Einrichtungen, in der Regel aus feuerfestem Mauerwerk bestehend, haben den Zweck, während der Zeit der höchsten Glut Wärme in sich aufzunehmen, um sie nach der Beschickung entweder an den frischen Brennstoff oder an die Produkte der unvollkommenen Verbrennung abzugeben. Derartige Einrichtungen sind hauptsächlich bei Unter- und Innenfeuerungen im Gebrauch, während die Vorfeuerungen schon an sich mehr oder weniger einen ähnlichen Zweck verfolgen.

Aufspeicherung von Wärme behufs nachheriger Abgabe an den frischen Brennstoff empfiehlt sich nur dann, wenn die Beschickung in der Weise erfolgt, dafs die Kohle vorn aufgegeben und nach erfolgter Entgasung zurückgeschoben wird[1]). Hierbei verwendet man in der Regel sogenannte übergeschobene, über den vorderen Teil des Rostes gespannte Gewölbe Fig. 16, Tafel I, welche die Entgasung befördern und die Entzündung der entweichenden Kohlenwasserstoffe einleiten, damit aber auch eine Erhöhung der Steigerungsfähigkeit der Wärmeentwicklung herbeiführen sollen, die ja, wie auf S. 13 dargethan wurde, bei dieser Beschickungsart ohne eine solche Einrichtung nur in geringem Mafse möglich ist.

Zuweilen werden neben dem übergeschobenen Gewölbe auch noch mehr oder weniger stark vorgezogene Feuerbrücken angeordnet, Fig. 17 und 18 Tafel I. Die durch Fig. 17 Tafel I dargestellte Einrichtung vermag jedoch nur eine nicht sehr bedeutende Temperaturerhöhung im Verbrennungsraum hervorzurufen, während durch die Konstruktion Fig. 18 Tafel I, Feuerung von G. Adam in Sebnitz, die Flamme nach dem Vorgange der Tenbrink-Feuerung (S. 86 u. f.) gezwungen wird, über den vorn lagernden frischen Brennstoff hinwegzuziehen, wodurch natürlich nicht nur dessen Entgasung erheblich gefördert, sondern auch eine gute Mischung der entstehenden Kohlenwasserstoffe mit der zu ihrer Verbrennung dienenden Luft erzielt wird.

Die Adam'sche Feuerung war ursprünglich mit bewegten Roststäben ausgerüstet, D.R.P. No. 10869 vom 15. November 1879, welche aber bald verlassen und durch gewöhnliche Roststäbe ersetzt wurden, die unter geringer, zur selbstthätigen Beschickung jedoch nicht ausreichender Neigung nach hinten abfallen.

[1]) Bei der anderen Beschickungsart mit gleichmäfsiger Verteilung der Kohlen über den Rost würden solche Wärmespeicher die Rauchentwicklung meist nur verstärken, da ja durch ihr Vorhandensein die Entgasung noch beschleunigt würde.

Die Feuerung ist ihrer ganzen Natur nach nur zur Verbrennung von Braunkohlen geeignet. Bei Steinkohlenbrand unterliegt nicht nur die Feuerbrücke einem sehr starken Verschleiſs; es tritt auch infolge der zurückschlagenden Flamme eine auſserordentlich kräftige Wärmeausstrahlung nach dem Heizerstand ein, so daſs die Bedienung sehr erschwert wird und die Feuerthüren wegen der groſsen Hitze meist nach kurzer Zeit springen[1]). Die Heizer helfen sich dann dadurch, daſs sie die Thüren etwas offen halten, wodurch aber natürlich der Wirkungsgrad erheblich beeinträchtigt wird.

Bei Beurteilung der Wärmespeicher, welche die abziehenden, noch nicht verbrannten Gase entzünden und deren vollkommene Verbrennung herbeiführen sollen, ist zu beachten, daſs sie nur dann Erfolg haben können, wenn die erforderliche Wärmezufuhr so zeitig vor sich geht, daſs eine Zersetzung der Kohlenwasserstoffe noch nicht eingetreten ist. Es kann sich, wie schon auf S. 9 ausgeführt, immer nur darum handeln, die Ausscheidung fester Stoffe zu verhindern und die Entzündung einzuleiten, nicht aber die schon ausgeschiedenen festen Stoffe nachträglich zu verbrennen. Konstruktionen, welche das letztere anstreben, sind zwar schon öfters versucht, jedoch in der Regel nach kurzer Zeit wieder verlassen worden und finden sich nur noch in Patentschriften. Sie müssen alle als grundsätzlich falsch bezeichnet werden; denn sie haben derartige Übelstände im Gefolge, daſs im Vergleich damit der durch die Verbrennung der ausgeschiedenen Stoffe etwa zu erzielende geringe Nutzen gar nicht in Betracht kommt. Nach C. Bach[2]) wurde eine derartige Feuerung dem Engländer Higgin bereits in den zwanziger Jahren (8. August 1823?) patentiert, während im Jahre 1839 Bourne eine durch Fig. 14 dargestellte Konstruktion vorschlug, bei welcher die zu verbrennenden Gase einen zweiten Rost durchstreichen müssen, der mit glühenden Asbestkörpern, glühendem Koks oder dergleichen belegt wird.

Fig. 14.

Eine ähnliche Konstruktion war auch auf der internationalen Ausstellung von Apparaten und Einrichtungen zur Vermeidung des Rauches in London 1881 ausgestellt[3]); ihre Übelstände sind jedoch so klar ersichtlich, daſs sie nicht weiter erörtert zu werden brauchen.

Sehr häufig soll die Entzündung der Gase durch verlängerte Feuerbrücken oder durch Feuerluken, Fig. 16 Tafel I, herbeigeführt werden. Ferner sind Flammrohreinsätze, gitterförmige Einbauten und dergleichen im Gebrauch, welche in der Regel auch noch die Mischung der Gase befördern und zuweilen die Zufuhr und Vorwärmung von Oberluft (s. S. 37 u. f.) vermitteln sollen.

Eine derartige Einrichtung ist der Flammrohreinsatz von C. W. Fouqué in Paris, D.R.P. No. 76264 vom 16. Mai 1893, dargestellt durch Fig. 19 Tafel I. Er besteht aus dem festen mit der Feuerbrücke B verbundenen Teil C und aus dem beweglichen Teil D. Beide Teile sind aus Guſseisen hergestellt und mit einer dicken Schicht feuerfesten Materiales bedeckt. Die unverbrannt vom Rost abziehenden Kohlenwasserstoffe sollen sich auf ihrem Weg durch den Einsatz mit der Verbrennungsluft kräftig mischen

[1]) S. C. Haage, Zeitschrift des Verbandes der preuſs. Dampfkesselüberwachungsvereine 1883, S. 135.

[2]) Zeitschrift des Vereines deutscher Ingenieure 1882, S. 89.

[3]) C. Bach, Zeitschrift des Vereines deutscher Ingenieure 1882, S. 89.

und an seinen glühenden Wänden entzünden. Durch das Verschlufsstück G kann aufserdem noch Luft zugelassen oder etwa abgelagerte Flugasche entfernt werden. Die Einrichtung hat den Vorteil, dafs durch Verschieben des Teiles D die Zugstärke und damit die Schnelligkeit der Verbrennung geändert werden kann, ohne dafs die Geschwindigkeit an der engsten Stelle des Einsatzes, welche die Vermischung der Gase und damit die Verhinderung der Rauchbildung nicht unwesentlich beeinflufst, erheblich beeinträchtigt wird.

Eine andere die Mischung der Gase jedenfalls sehr günstig beeinflussende Anordnung von Tschann zeigen die Figuren 15 und 16.

Von weiteren derartigen Konstruktionen seien noch angeführt:

Der Thost'sche Flammrohreinsatz der Cario-Feuerung, S. 25 und Fig. 6 und 7

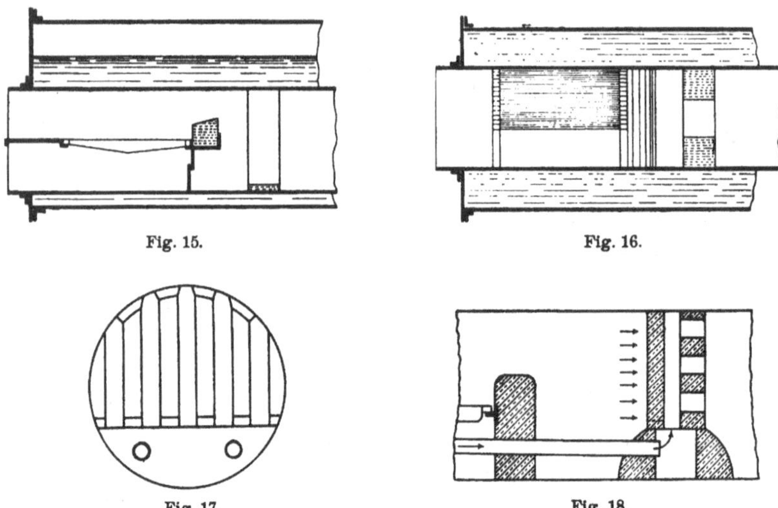

Fig. 15. Fig. 16.

Fig. 17. Fig. 18.

Tafel I, und derjenige von H. Th. Klose in Berlin, dargestellt durch Fig. 17 und 18; ferner die durchbrochene Feuerbrücke der Feuerung von Schulz-Knaudt in Essen (Patent Rinne) S. 40 und Fig. 35 Tafel IV, und die Mischungswand der Feuerung von C. W. Staufs in Berlin, S. 39 und Fig. 31—33 Tafel III.

Bezüglich der bei den zwei ersten Konstruktionen angewendeten fortdauernden Zufuhr von Luft unmittelbar zu den verbrennenden Gasen ist auf S. 25 und auf S. 37 und 38 zu verweisen.

Bei all diesen Konstruktionen ist zu beachten, dafs durch den Einbau zwar die Rauchbildung beschränkt werden kann, dafs aber eine wesentliche Erhöhung des Wirkungsgrades gegenüber dem Planrost nicht erzielt wird. Der Wärmeverlust liegt ja, wie wir wissen, zum wenigsten in dem Heizwert des ausgeschiedenen Rufses. Seinen Hauptteil bildet der mit der Beschickung verbundene, durch übermäfsigen Luftzutritt entstehende Schornsteinverlust, und dieser kann auch durch einen Wärmespeicher nicht vollständig aufgehoben werden.

Ein Nachteil, den diese Einrichtungen mit der Vorfeuerung gemein haben, liegt darin, daſs bei jedem nicht ununterbrochen fortdauernden Betriebe die in dem Mauerkörper aufgespeicherte Wärme einen täglich neuen, unter Umständen bedeutenden Verlust verursacht.

Ein weiterer Nachteil dieser Konstruktionen ist in der raschen Abnützung des verwendeten Mauerwerkes zu erblicken, welche von der Höhe der Temperatur im Verbrennungsraum, namentlich aber von deren Schwankungen abhängt und auſserdem von der Zusammensetzung der Steine und dem Grade ihrer Feuerbeständigkeit beeinfluſst wird. Die Abnützung ist zwar etwas geringer, wenn die Mauerteile mit Kesselwandungen in Berührung gebracht werden, allein durch eine solche Anordnung wird naturgemäſs auch die Temperatur des Einbaues und damit die Menge der aufgespeicherten Wärme vermindert, also der eigentliche Zweck der Anordnung beeinträchtigt.

Bei den gitterartigen Einsätzen muſs so viel freier Querschnitt für den Durchgang der Gase vorhanden sein, daſs der Zug nicht übermäſsig gedrosselt und die Temperatur im Verbrennungsraum nicht in ungünstiger Weise gesteigert wird, da sonst die Leistungsfähigkeit der Feuerung herabgesetzt und die Bedienung durch die starke Ausstrahlung erschwert wird. Diese Gefahr wird zudem noch dadurch erhöht, daſs sich gerne Flugasche in den Schlitzen festsetzt, welche, indem sie mit dem Mauerkörper zusammenschmilzt, den Durchtrittsquerschnitt und damit auch die Zugstärke mehr und mehr verringert.

E. Anordnung zweier Roste mit abwechselnder Beschickung und gemeinsamer Gasabführung.

Bereits auf S. 14 wurde eine Rostbeschickungsweise erwähnt, bei welcher abwechselnd die beiden Hälften eines einzigen Rostes beschickt werden.

Ganz in derselben Weise soll nun auch durch Anordnung zweier neben oder über einander liegender Roste mit abwechselnder Beschickung die Vollkommenheit der Verbrennung befördert und die Entstehung von Rauch verhindert werden.

Die Voraussetzung dafür, daſs dieser Zweck auch wirklich in befriedigender Weise erreicht wird, ist, daſs die von den beiden Rosten abziehenden Gasgemenge frühzeitig genug zusammentreffen und sich dabei gut vermischen, namentlich aber, daſs die Beschickung derart durchgeführt wird, daſs immer der eine Rost sich in voller Glut befindet, wenn der andere frischen Brennstoff erhält. Die mit dem Öffnen der Feuerthüren verbundenen Schornsteinverluste können natürlich auch durch diese Einrichtung nicht völlig beseitigt werden.

Die erste derartige Feuerung wurde bereits im Jahre 1837 von Fairnbairn ausgeführt. Eine nach denselben Grundsätzen von C. Haage in Chemnitz gebaute Feuerung ist durch Fig. 20 und 21 Tafel III[1]) dargestellt. Durch die eigenartige Gestaltung der Feuerluke sollen die beiden Gasströme bei ihrem Zusammentreffen unmittelbar hinter der Mauerzunge gezwungen werden, sich gegenseitig zu durchdringen. C. Haage erzielte mit einer derartigen Feuerung sowohl bezüglich der Ausnützung des Brennstoffes als auch bezüglich der Rauchentwicklung „vollständig zufriedenstellende“ Resultate. Was die Haltbar-

[1]) S. Zeitschrift des Verbandes der preuſsischen Dampfkesselüberwachungsvereine 1883, S. 137.

keit des Mauerwerkes anbetrifft, dürfte es sich wohl als zweckmäſsig erweisen, die scharfen Kanten der Feuerluke durch abgerundete Formen zu ersetzen; dagegen giebt die Mauerzunge, welche mit der Kesselwandung in Berührung steht, zu Bedenken keinen Anlaſs; ihre Temperatur wird bei Verwendung passenden Brennstoffes noch in zulässigen Grenzen bleiben.

Nach C. Bach[1]) waren anfangs der achtziger Jahre in Basel derartige von Gebr. Tschann daselbst erbaute Feuerungen im Betrieb, welche teils eine der besprochenen ähnliche Anordnung besaſsen, teils aber nach Fig. 22 und 23 Tafel III eingerichtet waren. „Im letzteren Fall werden die Feuergase in A abwärts geführt, um durch die Öffnung B wieder unter den Kessel zu gelangen . . . Die Vorplatte ist mit Löchern versehen, so daſs auch Luft in den Verbrennungsraum gelangt, ohne durch den Brennstoff passieren zu müssen. Bei sehr sorgfältiger Bedienung arbeitet diese Feuerung befriedigend rauchfrei. Die Verdampfungsfähigkeit soll nicht groſs sein. Wahrscheinlich, daſs der Luftüberschuſs ein zu groſser ist."

Diese zweite Anordnung hat gegenüber der ersten den Nachteil einer viel ungünstigeren Gasführung. Die Wärmeverluste durch Leitung und Strahlung werden vergröſsert, auch werden die Wandungen des Gaskanals öftere Ausbesserung erfordern.

Eine weitere hieher gehörige Konstruktion ist die auf S. 20 beschriebene und durch Fig. 1 und 2 Tafel I dargestellte Vorfeuerung von H. v. Reiche. Sie wird unter den daselbst für den Brennstoff gemachten Voraussetzungen bei sorgfältiger Bedienung gleichfalls ganz günstige Ergebnisse liefern.

Eine Doppelrostfeuerung derselben Art, aber mit übereinander liegenden Rosten von A. Rotter ist dargestellt durch Fig. 19[2]).

Daſs auch hier bei sachgemäſser Bedienung eine befriedigend rauchfreie Verbrennung erzielt wird, ist keineswegs zu bezweifeln. Doch erscheint die Anlage bedeutend weniger betriebssicher als die durch Fig. 20 und 21 Tafel I dargestellte Konstruktion; das Zwischengewölbe wird infolge der beträchtlichen Temperaturschwankungen, denen es unterliegt, sehr stark leiden. Auſserdem ist die Feuerung als Vorfeuerung mit Nutzen nur für Brennstoffe von niederem Heizwert zu gebrauchen.

Der Wirkungsgrad aller derartigen Feuerungen kann den einer gleich gut bedienten, einfachen Planrostfeuerung naturgemäſs nur wenig überschreiten. Die Entstehung von Rauch kann zwar wirksamer als beim gewöhnlichen Planrost verhindert werden, jedoch ist man in dieser Hinsicht, da das abwechselnde Öffnen der beiden Feuerthüren einen hohen Grad von Aufmerksamkeit erfordert, vom Heizer nicht weniger abhängig, als dies beim einfachen Rost der Fall ist. Um diese Abhängigkeit zu vermindern, ist von einer Reihe von Erfindern versucht worden, durch abwechselnde Verriegelung der Feuerthüren Einrichtungen zu schaffen, welche die Reihenfolge der Beschickungen der Willkür des Heizers entziehen. Auſserdem soll durch die Anordnung von Schiebern oder Klappen, welche mit den Thüren gekuppelt sind, das Eindringen von kalter Luft in die Feuerzüge möglichst beschränkt werden.

---

[1]) Zeitschrift des Vereines deutscher Ingenieure 1883, S. 182.

[2]) Zeitschrift des Vereines deutscher Ingenieure 1867, S. 661 und Tafel XIX, sowie H. v. Reiche, Anlage und Betrieb der Dampfkessel, 3. Auflage, I. Band, S. 145.

Von derartigen Konstruktionen seien diejenigen von Trilling in Oppeln, D.R.P. No. 40389 vom 15. Januar 1887, H. v. Pein in Altona, D.R.P. No. 75967 vom 2. Dezember 1893, A. Vollenbruck in Warschau, D.R.P. No. 82749 vom 12. Oktober 1894, angeführt.

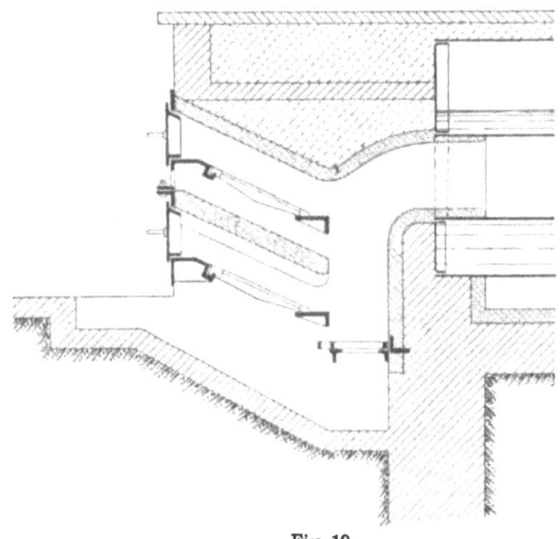

Fig. 19.

Abgesehen von anderen Übelständen sind diese Einrichtungen so wenig einfach, dafs sie leicht zu Betriebsstörungen Anlafs geben können und dadurch den etwa erzielten Nutzen wieder aufheben. Es vermochte sich deshalb auch keine dieser Konstruktionen in der Praxis einzubürgern.

F. Feuerungen, bei denen ein Teil der Luft, welcher in der Regel vorher erwärmt wird, vor, über oder hinter dem Rost den verbrennenden Gasen unmittelbar zuströmt[1]).

Zur Teilung der Luftzufuhr gab derselbe Umstand Veranlassung, welcher auch zur Konstruktion der Zugregler[2]) führte. Man sucht dem bei der gewöhnlichen Planrostfeuerung mit periodischer Beschickung auftretenden Übelstand, dafs Bedarf und Zufuhr der Verbrennungsluft in entgegengesetztem Sinne sich ändern, abzuhelfen und eine möglichste Anpassung beider herbeizuführen. Zu diesem Zwecke wird die Luft nur nach Beendigung der Entgasung ausschliefslich durch den Rost geleitet, dagegen wird der diese

[1]) Dieser nicht durch die Brennstoffschicht zugeführte Teil der Verbrennungsluft werde im folgenden kurzweg als Oberluft bezeichnet.

[2]) Die auf S. 29 u. f. behandelten Zugregler haben neben den bereits dort erwähnten Übelständen im Vergleich zu den Feuerungen mit Teilung der Luftzufuhr noch den weiteren Nachteil, dafs ihnen der starken Abdrosselung halber ein viel höherer Zug zur Verfügung stehen mufs, bezw. dafs der vorhandene Zug schlecht ausgenützt wird.

Zufuhr überschiefsende Bedarf, welcher während der Entgasung zur Verbrennung der entwickelten Kohlenwasserstoffe erforderlich ist, in anderer Weise gedeckt[1]). Gleichzeitig soll hiebei durch Vorwärmung dieser besonders zugeführten Luft ein weiteres Mittel zur vollständigen Verbrennung der entwickelten Gase gewonnen werden, und aufserdem will man in manchen Fällen sonst nicht mehr verwendbare Wärme dadurch noch nutzbar machen, dafs man sie zur Vorwärmung dieser Luft heranzieht.

Bei allen diesen Konstruktionen ist es natürlich in erster Linie erforderlich, die Oberluft in den Verbrennungsraum nicht nur rechtzeitig, sondern auch derart einzuführen, dafs eine gute Mischung mit den Gasen erzeugt wird, damit man auch wirklich eine vollständige Verbrennung der entwickelten Kohlenwasserstoffe erzielt, und nicht etwa nur eine Verdünnung schon gebildeten Rauches, damit aber auch eine Erhöhung des Schornsteinverlustes herbeiführt.

Die Zufuhr und Vorwärmung der Oberluft erfolgt in der verschiedensten Weise, meist durch Kanäle in der Feuerbrücke, vielfach aber auch durch solche in den Seitenwandungen des Verbrennungsraumes, durch Öffnungen in der Feuerthür, durch hohle Roststäbe, Röhren und dergleichen, wobei die Abschlufsorgane (gewöhnlich Klappen), welche die Zufuhr vermitteln, entweder von Hand zu verstellen sind oder durch Katarakte, Uhrwerke und dergleichen bewegt werden.

Von den Anordnungen mit durchbrochener Feuerbrücke sind am bekanntesten und verbreitetsten die Konstruktionen von Chubb[2]) (in nur wenig veränderter Form ausgeführt von der Maschinenfabrik Cyclop, Mehlis & Behrens in Berlin), Kowitzke & Co., Berlin, D.R.P. No. 74010 vom 18. April 1893 und D.R.P. No. 87764 vom 30. Januar 1896 und C. W. Staufs, Berlin. Sie bestehen alle drei im wesentlichen aus Gufseisenkörpern, welche zur Zeit der höchsten Glut von den vorbeistreichenden Gasen bedeutend erhitzt werden und nach erfolgter Beschickung ihre Wärme an die nunmehr sie durchströmende, in ihrer Menge durch Klappen regelbare Luft abgeben.

Die Feuerbrücke von Chubb, in der Art, wie sie von der Maschinenfabrik „Cyclop“ ausgeführt wird, dargestellt durch die Figuren 24—26 Tafel III, besitzt zwei oder mehr, über die ganze Breite sich erstreckende Schlitze, während die Kowitzke'sche Konstruktion nur mit einem solchen versehen ist, der aber zur Erzielung einer besseren Vorwärmung von einer Menge von Querrippen durchsetzt ist. In ihrer älteren Ausführung, Fig. 27 und 28 Tafel III, ist diese Feuerbrücke, ebenso wie die von Chubb, oben bogenförmig begrenzt, während sie, wie Fig. 29 und 30 Tafel III zeigt, in ihrer neuesten Gestalt mit seitlich emporragenden Hörnern versehen ist, welche die Mischung der einströmenden Luft mit den Kohlenwasserstoffen befördern sollen, die Haltbarkeit des Gufseisenkörpers aber wohl nicht sehr günstig beeinflussen werden. Auch die in dieser neuesten Ausführung aufsen angeordneten Rippen dürften keineswegs zur Haltbarkeit beitragen. Durch die unter No. 79647 im deutschen Reiche patentierte Einrichtung soll bei der Kowitzke'schen Feuerung die Zufuhr der Oberluft selbstthätig geregelt werden. Die jedesmalige

[1]) Eine fortdauernde Zufuhr von Oberluft bei periodischer Beschickung, wie sie oft angetroffen wird, ist unbedingt zu verwerfen, da sie naturgemäfs beträchtliche Wärmeverluste herbeiführen mufs.

[2]) S. auch C. Bach, Zeitschrift des Vereines deutscher Ingenieure 1882, S. 89.

Dauer der Luftzufuhr wird durch die Art der Verbindung des Gewichtes d mit dem Hebel e, Fig. 29 und 30 Tafel III, bestimmt.

Die Einrichtung von C. W. Staufs ist in den Text-Figuren 20—23 für einen Flammrohrkessel, in den Figuren 31—33 Tafel III für einen Wasserrohrkessel dargestellt. Der Heizkörper besteht dabei aus gufseisernen Platten a, welche in der aus den Figuren ersichtlichen Weise auf das Feuerbrückengestell aufgehakt sind und mittels eines durchgehenden Bolzens O und zweier dreiarmiger Klammern zusammengehalten werden. Die Platten sind zur Hälfte glatt, zur Hälfte aber beiderseits mit verschieden hohen Leisten x und z versehen und so zusammengestellt, dafs abwechselnd 4 mm weite Luftschlitze l und 16 mm weite Schlitze f für die Feuergase entstehen, von denen die ersteren, um die Luft in der durch den Pfeil angedeuteten Richtung einführen zu können, oben und unten, die letzteren aber nur hinten offen sind. Der Abschlufs der Drosselklappe k

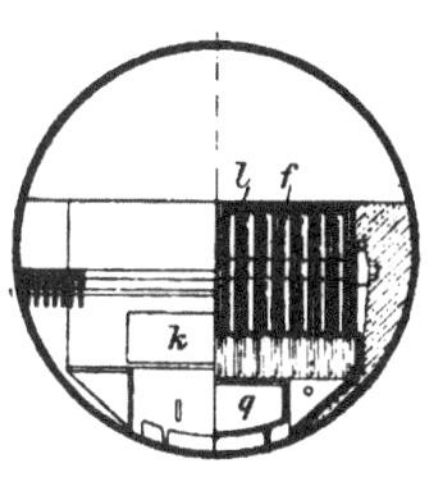

Fig. 20.

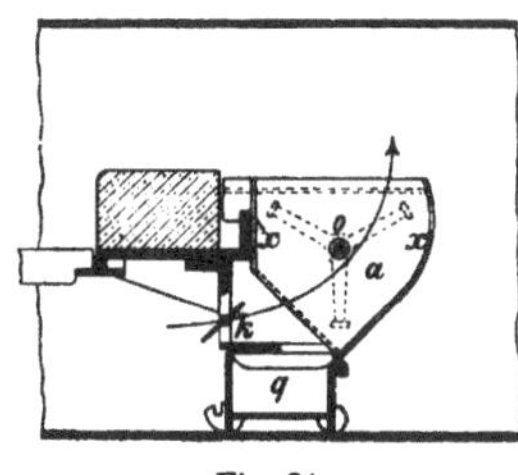

Fig. 21.

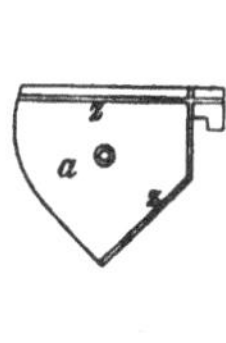

Fig. 22.

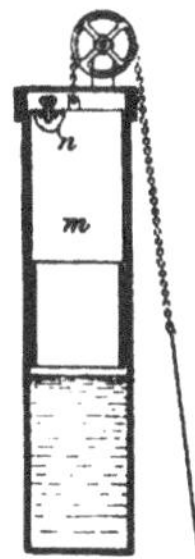

Fig. 23.

erfolgt auch hier selbstthätig durch einen Katarakt m, welcher dem auf S. 29 u. 30 beschriebenen ähnlich ist, jedoch statt des Rückschlagventils ein Schräubchen n besitzt, welches gestattet, die Öffnung für den Luftausgleich verschieden einzustellen. Bei der Anordnung für Flammrohrkessel befindet sich in dem Feuerbrückengestell ein ausziehbarer Kasten q, welcher die durch die Luftspalten fallende Flugasche aufnimmt und aufserdem gestattet, die im Flammrohr sich ablagernde Asche zu entfernen.

Für Wasserrohrkessel wird die Feuerung in einer besonderen Verbrennungskammer (s. S. 22) untergebracht, Fig. 31 Tafel III, deren Feuerluke jedoch, nach Fig. 32 und 33 Tafel III als Mischungswand ausgeführt, zu häufigen Reparaturen Anlafs geben wird. Mangelhaft ist aufserdem, dafs die Oberluft hier dauernd zugeführt wird.

Das früher von C. W. Staufs bei Flammrohrkesseln angeordnete, hinter der Feuerbrücke in das Rohr eingebaute Gewölbe ist, vermutlich seiner geringen Haltbarkeit halber, neuerdings verlassen worden.

Von anderen Einrichtungen sind zu erwähnen:

Die Konstruktion von Bagge, bei welcher die Oberluft teils durch eine Klappe in der Feuerthür, teils aber durch eine solche in der hinteren Abschlufswand des Aschenfalles und durch die Feuerbrücke zugeführt wird. Beide Klappen stehen durch Ketten mit einem Katarakt in Verbindung. Ein über der Feuerbrücke in den Verbrennungsraum eingebautes Gewölbe soll aufserdem zur Beförderung der Entzündung beitragen.

Die Feuerung von Schulz-Knaudt in Essen a. d. Ruhr, Patent Rinne, D.R.P. No. 58746 vom 6. Januar 1891. Sie ist in ihrer ursprünglichen Gestalt, in der sie auch auf der internationalen elektrotechnischen Ausstellung in Frankfurt a. M. in dauerndem Betriebe war, durch Fig. 34—39 Tafel IV[1]), in ihrer jetzigen Gestalt durch Fig. 40 und 41 Tafel IV dargestellt.

Alles Wesentliche ist aus den Figuren zu ersehen. In die hinter der Feuerbrücke angeordnete Misch- und Brennkammer, in welcher der Flamme unter Fernhalten unzulässigen Wärmeentzuges Raum und Zeit zur Entwicklung gewährt werden soll, wird nach der Beschickung vom hinteren Kesselende aus durch 2 im Flammrohr gelagerte Rohre r Luft von oben eingeführt[2]), deren Menge durch die mit dem Katarakt k am Heizerstand in Verbindung stehenden Klappen m geregelt wird. In der älteren Konstruktion wird auch die zum Rost strömende Luft durch den Kanal l von hinten zugeleitet[3]); aufserdem ist dort in die Brennkammer noch eine durchbrochene, nahezu wagerechte Mischwand eingebaut. Die Rohre r sind von einem Schamott-Panzer umhüllt, in welchen ein Drahtgeflecht eingeknetet ist.

Die Verhinderung der Rauchentwicklung wird sich infolge des Einbaues und infolge der für eine wirksame Mischung günstigen Einführung der Oberluft von oben leichter und auch für weniger gute Kohle erreichen lassen als bei der Verwendung metallener Feuerbrücken; doch beschränkt der Einbau einigermafsen die Leistungsfähigkeit des Kessels, und es kann die in Fig. 35 Tafel IV dargestellte Mischwand, welche zudem auch die Reinigung und die Revision des Flammrohrs erheblich erschwert, unmöglich eine lange Dauer besitzen. In der neueren Ausführung, Fig. 40 und 41 Tafel IV, ist sie denn auch in der That nicht mehr vorhanden.

In ähnlicher Weise wie bei der Rinne'schen Anordnung wird auch bei den Einrichtungen von Klose S. 34 Fig. 17 und 18, Thost, S. 25 und S. 34, Fig. 6 und 7 Tafel I u. a. die Luft in Röhren erwärmt, die im Flammrohr gelagert sind, während der Zutritt zu den Gasen in besonderen Einbauten erfolgt.

Bei beiden wird jedoch der Fehler gemacht, dafs die Luft fortdauernd zugeführt wird, und aufserdem ist es zweifelhaft, ob der Zutritt der Luft zu den Gasen auch rechtzeitig erfolgt.

In manchen Fällen wird die Luft auch in hohlen Roststäben erwärmt (s. z. B. den Schrägrost von Krudewig, S. 103 und Fig. 166—168 Tafel XVII); doch ergiebt dies immer wenig dauerhafte und meist auch schlecht zu reinigende Roste.

Bei der öfters üblichen Zufuhr eines Teiles der Luft durch Öffnungen der Feuerthür kann von einer erheblichen Vorwärmung derselben keine Rede sein.

Sehr häufig trifft man bei Unter- und Vorfeuerungen die Anordnung, dafs die Oberluft in Kanälen vorgewärmt wird, welche in den Wandungen des Verbrennungsraumes

[1]) S. Wegener und Göhring, Zeitschrift des Vereines deutscher Ingenieure 1892, S. 76, Textblatt 1, sowie auch R. Stribeck, dieselbe Zeitschrift 1891, S. 1149.

[2]) Als bedenklich, namentlich bei hohen Spannungen, mufs die von Schulz-Knaudt gleichfalls ausgeführte Anordnung mit Zuleitung und Vorwärmung der Luft in einer auf das Flammrohr aufgesetzten, den Dampfraum und den Kesselmantel durchdringenden Röhre angesehen werden.

[3]) Abgesehen von anderem ist diese Art der Luftzufuhr schon deshalb nicht zu billigen, weil dabei Wärme aus dem Kesselinneren in die Verbrennungsluft übertritt.

ausgespart sind, wodurch insbesondere die Abkühlungsverluste dieser Feuerungen vermindert werden sollen.

Ganz abgesehen von dem Umstand, ob hiebei die Luft in einer für die Verbrennung zweckmäfsigen oder unzweckmäfsigen Weise in die Feuerung eingeführt wird, bringt diese Anordnung insofern eine ganz erhebliche Gefahr für die gute Ausnützung der Wärme mit sich, als die Wände der Feuerung durch die Kanäle vielfach derart geschwächt werden, dafs sie den Bewegungen, welche durch die nicht zu vermeidenden Temperaturschwankungen erzeugt werden, nur wenig Widerstand zu bieten vermögen und daher bald Risse bekommen. Durch letztere kann aber, auch wenn die zu den Kanälen führenden Öffnungen verschlossen sind, dennoch Luft in die Feuerung gelangen, welche natürlich den Wirkungsgrad mehr oder weniger stark beeinträchtigt.

Mit neuen Anlagen dieser Art erzielte günstige Ergebnisse halten daher in der Regel nicht lange vor. In den meisten Fällen wird sich vielmehr nach kurzer Betriebszeit ein schlechterer Wirkungsgrad ergeben, als ohne solche Kanäle. Werden dann, wie dies oft geschieht, die Eintrittsöffnungen der letzteren einfach zugemauert, so ist damit dem Übelstand in keiner Weise abgeholfen.

Der Versuch, das Undichtwerden der Kanäle dadurch zu verhüten, dafs Röhren aus Blech oder Gufseisen in die Wände eingemauert werden, ist gleichfalls fehlgeschlagen. Da diese Röhren andere Bewegungen machen als das umgebende Mauerwerk, so entstehen die Risse eben rings um die Röhren herum, und die Luft strömt an ihren Wänden entlang in den Verbrennungsraum ein.

Über den Wert der bei all diesen Konstruktionen geübten Teilung der Luftzufuhr ist folgendes zu bemerken:

Bei mäfsiger Rostanstrengung kann man den ungünstigen Verlauf von Luftzufuhr und Luftbedarf, sowie die übrigen Übelstände der periodischen Beschickung, wie schon auf S. 12 u. f. erörtert wurde, dadurch in ganz zweckmäfsiger Weise einschränken, dafs der Brennstoff in kleinen Mengen und dementsprechend kurzen Pausen möglichst rasch aufgegeben wird.

Die Teilung der Luftzufuhr hätte hiebei eine Berechtigung nur insofern, als sie die Vornahme der Beschickung in gröfseren Mengen und längeren Pausen ermöglichte und dadurch die Abhängigkeit von der Geschicklichkeit des Heizers einigermafsen verminderte, indem eine gleichmäfsige Verteilung der Kohle über den Rost bei Beschickung in gröfserer Menge leichter zu erzielen ist als bei solcher in kleiner Menge.

Eher berechtigt erscheint die Teilung dagegen bei starker Beanspruchung, wo die Verbrennung rascher erfolgt und wo deshalb beim Beschicken kleiner Mengen in kurzen Pausen die Feuerthür so häufig aufgerissen werden mufs, dafs durch die hiemit verbundene Erhöhung des Schornsteinverlustes leicht ein gröfserer Schaden herbeigeführt werden kann als beim Beschicken gröfserer Mengen in längeren Pausen. Zudem wird hier in der Regel mit hoher Schicht gearbeitet, wobei die durch den Abbrand herbeigeführte Veränderung der Schichthöhe auf die Luftzufuhr nach der Entgasung keinen so grofsen Einflufs ausübt[1]).

[1]) S. auch R. Stribeck, Zeitschrift des Vereines deutscher Ingenieure 1895, S. 221.

Die Schwierigkeit der Anordnung liegt nun aber darin, dafs die Zufuhr der Oberluft unterbrochen werden mufs, und dafs, wenn der Heizer dies nicht richtig ausführt, oder wenn er gar willkürlich die Absperrung vornimmt, mehr Schaden als Nutzen durch die Teilung entsteht[1]). Dieser Umstand bedingt also auch hier wieder, und zwar nicht weniger dringend als beim gewöhnlichen Planroste, einen zuverlässigen und geschulten Heizer. Allerdings sind ja, um die Abhängigkeit von letzterem zu umgehen, die Absperrorgane vielfach mit Katarakten, Uhrwerken und dergleichen in Verbindung gesetzt worden. Doch gilt natürlich von derartigen Einrichtungen dasselbe, was bereits unter Zugregler S. 29 u. f. gesagt wurde:

Sie vermögen bei sorgfältiger Überwachung und richtiger Behandlung ihrem Zweck in vielen Fällen wohl gerecht zu werden; eine einigermafsen sichere Gewähr dafür, dafs sie die Luftzufuhr dem Luftbedarf entsprechend gestalten, könnten sie jedoch nur dann geben, wenn ihre Bewegung von der nach erfolgter Verbrennung vorhandenen Zusammensetzung der Heizgase beeinflufst würde. Zudem ist auch die Empfindlichkeit der meisten dieser Apparate gegen die in einem Kesselhause nicht zu vermeidenden Einflüsse von Hitze, Staub und Schmutz die Ursache, dafs sie leicht ihren Dienst versagen.

Der Wirkungsgrad der besprochenen Einrichtungen wird, sofern nicht gerade die Vorwärmung durch sonst nicht mehr verwendbare Wärme erfolgt, was übrigens in den seltensten Fällen zuzutreffen pflegt, den eines gut bedienten und richtig konstruierten einfachen Planrostes nicht wesentlich überschreiten, da ja die in erster Linie mafsgebenden Schornsteinverluste in beiden Fällen nur wenig verschieden sind.

Dies wird u. a. bestätigt durch 2 Versuche, welche auf der internationalen elektrotechnischen Ausstellung in Frankfurt a. M. 1891 an dem von Schulz-Knaudt in Essen ausgestellten Flammrohrkessel (Wellrohr) das eine mal mit gewöhnlichem Plan-

---

[1]) Aufser bei der gewöhnlichen Planrostfeuerung mit periodischer Beschickung trifft man eine Teilung der Luftzufuhr vielfach auch bei Feuerungen mit ununterbrochener Beschickung. Zu einer solchen Teilung liegt nun hiebei zunächst kein Grund vor, da es bei dem nahezu konstant bleibenden Zustand im Verbrennungsraum keine Schwierigkeiten bietet, Zufuhr und Bedarf der Verbrennungsluft einander anzupassen. Veranlassung zu der Teilung gab hier wohl nur das Bestreben, durch kräftige Vorwärmung wenigstens desjenigen Teiles der Luft, der zur Verbrennung der entwickelten Gase erforderlich ist, eine bessere Wärmeausnützung zu erzielen. Sie ist deshalb hauptsächlich bei gasreichen Brennstoffen im Gebrauch. Doch sucht man sich auch bei anderen Brennstoffen den erhofften Nutzen dadurch zu verschaffen, dafs man durch Beschränkung der Luftzufuhr zum Rost auf diesem zunächst nur eine teilweise Verbrennung herbeiführt, um so die Menge der über dem Rost zu verbrennenden Gase zu vermehren (sogenannte Halbgasfeuerungen). Allein abgesehen davon, dafs in den meisten Fällen die zur Vorwärmung benutzte Wärme unmittelbar dem Verbrennungsraum oder den Heizgasen entzogen wird, einen Gewinn also nicht darstellt, sowie abgesehen von dem Umstand, dafs bei der die Regel bildenden Vorwärmung der Luft in Kanälen des Mauerwerkes erhebliche Übelstände eintreten können (s. S. 41), liegt wie bei der Feuerung mit periodischer Beschickung, die Hauptschwierigkeit in der richtigen Bemessung der Oberluftmenge, bezüglich deren man einzig und allein von dem Verständnis des Heizers abhängig ist. Diesem fehlt aber für die Stellung der zur Regelung der Oberluftzufuhr dienenden Klappen nahezu jeder Anhalt, so dafs die Gefahr der Wärmevergeudung durch übermäfsige Luftzufuhr sehr naheliegt.

rost, das andere mal mit der auf S. 40 beschriebenen Einrichtung von Rinne vorgenommen wurden [1]).

Die Ergebnisse dieser Versuche sind:

	Datum	Luftüberschufs	Verdampfung pro qm Heizfl.	Wirkungsgrad	Kaminverlust
Mit Einbau	2/3. Septbr. 1891	22%	17,42	79,2%	13,5%
Ohne Einbau	14/15. Aug. 1891	25%	24,85	73,4%	16,1%

Hierzu schreibt R. Stribeck (Zeitschrift des Vereines deutscher Ingenieure 1894, S. 735):

„Die 6pCt., um welche sich der Wirkungsgrad bei den Septemberversuchen gröfser ergeben hat als bei den vorangegangenen, sind zweifellos dem schwächeren Feuern (geringerer Beanspruchung) gutzuschreiben. Es wurden durchschnittlich auf 1 qm Heizfläche 1,88 kg Kohle gegen 2,88 kg bei den ersten Versuchen, d. i. um rund 35pCt. weniger verbrannt. . . . Wenn der Heizer sich so vorzüglich auf seinen Beruf versteht, wie im vorliegenden Falle, ist von Vorrichtungen zur Rauchvermeidung eine Erhöhung des Wirkungsgrades nicht zu erwarten. Deshalb ist — ganz abgesehen davon, dafs der Unterschied im Wirkungsgrad durch den Unterschied in der Beanspruchung der Heizfläche hinreichend erklärt ist — den Rinne'schen Einrichtungen vorliegendenfalls ein Einflufs auf die Ausnützung der Kohle nicht beizumessen."

G. Dampfschleier-Feuerungen.

Feuerung von Th. Langer, D. R. P. No. 67 095 vom 20. November 1891, 71 876 vom 30. August 1892, 78 828 vom 29. März 1893, 80 090 vom 12. August 1894, 83 131 vom 18. November 1894.

Die Einrichtung, wie sie in Deutschland von Franz Marcotty in Berlin gebaut wird, ist durch die Figuren 42—47 Tafel V in einer älteren Ausführung für Lokomotiven und stationäre Kesselanlagen, durch die Figuren 48 und 49 derselben Tafel in ihrer neuesten Gestalt für Lokomotiven dargestellt.

In beiden Ausführungen wird durch die mittels eines Kreisschiebers verschliefsbaren Öffnungen der Feuerthür unmittelbar nach erfolgter Beschickung Luft über dem Rost in den Verbrennungsraum eingeführt. Gröfse und Dauer dieser Luftzufuhr werden dadurch

[1]) Wenn von der vom kgl. preufsischen Handelsminister eingesetzten Kommission zur Prüfung und Untersuchung von Rauchverbrennungsvorrichtungen mit dem Kowitzke'schen Apparat Wirkungsgrade bis zu 80 pCt. nachgewiesen wurden (Bericht über die II. Sitzung dieser Kommission vom 30. April 1894), so ist dieses Resultat, abgesehen von dem nach R. Stribeck (Zeitschrift des Vereines deutscher Ingenieure 1895, S. 189 u. f., 215 u. f., 509 u. f.) nicht ganz unberechtigten Zweifel in die Richtigkeit der Versuchsergebnisse, neben der vorzüglichen Bedienung und der Beschränkung des Luftzutritts während der Beschickung — die Feuerthür war mit Klappen zum Abschlufs der Flammrohre verkuppelt — dem Umstand zuzuschreiben, dafs durch die günstigen Verhältnisse, unter denen der Kessel arbeitete (Nachbarkessel nachts mitbetrieben) die Abkühlungsverluste ganz bedeutend beschränkt wurden.

geregelt, dafs jedesmal, wenn man mit Hilfe des Klinkengriffes G die Feuerthür öffnet, der Kolben des Kataraktes K verstellt und nach Schliefsen der Feuerthür zum allmählichen Abschlufs des hiebei geöffneten Kreisschiebers R benutzt wird, wobei in der älteren Anordnung das Eigengewicht des Kataraktkolbens, in der neuen die Kraft einer Feder die Bewegung erzeugt. Die Gröfse der Kreisschieberöffnung kann durch Verschiebung der in einem Schlitzhebel befindlichen Öse O, die Zeit des Kreisschieberabschlusses durch die Regulierschraube S, Fig. 42 und 46 Tafel V, oder durch den Hahn r, Figur 49 Tafel V eingestellt werden.

Das Wesentliche an der Einrichtung ist jedoch der Dampfschleier. Durch eine mit feinen Öffnungen versehene Düse D werden Dampfstrahlen derart in die Feuerung (gegen das untere Ende der Rohrwand bei der Lokomotivfeuerung) geblasen, dafs sie sich schleierartig über die Brennstoffschicht verbreiten, wobei sie die durch den Kreisschieber eingeführte Luft mitreifsen und mit den vom Rost aufsteigenden Gasen gründlich mischen. Die Düse D ist mit ihrem Anschlufsrohr derart in B gelagert, dafs sie jederzeit aus dem Verbrennungsraum herausgedreht und in die in Fig. 43 und 45 Tafel V angegebene punktierte Lage gebracht werden kann. Eine Klinke P gestattet, die Düse in beiden Stellungen festzuhalten [1]).

In der neuesten Ausführung ist, wie die aus Fig. 49 Tafel V ersichtliche Konstruktion des Düsenkopfscharnieres zeigt, noch die weitere Anordnung getroffen, dafs auch der Dampfzuflufs zur Düse D mit fortschreitender Entgasung allmählich abnimmt. Der im Scharnier eingebaute Kolben d, welcher, in seiner Längsrichtung mehrmals durchbohrt, beiderseits unter Dampfdruck steht, wird durch den Hebel z, das Excenter e und den mit diesem zusammengebauten, auf der Feuerthürwelle w sitzenden Hebel h gleichfalls von dem Katarakt K beeinflufst. Beim Öffnen der Feuerthür und dem damit verbundenen Aufziehen des Kataraktes wird der Kolben d entgegen dem Dampfüberdruck verschoben und giebt die zum Düsenkopf führende Öffnung o frei; diese wird dann nach Schlufs der Feuerthür allmählich in dem Mafse wieder verschlossen, als dies der zurückgehende Katarakt gestattet. Da jedoch ein vollständiger Abschlufs des Dampfes nach erfolgter Entgasung notwendig zu rascher Abnutzung des Düsenkopfes führen müfste, so besitzt der Kolben auf seiner Oberfläche Rillen, welche auch in der Endstellung noch etwas Dampf in die Feuerung durchtreten lassen.

Die Einrichtung für Lokomotiven besitzt in beiden Ausführungen noch ein Durchgangsventil H, welches unter dem Regulator sitzt und beim Schliefsen desselben durch Vermittlung der Nase E sich öffnet, um Dampf, welcher bei V dem Kessel entnommen wird, zum Blasrohr strömen zu lassen, so dafs auch bei geschlossenem Regulator die Verbrennung aufrechterhalten bleibt. Das Ventil V gestattet, die Blasrohrwirkung zu regeln, während durch die Stellung von V_1 die Stärke des Dampfschleiers bestimmt wird.

Schliefslich gehört zu der Einrichtung noch eine eigenartig ausgebildete Rostanlage. Der eigentliche Rost besteht nämlich aus faustgrofsen, ausgebrannten, porösen Schlackenstücken C, welche von weitspaltig gelagerten, gelenkig unterstützten dünnen Stäben T

[1]) Durch diese Einrichtung ist es ermöglicht, die Düse in Zeiten, wo kein Dampf eingeblasen wird, wie z. B. während des Anheizens, vor dem Verbrennen zu schützen, das bei den ersten Ausführungen öfters erfolgte.

getragen werden[1]). Diese sollen durch die Schlackendecke vor unmittelbarer Berührung mit dem glühenden Brennstoff geschützt und dadurch dauerhafter gemacht werden, während durch die Schlackendecke die Verteilung und Vorwärmung der Luft befördert, Stichflammenbildung verhindert und das Durchfallen von Kohlenstücken durch den Rost vermindert werden soll.

Der Mechanismus zur Einführung und Regelung der Oberluft fällt unter die auf S. 29 und 42 behandelten Zugregler, und es gilt über ihn alles, was über solche Vorrichtungen dort gesagt wurde, so dafs zu seiner Beurteilung dorthin verwiesen werden darf. In Anbetracht der daselbst erörterten, nicht übermäfsig grofsen Zuverlässigkeit solcher Mechanismen, beschränkt sich daher die ganze Einrichtung im wesentlichen auf die Verwendung des Dampfschleiers.

Insoweit durch diesen ein Zurückschlagen der Flamme, wie in Fig. 43 Tafel V angedeutet, herbeigeführt wird, darf allerdings eine vorteilhafte Einwirkung auf den Verbrennungsprozefs nicht in Abrede gestellt werden; auch ist nicht zu bezweifeln, dafs der Dampfschleier durch kräftiges Mischen und Durcheinanderwirbeln des vom Rost aufsteigenden Gemenges von Luft und Kohlenwasserstoffen die Verbrennung vollkommener gestaltet und der Rauchentwicklung entgegenwirkt, und dafs er aufserdem bei Lokomotiven den Funkenauswurf beschränkt. Dagegen läfst sich nicht wohl annehmen, dafs durch die Einrichtung beträchtliche wirtschaftliche Vorteile erreicht werden, da ja die für den Wirkungsgrad hauptsächlich mafsgebenden Schornsteinverluste durch die geringere Rauchbildung nicht bedeutend geändert werden, und da das Mehr an Wärme, welches durch die bessere Verbrennung etwa erzielt wird, mindestens teilweise durch den Verbrauch des Dampfschleiers wieder aufgehoben wird.

Die Rostanlage mag zwar den Verbrauch an Roststäben beschränken und Stichflammenbildung verhindern, doch läfst sich das Durchfallen kleinerer Kohlenstücke bei Lokomotivfeuerungen wenigstens zu Anfang des Betriebes nicht fernhalten. Auch ist zu befürchten, dafs bei Verwendung von Kohlensorten, die eine leichtflüssige Schlacke absondern, bei starker Rostanstrengung die Schlacken bald zusammenbacken, wodurch dann natürlich der Luftzutritt erschwert wird.

Eine wirkliche Ersparnis vermag übrigens die Feuerung zuweilen dadurch herbeizuführen, dafs sie die Verwendung billigeren Brennstoffes ermöglicht. Wenn z. B. die Wiener Stadtbahn, welche nach Otto H. Mueller jr.[2]) die Langer'sche Einrichtung für ihre Lokomotiven endgiltig angenommen haben soll, hiedurch billiger zu arbeiten vermag, so liegt dies wohl einzig und allein daran, dafs sie durch diese Änderung in den Stand gesetzt worden ist, ihren Betrieb, statt wie bisher mit teurem Koks, welcher der geringen Rauchentwicklung halber allein gestattet war, nunmehr mit billigerer Steinkohle durchführen zu können.

Dagegen sind Angaben über Wirkungsgrade von 80% (nach Abzug des Verbrauches für den Dampfschleier 78%)[2]) mit Vorsicht aufzunehmen.

Feuerung von E. Buchholtz in Warschau, D. R. P. No. 81 476 vom 4. Dezember 1891, Fig. 50 und 51 Tafel V.

---

[1]) Vergl. auch die Bornemannsche Dunkelfeuerung; Dampf 1894, S. 9 und S. 133.

[2]) Zeitschrift des Vereines deutscher Ingenieure 1896, S. 921.

Die Anordnung und Wirkungsweise der Einrichtung ist aus den Figuren zur Genüge erkenntlich. Die Wirkung ist ähnlich der einer vorgezogenen Feuerbrücke (s. Tenbrink-Feuerung S. 77 und S. 86 u. f.); jedenfalls findet eine sehr kräftige Mischung der Brenngase mit der Luft statt.

Die durch das Einströmen von Luft während der Beschickung bedingten Schornsteinverluste werden natürlich auch nicht völlig aufgehoben. Von einer Bildung von Wassergas, wie dies in der Patentschrift behauptet wird, kann wohl keine Rede sein. Erfahrungen über die Feuerung liegen nicht vor.

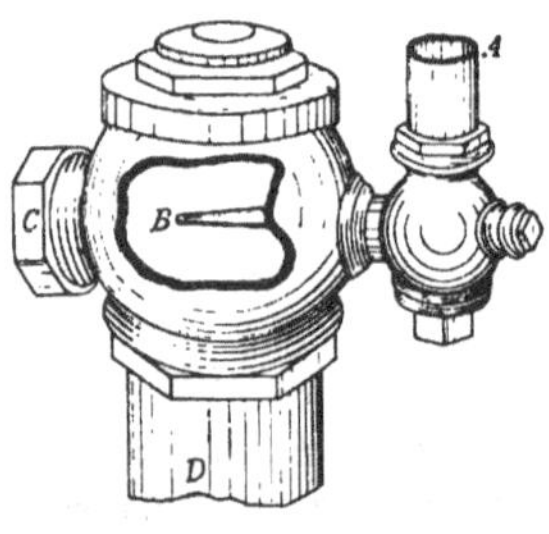

Fig. 24.

Zu erwähnen ist ferner noch die Feuerung von Hollrieder[1]), sowie die in Frankreich ziemlich verbreitete Feuerung von Orvis.

Letztere besteht aus einem gewöhnlichen Planrost, welcher mit einer seiner Gröfse entsprechenden Anzahl der durch Fig. 24 dargestellten Apparate versehen ist. Diesen wird durch das Rohr A Dampf zugeführt, welcher durch die Düse B und das Rohr C zusammen mit der durch das Rohr D mitgerissenen Luft in den Verbrennungsraum gelangt.

Dafs diese Einrichtung zur Vermischung der Gase und damit zur Beschränkung der Rauchbildung beiträgt, ist nicht zu bezweifeln. In der That zeigen auch Versuche, welche Walther-Meunier angestellt und im XVII. Jahresbericht des elsässischen Vereines von Dampfkesselbesitzern (1885) veröffentlicht hat; dafs eine günstigere Wirkung in dieser Richtung eintrat. Eine wesentlich bessere Verdampfung konnte jedoch (wohl der vielen mitgerissenen Luft halber) nicht erzielt werden, vielmehr erhöhten sich die Betriebskosten noch durch den Dampfverbrauch der Düsen.

Ähnlich ist die Hollrieder'sche Feuerung eingerichtet, von der im wesentlichen dasselbe gilt.

H. Unterwind-Feuerungen.

Diese Feuerungen sind entstanden durch das vielfach vorhandene Bedürfnis nach einer stärkeren Zugkraft, als sie durch den bestehenden Schornstein geboten wird.

Dieses Bedürfnis äufsert sich namentlich gern bei der Verbrennung minderwertiger Brennstoffe von kleinstückiger und teilweise staubförmiger Beschaffenheit, wie Staubkohle, Grieskohle, Koksklein und dergleichen.

Solche Brennstoffe lassen sich zwar auf einem Planrost gewöhnlicher Art verbrennen, wenn er genügend enge Spalten besitzt, also nicht zu befürchten ist, dafs unverbrannte Kohlenstückchen hindurchfallen. Da aber mit der Spaltenweite nicht auch die Stärke der Roststäbe entsprechend verkleinert werden kann, so nimmt die freie Fläche solcher Roste erheblich ab. Aufserdem lagern sich diese Brenntoffe so dicht, dafs sie der Luft nur wenig Durchtrittsquerschnitt bieten, und endlich besitzen sie meist auch ein ge-

[1]) Eine Beschreibung dieser Einrichtung, sowie eine Zusammenstellung von Versuchsergebnissen, welche an einem damit ausgerüsteten Münchener Stufenrost (s. S. 85 u. 86) erzielt wurden, finden sich in der Zeitschrift des Bayerischen Dampfkesselüberwachungsvereines 1897, S. 80 u. f.

ringes Heizvermögen, so daſs zur Erzeugung einer bestimmten Wärmemenge eine gröſsere Kohlenmenge pro qm Rostfläche verbrannt werden muſs und die Schichthöhe infolgedessen verhältnismäſsig groſs wird. Alle diese Umstände zusammen wirken aber in dem erwähnten Sinne; sie sind die Ursache, daſs zur Verbrennung solcher Brennstoffe der durch den Schornstein erzeugte Zug vielfach nicht ausreicht und deshalb durch ein Gebläse verstärkt werden muſs.

Durch das Vorhandensein eines solchen ist jedoch ein grundsätzlicher Unterschied von der gewöhnlichen Planrostfeuerung in keiner Weise geschaffen. Es wird nur der durch den Schornstein erzeugte Druckunterschied zu beiden Seiten des Rostes erhöht. Der Verbrennungsvorgang ist aber nicht geändert. Die Störungen durch das Beschicken, Schüren und Abschlacken sind dieselben geblieben; es sind also auch dieselben Verlustquellen und dieselben Ursachen zur Rauchbildung vorhanden. Hier wie dort kann letztere nur durch sorgfältige Bedienung in befriedigender Weise vermindert werden.

Ein Vorteil der Anordnung liegt allerdings darin, daſs die Regulierfähigkeit durch das Gebläse nicht unerheblich gewinnt, in manchen Fällen auch darin, daſs die Anlage stärker forciert werden kann. Infolge der Unabhängigkeit vom Schornsteinzug ist auſserdem die Möglichkeit geboten, die Heizgase stärker abzukühlen, die erzeugte Wärme also dementsprechend besser auszunützen, und endlich wird durch den in den Zügen herrschenden höheren Druck das Nachsaugen von Luft durch das Mauerwerk wirksam verhindert. Die aus letzterem Umstand sich ergebende Erhöhung des Wirkungsgrades spielt jedoch nur bei solchen Kesseln eine erhebliche Rolle, bei denen der erste Feuerzug, innerhalb dessen ja der weitaus gröſste Teil der Wärme der Heizgase ins Kesselwasser übergeht, teilweise von Mauerwerk begrenzt wird, während sie z. B. bei Flammrohrkesseln naturgemäſs weniger zum Ausdruck kommt.

Diese Vorteile dürften aber, sofern es sich nicht um besonders geeignete Kohlensorten handelt, in den wenigsten Fällen durch den Nachteil aufgehoben werden, daſs sich die Nutzleistung der Feuerung um den Dampf- oder Kraftbedarf des Gebläses[1]) vermindert. Da letzteres auſserdem auch noch die Anlagekosten nicht unwesentlich erhöht, so muſs seine Anordnung überall dort, wo ein ausreichender Schornsteinzug zu Gebote steht, als verfehlt bezeichnet werden.

Zu erwähnen ist schlieſslich noch, daſs sehr viele Gebläse ein nicht gerade als angenehm zu bezeichnendes Geräusch verursachen, und daſs bei einer Reihe feinkörniger Brennstoffe, denen die Eigenschaft des Zusammenbackens abgeht, bei Verwendung eines Gebläses die Gefahr besteht, daſs infolge des starken Zuges die kleinen Teile fortgeblasen werden und sich entweder in den Zügen ablagern, wo sie den Wärmeübergang erschweren, oder durch den Schornstein abziehen und dadurch eine nicht unerhebliche Belästigung verursachen.

Immerhin darf, wie schon oben erwähnt, nicht vergessen werden, daſs durch die Einführung von Unterwindgebläsen die Verwertung einer ganzen Anzahl bis dahin unbenutzter Brennstoffe[2]) ermöglicht worden ist. Insbesondere ist es die Firma Gebr. Körting

[1]) Dieser Bedarf beträgt z. B. bei den auf S. 50 und 51 erwähnten Versuchen nahezu 11 pCt. des gesamten erzeugten Dampfes.

[2]) In neuester Zeit wird eine Reihe dieser Stoffe übrigens vorteilhafter durch die Kohlenstaubfeuerungen, s. S. 122 u. f. ausgenützt.

in Körtingsdorf bei Hannover, welche eine Reihe derartiger Einrichtungen mit Erfolg zur Ausführung brachte, bei denen die Luft mittels Dampfstrahlgebläses in den geschlossenen Aschenfall eingeführt wird.

Eine andere, ziemlich verbreitete Unterwindfeuerung, welche hauptsächlich die Verbrennung von Koksklein in Gasanstalten ermöglichen soll, rührt von Perret her. Eine Abbildung derselben findet sich in Dingler's polytechn. Journal 1894 Band 291, S. 245. Die Weite der Rostspalten beträgt bei ihr nur etwa 2 mm. Um bei der hohen Verbrennungstemperatur des verwendeten Brennstoffes den Verbrauch an Roststäben möglichst zu beschränken, werden letztere sehr hoch ausgeführt und tauchen aufserdem mit ihrer Unterfläche in Wasser. Zuweilen werden sie auch noch aus Schmiedeisen hergestellt. Zwischen dem Wasserspiegel und dem Rost wird mittels eines Ventilators oder eines Dampfstrahlgebläses Luft eingeblasen und eine Pressung von 15 bis 25 mm Wassersäule erzeugt[1]). Die Einrichtung soll in der Stunde 100—170 kg Brennstoff pro qm Rostfläche zu verbrennen gestatten.

Einige Unterwindfeuerungen, wie z. B. diejenigen von Neuerburg und Kudlicz (s. unten) suchen auch noch die Mifsstände ungleichen Abbrandes (Stichflammenbildung u. dergl.), welche vielen der in Betracht kommenden Brennstoffe eigen sind, zu umgehen, indem sie die Verteilung der Luft, deren Vornahme ja im allgemeinen Sache des Brennstoffes[2]) ist, diesem entziehen und sie dadurch unabhängig vom Abbrand zu machen suchen. Soll dies jedoch mit Erfolg möglich sein, so ist die Luft in sehr vielen derart feinen Strahlen dem Brennstoff zuzuführen, dafs die dem Luftzutritt zur Verfügung stehende Fläche aufserordentlich beschränkt wird, wodurch aber dann die Anforderungen an das Gebläse erheblich steigen.

Bei der durch die Figuren 52—56 Tafel III dargestellten Einrichtung von M. Neuerburg in Köln, D. R. P. No. 56 774 vom 9. September 1890, wird die Luft von einem Centrifugalgebläse durch die Röhren R in den unter der Feuerbrücke befindlichen Windkasten W geführt. Aus diesem gelangt sie in die Röhren V, welche die Verteilung der Luft besorgen und zu diesem Zwecke auf ihrer Oberseite Düsen besitzen, welche in 3 Reihen derart angeordnet sind, dafs die austretenden Luftstrahlen genau zwischen die Roststäbe treffen (s. Figur 55 und 56 Tafel III). Die Drosselklappe D sowie ein davor gelegener, in die Luftleitung eingeschalteter Winddruckregler gestatten, die Pressung nach Bedarf einzustellen. Sie beträgt 6 — 8 cm Wassersäule und mehr.

Wie ersichtlich, ist die Bildung von Stichflammen nahezu vollständig verhindert. Die Rauchverhütung dagegen ist auch hier im wesentlichen Sache des Heizers. Der Erbauer der Feuerung empfiehlt, da der Luftzutritt auf dem hinteren Teil des Rostes stärker sich ergebe als vorn, die Beschickung derart vorzunehmen, dafs der Brennstoff in mäfsigen Mengen vorn aufgegeben und nach erfolgter Entgasung nach hinten geschoben wird. Aufserdem soll während der Beschickung der Wind abgestellt und der Rauchschieber geschlossen werden. Zur Zeit sollen über 300 solcher Feuerungen sich im Betriebe befinden.

---

[1]) S. Dinglers polytechn. Journal 1894, Band 291, S. 245.

[2]) S. S. 14 Anmerkung 3.

Kudlicz-Feuerung, von J. Kudlicz in Prag-Bubna. Figur 25 und 26. Der Rost ist hier nicht allein Träger des Brennstoffes, er hat auch noch die weitere Aufgabe, die Luft zu verteilen. Zu diesem Zweck besteht er aus einer etwa 30 mm dicken Platte, welche mit zahlreichen düsenförmigen Löchern (gegen 1000 Stück pro qm) versehen ist, deren Durchmesser oben nur etwa 3 mm, unten dagegen etwa 20 mm beträgt[1]). Die freie Rostfläche wäre demgemäfs nur etwa 1 pCt. der Gesamtfläche. Die Platte bildet den Abschlufs eines Windkastens, welchem mittels Dampfstrahlgebläses die Luft in der aus den Figuren ersichtlichen Weise zugeführt wird. Ein Ventil gestattet die Regelung der Zufuhr; der Überdruck im Windkasten soll etwa 30 mm Wassersäule betragen.

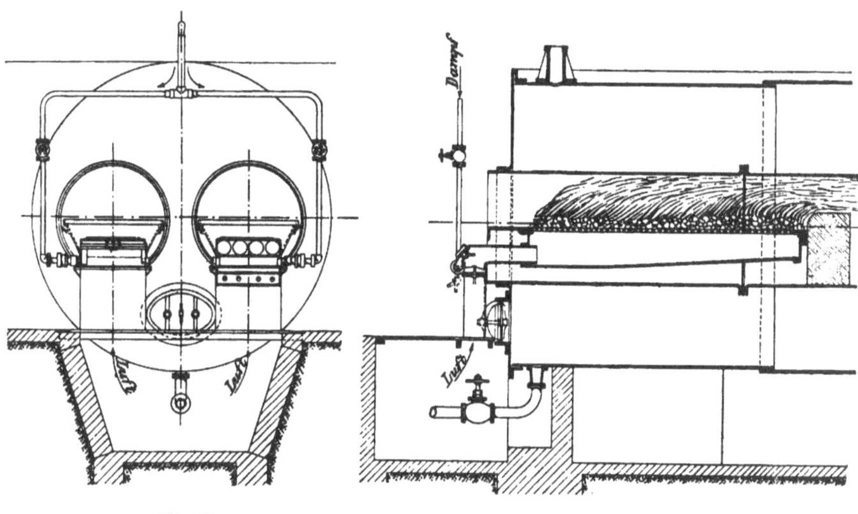

Fig. 25. Fig. 26.

Bei der geringen freien Rostfläche erscheinen Bedenken in Bezug auf die Haltbarkeit der Platte nicht unberechtigt; auch dürften bei starker Schlackenbildung schwer zu beseitigende und die Verbrennung beeinträchtigende Verstopfungen nicht ausgeschlossen sein.

Einen Beitrag zur Beurteilung der Unterwindfeuerungen liefern schliefslich noch zwei Versuche, welche der Magdeburger Verein für Dampfkesselbetrieb an 2 Flammrohrkesseln von nahezu übereinstimmender Art und Gröfse anstellte, deren einer mit Kudlicz-Feuerung ausgerüstet war, während der andere gewöhnlichen Planrost besafs[2]). Alles Wesentliche ist in der nachstehenden Tabelle enthalten.

[1]) L. Vogt. Dampf 1895, S. 406.

[2]) Zeitschrift des Vereines deutscher Ingenieure 1895, S. 1180.

Feuerung		Kudlicz-Feuerung.	Planrost-Feuerung.
Kohlenart		West-Hartley-Kleinkohle	Oberschlesische Stückkohle
Versuchstag		10. Juni 1895	11. Juni 1895
Versuchsdauer	Std.	4,75	4,7
Heizfläche	qm	85	80
Rostfläche	qm	—	3
Durchschnittl. Dampfspannung	Atm. Überdruck	5,32	5,88
- Temperatur des Speisewassers	°C.	51,2	52,1
Verbrauchte Kohle: im ganzen	kg	1 805	1 338
pro Stunde	kg	380	284,7
Erzeugter Dampf: im ganzen	kg	10 294	8 003
Umgerechnet auf Dampf von 100° und Wasser von 0°	kg	9 762	7 589,5
Dampfverbrauch durch das Kudlicz-Gebläse[1]):			
im ganzen	kg	1 075	—
pro Stunde	kg	226	—
in pCt. des gesamten erzeugten Dampfes	pCt.	10,98	—
Erzeugter Dampf pro Stunde	kg	2 057	1 615
Nach Abzug des Gebläsedampfes	kg	1 831	—
Aus 1 kg Kohle gewonnene nutzbare Wärme in	W. E.	3 064	3 613
Heizvermögen der Kohle	W. E.	5 471	5 951
CO_2 - Gehalt im Flammrohr	Vol. pCt.	14,4	14,43
CO_2 - Gehalt im Fuchs	Vol. pCt.	8,44	9,00
Luftmenge im Flammrohr		1,27 fach	1,27 fach
Luftmenge im Fuchs		1,92 fach	1,87 fach
Durchschnittl. Temperatur im Fuchs	°C.	335	336
Zugstärke: im Schornstein	mm Wassersäule	14	14
im Fuchs	- -	11	11
im Feuerraum	- -	3 bis 5	5
1 kg Kohle erzeugte nutzbaren Dampf	kg	4,818	5,672
Nutzbare Dampferzeugung pro Std. und qm Heizfläche	kg	21,54	20,2
Wirkliche Nutzleistung des Kessels	pCt.	56,0	60,7
Preis der Kohle für 100 kg frei Hof, einschliefslich 0,02 M. für Löschung und 0,08 M. für Messung	M.	1,062	1,508
Kosten von 100 kg Nutzdampf	M.	0,233	0,266
Wirkliche Ersparnis durch die Kudlicz-Feuerung	pCt.	12,4	

Dieser Zusammenstellung fügten die Versuchsleiter noch folgendes bei:

„1. Der Zweck der Kudlicz-Feuerung, klare und billige Kohle zu verwenden und gleichzeitig mehr Dampf zu erzielen als mit der Planrostfeuerung und stückiger Kohle, ist erreicht worden. Der Dampf wurde durch die Kudlicz-Feuerung um 12,4 pCt. billiger und die Dampfmenge wurde um 6,6 pCt. gesteigert gegenüber der gleichartigen Anlage mit Planrost.

2. Dieser Vorteil kann aber nicht in jeder anderen Anlage auch erwartet werden; er ist in dem vorliegenden Fall entstanden, weil der Schornstein zu schwachen Zug hatte und die Kohle auf dem gewöhnlichen Roste schlecht brannte; schon die stückige Kohle brannte ungünstig, die Klarkohle ganz ungenügend. Das Gebläse der Kudlicz-Feuerung hat demgegenüber nur einen stärkeren Zug verursacht.

3. Für sich allein betrachtet hat die Kudlicz-Feuerung einen niedrigen Nutzeffekt

[1]) Derselbe wurde durch Kondensation ermittelt.

von 56 pCt. ergeben, der noch geringer ist als der sehr mäſsige Nutzeffekt der Planrost-Feuerung von 60,7 pCt.

4. In einer Dampfkesselanlage mit besseren Zugverhältnissen, wo der Planrost mit 70 pCt. statt mit 60 pCt. Nutzeffekt gearbeitet hätte, würde trotz des Preisunterschiedes der Kohlensorten der Planrost-Dampf billiger geworden sein als der Kudlicz-Dampf. Berücksichtigt man aber, daſs bei günstigen Zugverhältnissen wahrscheinlich auch auf dem Planrost die Klarkohle verbrannt werden könnte, dann steht die Nützlichkeit der Kudlicz-Feuerung weit hintenan."

Anschlieſsend an die Unterwindfeuerungen ist noch die Wasserstaubfeuerung von Bechem & Post in Hagen i. W. zu erwähnen.

In ähnlicher Weise, wie bei der Kudlicz-Feuerung der Gebläsedampf, wird hier Wasser, welches unter einem Druck von 6 bis 10 Atm. steht, durch eine besonders geformte Düse in ein Rohr geblasen, das einerseits mit dem geschlossenen Aschenfall, andererseits mit der Auſsenluft in Verbindung steht. Das Wasser wird hiebei zerstäubt und reiſst durch das offene Ende des Rohres Luft mit in den Aschenfall und durch den Rost.

Der Wasserstaub soll hiebei, wie das vielfach auch von dem Wasserdampf der Unterwindgebläse behauptet wird, durch die Berührung mit den glühenden Kohlen in Wasserstoff und Sauerstoff zerlegt werden, welche bei ihrer Wiedervereinigung in der Flamme die Temperatur bedeutend erhöhen und dadurch eine vollkommene Verbrennung gewährleisten sollen. Nun ist ja allerdings richtig, daſs, wenn eine Zersetzung wirklich stattfindet, die Wärmemenge, welche hiezu aufgewendet werden muſs und dem glühenden Brennstoff entzogen wird, nachher wieder in der Flamme zum Vorschein kommt, daſs also die Temperatur in der Brennstoffschicht ab-, in der Flamme dagegen zunimmt. Allein abgesehen davon, daſs es bei den in den Dampfkesselfeuerungen herrschenden Verhältnissen, namentlich während des für die Rauchverhütung wichtigsten Zeitraumes unmittelbar nach der Beschickung, äuſserst zweifelhaft erscheint, ob auch nur eine teilweise derartige Zersetzung, wie sie ja bei der Wassergasbereitung stattfindet, eintritt, dürfte eine erheblich bessere Wirkung als vom Planrost, selbst bei vollständiger Zersetzung, kaum erwartet werden. Es kann sich ja nur um eine andere, allerdings etwas günstigere Wärmeverteilung handeln, die aber gleichzeitig mit einem Wärmeverlust verbunden ist, indem die im Dampf enthaltene bezw. die zur Verdampfung des Wasserstaubes aufgewendete Wärme unter allen Umständen zusammen mit derjenigen der Abgase nutzlos durch den Schornstein entweicht. In Wirklichkeit wird daher eine derartige Einrichtung den Wirkungsgrad einer gleich gut bedienten, richtig konstruierten Planrostfeuerung nicht übertreffen. Ihr einziger Vorteil wird darin liegen, daſs der Wasserstaub die Roststäbe kühl erhält und dadurch ihre Haltbarkeit erhöht.

Besondere Feuerungseinrichtungen.

Der Hauptmangel der Planrostfeuerung, welcher ihr auch bei allen bisher besprochenen Verbesserungen anhaftet, liegt darin, dafs zum Nachlegen von frischem Brennstoff der Verbrennungsraum unmittelbar mit der Aufsenluft in Verbindung gesetzt werden mufs. Diesem Mangel mit allen seinen Nachteilen (Temperaturschwankungen, Schornsteinverluste, Rauchentwicklung u. s. w.) wird bei den nunmehr zu besprechenden Feuerungen abzuhelfen gesucht, entweder durch eine Leitung des Verbrennungsvorganges, welche eine solche Verbindung nicht notwendig macht, oder durch ununterbrochene Beschickung des Rostes.

Durch diese Konstruktionen soll gleichzeitig die Bedienung erleichtert und die Abhängigkeit vom Heizer vermindert werden.

III. Feuerungen, bei welchen versucht wird, die Verbrennung derart zu leiten, dafs Störungen durch die Beschickung ausgeschlossen sind.

A. Entgasung der Kohle, bevor sie auf den Rost gelangt.

Der frische Brennstoff wird in einem besonderen Raum allmählich erwärmt, mehr oder weniger vollständig entgast und, ohne dafs der Flammenraum mit der Aufsenluft in Verbindung tritt, auf den Rost befördert. Die entwickelten Kohlenwasserstoffe streichen über den Rost hinweg oder werden durch ihn hindurchgeleitet.

Eine derartige Konstruktion wurde dem Engländer Juckes bereits im Jahre 1836 patentiert. Die Anordnung ist aus Fig. 57 Tafel V ersichtlich und ohne weitere Erklärung verständlich.

Zwar gelangte der in der Retorte vollständig entgaste Brennstoff auf den Rost, ohne dafs hierbei eine Feuerthür zu öffnen war, welche kalte Luft zuströmen liefs. Jedoch konnte er sich ohne äufsere Beihilfe unmöglich gleichmäfsig über den Rost verteilen, so dafs das zeitweilige Eindringen kalter Luft doch nicht ganz beseitigt werden konnte. Dafs übrigens diese Feuerung keinen Erfolg zu erringen vermochte, lag nicht sowohl an der Art des Verbrennungsvorganges als vielmehr an den ganz erheblichen konstruktiven Mängeln der Anordnung. Nicht nur mufste der von der heifsen Flamme umspülte Kohlenbehälter einem aufserordentlich raschen Verschleifs unterliegen, auch die komplicierte Kesselkonstruktion konnte unmöglich den Anforderungen eines dauernden Betriebes genügen.

Eine neuere Konstruktion dieser Art ist die Füllschachtfeuerung von R. Mannesmann, D. R. P. No. 61278 vom 24. Februar 1891, Fig. 58 Tafel V.

Der Brennstoff wird durch den Füllschacht A, welcher mit dem aus der Figur ersichtlichen Verschlufs versehen ist, dem Roste zugeführt. Die in dem Schacht entwickelten Kohlenwasserstoffe werden durch ein Dampfstrahlgebläse G abgesaugt und mittels der Leitung L durch den Rost und die glühende Brennstoffschicht geblasen. Die Stärke des Gebläses soll derart bemessen werden, dafs nicht nur die Destillate durch die Leitung L abgeführt werden, sondern dafs es auch noch einen Teil des vom Rost abziehenden glühenden Gasgemisches aus dem Verbrennungsraum durch den Füllschacht mitreifst, damit dieses seine Wärme an die frischen Kohlen abgiebt und dadurch deren Entgasung befördert.

Abgesehen von allem anderen ist aber auch hier nicht ersichtlich, wie bei der geringen Rostneigung der Brennstoff sich genügend gleichmäfsig verteilen soll. Aufserdem geht der Wärmeverbrauch des Gebläses von der Nutzleistung ab[1]).

Die Einrichtung von H. Ruthel, D. R. P. No. 75711 vom 29. September 1893, dargestellt in Figur 59 Tafel V, ist nur als Vorfeuerung verwendbar. Die frische Kohle wird in die Nische D gebracht, um unter der Einwirkung der Gewölbewärme mehr oder weniger vollständig entgast zu werden. Durch die Öffnung f geschoben, gelangt alsdann der Brennstoff auf den nach vorn abfallenden Schrägrost, wo er ins Glühen gerät, nachdem vorher die etwa noch nicht verflüchtigten Kohlenwasserstoffe durch die von unten nach oben über den Rost wegziehenden heifsen Gase ausgetrieben worden sind. Auf dem unten befindlichen Planrost mit davorstehendem Stellrost sammeln sich die ausgeschiedenen Schlacken.

Soll während der Beschickung das Eindringen von kalter Luft in die Feuerung vermieden werden, so mufs die Nische D immer in richtiger Weise mit Brennstoff angefüllt sein. Da sich derselbe aber auch bei dieser Anordnung selbstthätig nicht genügend über den Rost verteilen kann und da aufserdem zur Entfernung der Schlacken die ganze Brennstoffschicht durchwühlt werden mufs, so ist ein befriedigend rauchfreier und sparsamer Betrieb nicht zu erwarten, namentlich da auch noch die fortdauernde Zufuhr von kalter Luft durch den Stellrost nicht günstig wirken kann.

Die Feuerung könnte natürlich nur für Braunkohle und Brennstoffe von ähnlichem

[1]) Siehe hierüber auch das, was auf S. 51 bei Besprechung der Wasserstaubfeuerung von Bechem & Post gesagt wurde.

Heizwert, nicht aber, wie in der Patentschrift gesagt ist, für Anthracit und dergleichen Kohlensorten in Betracht kommen[1]).

Weitere hierher gehörige Anordnungen, welche eine gröfsere Verbreitung gefunden haben, sind:

Die Feuerung von W. Heiser in Berlin, D. R. P. No. 12977 vom 14. Juli 1880 und D. R. P. No. 15450 vom 2. März 1881. Sie ist in Fig. 60 Tafel V[2]) als Vorfeuerung dargestellt, findet sich aber auch zuweilen als Unterfeuerung ausgeführt[3]).

Der Brennstoff wird durch Thüren in der Vorderwand der Feuerung in die Räume a eingebracht, von wo er unter allmählicher Entgasung auf die schrägen Rostflächen d sinkt, um dort und auf dem Planrost e zu verbrennen. Letzterer ist gleichfalls durch eine Thür zugänglich, welche zur Entfernung der auf e sich ansammelnden Schlacken dient. Der Neigungswinkel der seitlichen Roste richtet sich nach der Beschaffenheit der Kohle.

Bei der ursprünglichen Anordnung war der Rost dachförmig gestaltet (ähnlich wie bei der Cario-Feuerung), und die Entgasungskammer befand sich über dem First des Daches[4]). Jedoch erwiesen sich hierbei die senkrechten Feuerungswände nicht genügend widerstandsfähig, so dafs die Bauart verlassen wurde.

Aufserdem wurde bei allen älteren Ausführungen noch durch besondere Öffnungen im Flammloch oder in den Wandungen Oberluft eingeführt, welche, in einem Kanalsystem in den Wänden des Verbrennungsraumes vorgewärmt, in ihrer Menge durch Einlafsschieber geregelt werden konnte. Diese Luftzufuhr, deren Übelstände schon auf S. 41 besprochen sind, übte jedoch nach Versuchen von F. Fischer auf die Zusammensetzung der Rauchgase keinen nachweisbar günstigen Einflufs aus[5]), so dafs sie als zwecklos aufgegeben wurde.

Die Hauptbedingung für den richtigen Verlauf der Verbrennung in dieser Feuerung besteht darin, dafs die Räume a immer genügend mit Brennstoff angefüllt sind, so dafs nicht etwa während der Beschickung Luft unter der Trennungswand hindurch zur Flamme gelangen kann, wodurch nicht nur die Verbrennung und die Wärmeausnützung geschädigt, sondern auch infolge der auftretenden Temperaturschwankungen die Haltbarkeit dieser Zwischenmauer beeinträchtigt würde. Aufserdem empfiehlt es sich, nur Kohle von gleich-

[1]) Eine Ruthelsche Feuerung ist auch von C. Schneider im Auftrag der vom kgl. preufsischen Handelsminister eingesetzten Kommission zur Prüfung und Untersuchung von Rauchverbrennungsvorrichtungen untersucht worden. (S. Bericht über die Sitzung dieser Kommission vom 30. April 1894, sowie auch R. Stribeck, Zeitschrift des Vereines deutscher Ingenieure 1895, S. 220.)

Diese Feuerung unterscheidet sich jedoch von der durch Fig. 59 Tafel V dargestellten dadurch, dafs der Schrägrost nach hinten abfällt. Sie diente hauptsächlich zur Verbrennung von Holzabfällen, wie Säge- und Hobelspähne. Die Versuche ergaben, dafs die Rauchentwicklung nur bei sehr grofsem Luftüberschufs gering zu halten war. Sobald mit geringem Luftüberschufs gearbeitet wurde, war der Rauch oft minutenlang schwarz. Eine Feststellung des Wirkungsgrades wurde nicht vorgenommen.

[2]) C. Haage, Zeitschrift des Verbandes der preufs. Dampfkesselüberwachungsvereine 1883, S. 139 u. 140.

[3]) S. z. B. H. Maihak, Zeitschrift des Vereines deutscher Ingenieure 1885, S. 672, woselbst eine solche Feuerung, wie sie auf der Gewerbe- und Industrieausstellung in Görlitz 1885 an einem Dupuis-Kessel von etwa 50 qm Heizfläche im Betriebe war, eingehend beschrieben ist.

[4]) S. C. Bach, Zeitschrift des Vereines deutscher Ingenieure 1883, S. 186; F. Fischer, Zeitschrift des Vereines deutscher Ingenieure 1884, S. 118.

[5]) C. Bach, Zeitschrift des Vereines deutscher Ingenieure 1883, S. 186.

mäfsiger Stückgröfse, möglichst Knorpel- oder Nufskohle, zu verwenden, da andernfalls Sperrungen befürchtet werden müssen, die nur schwierig zu beseitigen sind und unter allen Umständen beträchtliche Störungen im Gefolge haben.

Starke Schlackenbildung erträgt die Feuerung naturgemäfs nicht. Änderungen der Wärmeentwicklung können, wenn man nicht gleichfalls beträchtliche Störungen herbeiführen will, nur langsam und in engen Grenzen vorgenommen werden.

Die Feuerung ist natürlich nur für Braunkohle und Brennstoffe von geringerem Heizwert geeignet, dürfte sie jedoch bei guter Wartung zufriedenstellend ausnützen. Da aufserdem unter der Voraussetzung guter und richtiger Bedienung die in a entwickelten Gase genötigt sind, die glühende Brennstoffschicht zu durchstreichen, ehe sie in dem vom Planrost e abströmenden hocherhitzten Gemisch von Luft und Gas sich entzünden und verbrennen, so darf auch ein befriedigend rauchfreies Arbeiten von der Feuerung erwartet werden. Ihre Haltbarkeit wird jedoch immer etwas zu wünschen übrig lassen.

Der Patentschüttrost von Fränckel & Co. in Leipzig-Lindenau. Die Einrichtung ist ähnlich der Heiser-Feuerung[1]). Sie wird nur als Vorfeuerung verwendet und ist durch die Figur 61 Tafel V in einer älteren[2]), durch die Textfiguren 27—30[3]) in einer neueren Ausführung dargestellt. Bei der älteren Anordnung wurden die seitlichen Roste auch als Treppenroste ausgebildet, während bei der neueren der Rost gekrümmt ist und aus einer Anzahl von Platten besteht, welche mit /\-förmigen Schlitzen versehen sind (siehe auch Fig. 30).

Die Feuerung kann, wie die vorige, ihrer ganzen Natur nach ebenfalls nur für Braunkohle, Torf, Lohe, Sägespähne und dergleichen in Betracht kommen. Der durch die Einschüttthüren e in den Kohlenraum d eingeworfene Brennstoff wird langsam entgast und sinkt allmählich auf den Rost g, um dort zu verbrennen. Die entwickelten Kohlenwasserstoffe ziehen über die glühenden Kohlen weg in die Brennkammer c, woselbst sie sich unter Vermischung mit den vom Rost abziehenden glühenden Gasen entzünden.

In der Regel wird auch noch, wie die Figuren 27—30 zeigen, Oberluft in die Flamme eingeführt, welche sich in einem in den Wänden des Verbrennungsraumes untergebrachten Kanalsystem erwärmt, aber auch keinen gröfseren Erfolg haben dürfte, als er sich für diese Zufuhr bei der Heiser-Feuerung ergab (siehe dort). Die Konstruktion unterscheidet sich von dieser jedoch vorteilhaft dadurch, dafs infolge ihres grofsen Kohlenraumes d die Gefahr unzulässiger Luftzufuhr beim Beschicken ausgeschlossen ist. Dagegen leidet sie an dem nicht unerheblichen Übelstand, dafs bei eintretenden Unregelmäfsigkeiten im Nachschub, bei Sperrungen und dergleichen zum Nachhelfen die zum Rost führende Feuerthür h[4]) geöffnet werden mufs, wobei natürlich beträchtliche Mengen kalter Luft in den Flammenraum und in die Feuerzüge gelangen. Um dies möglichst zu vermeiden, darf nur Kohle von gleichmäfsiger Korngröfse (Nufskohle oder Knorpelkohle) verwendet werden. Dafs die Feuerung bei guter Wartung befriedigend rauchfrei arbeitet und bei Benützung geeigneter Brennstoffe unter den für eine Vorfeuerung gel-

---

[1]) Ähnlich eingerichtete Feuerungen baut auch die Firma J. A. Topf & Söhne in Erfurt.

[2]) C. Haage, Zeitschrift des Verbandes der preufs. Dampfkesselüberwachungsvereine 1883, S. 139 u. 140.

[3]) Fr. Freytag, Zeitschrift des Vereines deutscher Ingenieure 1897 S. 1269 u. f.

[4]) Die zur Brennkammer c führende Thür i ist nötig, um die an dem Gewölbe sich ansetzende und mit dem Schamottmauerwerk zusammenschmelzende Flugasche von Zeit zu Zeit loslösen zu können.

tenden Einschränkungen eine gute Ausnützung des Brennstoffes gewährt, darf nicht in Zweifel gezogen werden[1]).

Schliefslich sei noch die Feuerung von R. Müller in Christiania, D. R. P. No. 83134 vom 14. Dezember 1894 erwähnt, welche auch Kohle von höherem Heizwert zu verbrennen gestatten soll. Die Anordnung ist aus Figur 62 Tafel V ersichtlich. Über dem Rost befindet sich eine Anzahl über die ganze Länge desselben sich erstreckender

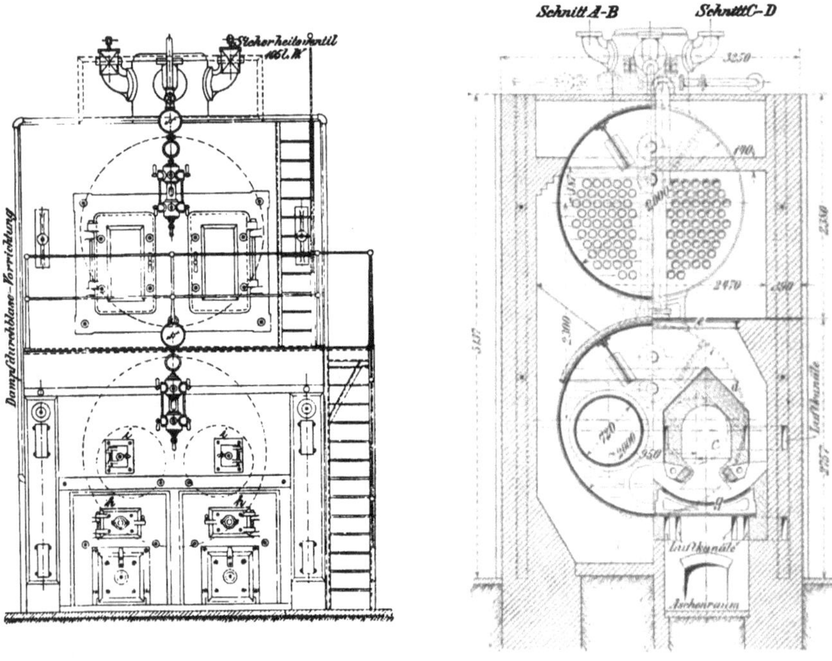

Fig. 27. Fig. 28.

Füllschächte, welche durch Wasserkästen seitlich begrenzt und durch Schamottgewölbe überdeckt sind. In diese Schächte wird die Kohle mittels einer drehbaren Schüttrinne eingebracht, welche in einem Ausschnitt des Schamottgewölbes aufgehängt und geführt wird. Zwischen je 2 Füllschächten befindet sich eine Verbrennungskammer, in welche durch eine eiserne Feuerbrücke J Luft eingeleitet wird, die gemischt ist mit Wasserdampf, der sich aus den unter den Feuerbrücken J befindlichen Wasserrinnen L entwickelt. Die Menge der einströmenden Luft kann durch Klappen M geregelt werden.

[1]) Siehe auch C. Haage, Zeitschrift des Verbandes der preufsischen Dampfkesselüberwachungsvereine 1883, S. 139.

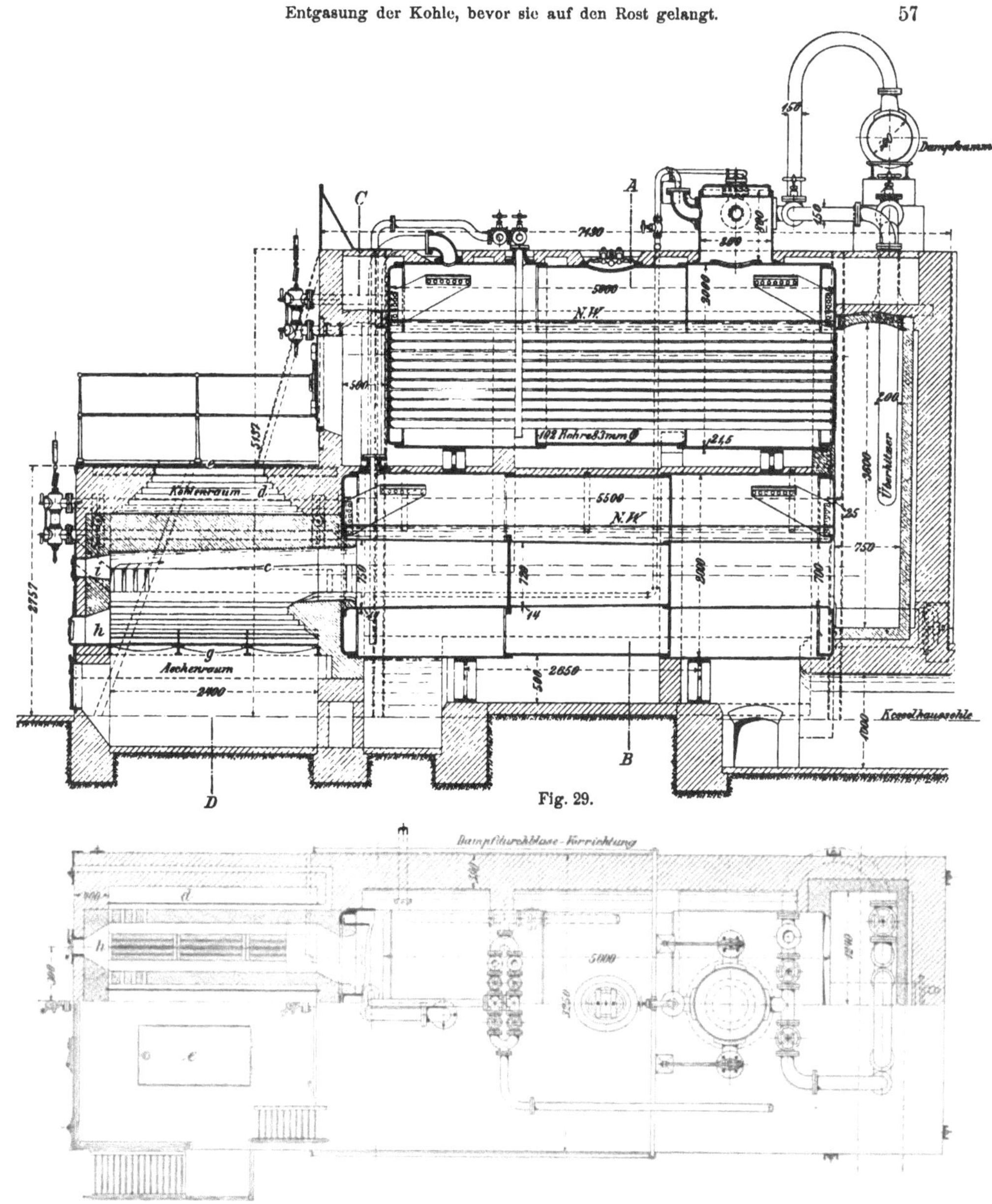
Dampfsammler
A
B
C
D
7490
5000
N.W.
102 Rohre 83mm Ø
Kohlenraum
d
5500
N.W.
Überhitzer
750
2757
h
i
c
g
Aschenraum
2400
2650
Kesselhaussohle
Dampfdurchblase-Vorrichtung

Fig. 29.

Fig. 30.

Es ist nicht zu bezweifeln, daſs die Feuerung rauchfrei, zum mindesten aber rauchschwach arbeitet. Die Kohlenwasserstoffe sind genötigt, durch die glühende Brennstoffschicht zu treten, um in die Brennkammer zu gelangen; auch die durch die Feuerbrücke zugeleitete Luft mischt sich gut mit den Gasen. Die ganze Anordnung ist jedoch wenig einfach und verursacht erhebliche Kosten. Infolge der groſsen Schichtstärke wird ein starker Roststabverbrauch eintreten; auch dürfte die Haltbarkeit der Wasserkästen berechtigten Zweifeln unterliegen; auſserdem ist die Feuerung, wie übrigens auch die beiden vorhergehenden, nicht für alle Kesselsysteme geeignet.

Die Dampfentwicklung aus den Rinnen L kann natürlich, entgegen der Behauptung der Patentschrift, auf den Gang der Feuerung nicht den mindesten Einfluſs ausüben; sie kann nur dazu dienen, die Körper J abzukühlen, wird aber notwendigerweise den Wirkungsgrad beeinträchtigen. Über Ausführungen der Feuerung ist nichts bekannt geworden.

B. Trennung des oberen Teiles der Rostfeuerung in 2 Teile, von denen nur einer (der vordere) mit frischer Kohle beschickt wird.

Wehrfeuerung von W. Wilmsmann[1]), D.R.P. No. 19 749 vom 25. Dezember 1881 mit Zusatzpatent No. 25 265 vom 5. Juni 1883.

Die gewöhnliche Anordnung dieser Feuerung als Innen- bezw. Unterfeuerung ist aus den Figuren 63—65 Tafel V und den Textfiguren 31—33 ersichtlich. Die Abtrennung des Flammenraumes ist dadurch hergestellt, daſs über dem Planrost, etwas vorwärts der Feuerbrücke, das sogenannte Wehr, ein Gewölbebogen mit aufgesetztem, bis an die Decke des Verbrennungsraumes reichendem Gemäuer eingebaut ist, und daſs der Brennstoff derart auf dem Rost angehäuft wird, daſs die zwischen letzterem und dem Wehr verbleibende Öffnung vollständig abgeschlossen wird.

Die auf dem vorderen Teil des Rostes aufgegebene Kohle wird nun zunächst entgast, vermag aber, da hier nur wenig Luft zutreten kann, erst allmählich ins Glühen zu geraten. Die entweichenden Kohlenwasserstoffe werden gezwungen, durch den glühenden Brennstoff oder durch besondere in den Seitenwänden oder im Wehr befindliche Kanäle[2]) in den Flammenraum zu strömen, um sich dort mit dem vom hinteren Teile des Rostes abziehenden glühenden Gas- und Luftgemisch zu mischen und zu entzünden. Zuweilen, namentlich bei gasreicher Kohle, wird hinter dem Wehr noch Luft durch besondere Kanäle in die Flamme eingeführt[3]). (Textfigur 31—33, Fig. 65 Tafel V.)

[1]) S. auch Wochenschrift des Vereines deutscher Ingenieure 1882, S. 462; Zeitschrift des Vereines deutscher Ingenieure 1884, S. 706 (Böcking und Vogt), 1885 S. 493 (Prahl), 1886 S. 1090 (Mündler); 1889 S. 49 und 209 (Hering).

[2]) Diese Kanäle sind auch erforderlich, um zu verhindern, daſs während des Beschickens die Kohlenwasserstoffe nach vorn durch die Feuerthür austreten.

[3]) Dies ist hier insofern berechtigt, als es bei der groſsen Schichthöhe schwer hält, die ganze zur Verbrennung nötige Luft durch den Rost zuzuführen. Doch kann natürlich auch hier eine Verschwendung nur durch verständige Bedienung ferngehalten werden. (Vergl. Anmerkung 1 S. 42.)

Das angestrebte Ziel, die Rauchentwicklung zu vermindern und ohne besondere Mühewaltung seitens des Heizers die Kohle besser auszunützen als auf dem Planroste, kann durch die Anordnung zwar erreicht werden, jedoch nur unter der Voraussetzung, daſs das Wehr stets dicht abgeschlossen ist, da nur dann übermäſsiges Einströmen von kalter Luft während der Beschickung ferngehalten werden kann[1]).

Übrigens ist zu beachten, daſs die Feuerung zu Anfang und zu Ende des Betriebes von einer gewöhnlichen Planrostfeuerung sich nicht unterscheidet, daſs daher wenigstens zu

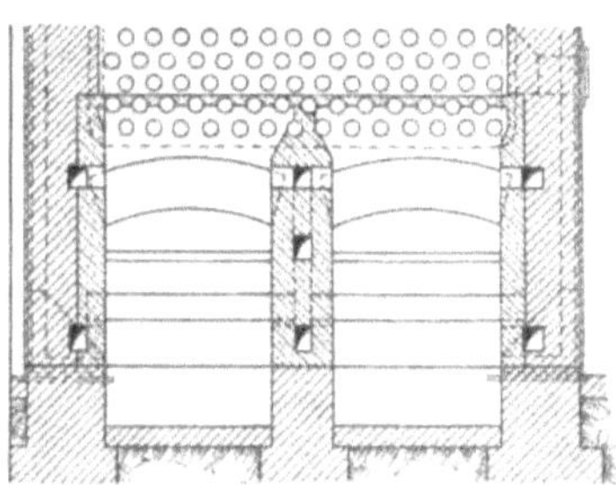

Fig. 31.

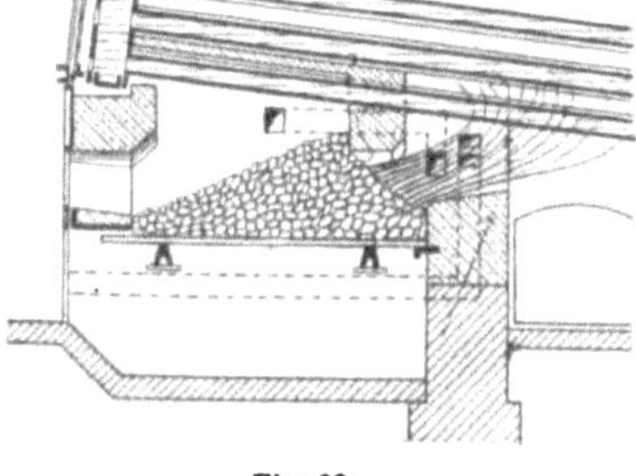

Fig. 32.

Anfang, bis der Abschluſs erreicht ist, bezüglich der Rauchverhinderung dasselbe gilt wie beim Planrost. Von geringerem Einfluſs auf die Rauchbildung ist die viel rascher verlaufende Periode des Abbrennens, wobei man es ja nur mit bereits entgastem Brennstoff zu thun hat. Die Ausnützung der Kohle während beider Perioden ist natürlich nicht besser als beim Planrost. Der Aufbau der Kohlenschicht soll rund 1 Stunde in Anspruch nehmen. Nach Beendigung desselben hat der Heizer sein Hauptaugenmerk darauf zu richten, daſs der dichte Abschluſs des Wehres nicht verloren geht. Er kann dies aber um so eher, als bei richtiger Bedienung, wenn dafür gesorgt wird, daſs die Oberfläche der Brennstoffschicht immer schwarz bleibt, die Belästigung durch strahlende Hitze nicht übermäſsig groſs ist[2]).

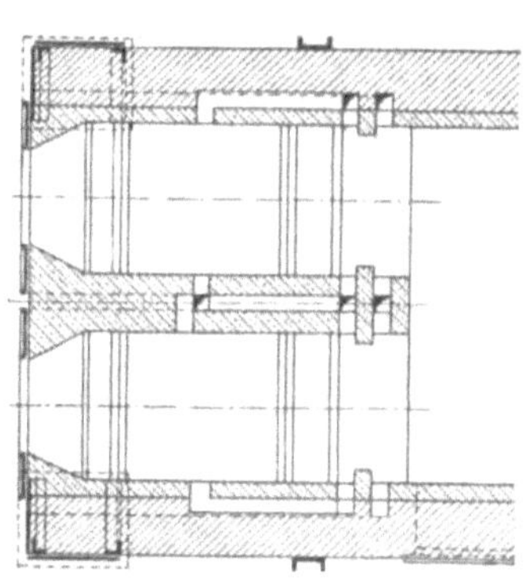

Fig. 33.

Die Reinigung des Rostes geschieht in der Weise, daſs der Heizer eine spitze Eisenstange unmittelbar über den Stäben in die Feuerung einführt; auſserdem können die letzteren auch noch von auſsen gerüttelt werden. Es empfiehlt sich jedoch für die

[1]) Die während der Beschickung durch die Umgehungskanäle etwa in den Flammenraum strömende kalte Luft ist von geringer Bedeutung.

[2]) Bei der Anordnung für Wasserrohrkessel trifft dies übrigens nur bei zweckmäſsiger Konstruktion zu, wie sie z. B. durch die Fig. 31—33 dargestellt ist. Über die Schwierigkeiten, die hier im Anfang zu überwinden waren, siehe Prahl, Zeitschrift des Vereines deutscher Ingenieure 1885, S. 493.

Feuerung die Verwendung eines möglichst schlackenarmen Brennstoffes, und zwar sowohl wegen der mit der Reinigung verbundenen Störung der Verbrennung, als auch wegen des Umstandes, daſs die Schlacke, deren Bildung durch die hohe Rostbedeckung begünstigt wird, hauptsächlich auf dem hinteren Teil des Rostes, unmittelbar vor der Feuerbrücke, zur Ausscheidung gelangt, also gerade dort, wo der gröſste Teil der Luftmenge zugeführt wird, wo also eine Verstopfung der Rostspalten sehr nachteilig wirkt und wo auſserdem die Gefahr nahe liegt, daſs die Schlacken an die Feuerbrücke anbacken und von ihr, ohne sie zu beschädigen, nur schwer losgelöst werden können. Die Übelstände würden durch den Einbau eines von Wasser durchflossenen Rohres in die Feuerbrücke bei Unterfeuerung, oder eines Quersieders bei Innenfeuerung, wie dies in der Konstruktion D.R.P. No. 25265 vorgesehen war, nur teilweise vermindert werden, auſserdem könnte von einer derartigen Anordnung, namentlich bei Unterfeuerungen, eine groſse Betriebssicherheit nicht erwartet werden.

Ein erheblicher Vorteil der Feuerung liegt in ihrer Einfachheit und in den geringen Kosten ihrer Herstellung. Jedoch ist wohl zu beachten, daſs dieser Vorteil nur dann voll zur Geltung kommen kann, wenn der dichte Abschluſs des Flammenraumes nach vollendetem Aufbau des Wehres mit Sorgfalt während der ganzen Arbeitszeit aufrecht erhalten wird, da sonst infolge der auftretenden erheblichen Temperaturschwankungen nicht nur der Wirkungsgrad verschlechtert, sondern auch die Haltbarkeit des Wehres beeinträchtigt wird, besonders dann, wenn das verwendete Material nicht allen Ansprüchen genügt. Es ist vorgekommen, daſs Wehre schon nach 14 tägigem Betrieb einstürzten, während sie im allgemeinen je nach der Bedienung, der Güte des verwendeten Materiales, der Kohle und der Art des Betriebes 4—6 Monate, in manchen Fällen sogar noch länger (bis zu 1 Jahr) aushalten sollen. Zwar sind die durch einen solchen Einsturz verursachten Betriebsstörungen insofern von geringer Bedeutung, als ja nach Entfernung der Steine die Feuerung als Planrostfeuerung so lange weiterbetrieben werden kann, bis sich eine geeignete Zeit zur Erneuerung findet. Allein bei häufig notwendig werdendem Ersatz wachsen natürlich die Unterhaltungskosten erheblich.

Man hat auch versucht, dem Übelstand durch die in Fig. 66 Tafel V dargestellte Anordnung abzuhelfen; jedoch vermochte sich dieselbe aus naheliegenden Gründen (Herstellung, Verminderung der Betriebssicherheit) nicht einzubürgern.

Infolge der hohen Brennstoffschicht, mit der die Feuerung arbeitet, unterliegen die Roststäbe einem starken Verschleiſs, welcher allerdings durch Herstellung derselben aus Schmiedeeisen teilweise wieder eingeschränkt wird. Ferner wird durch die groſse Schichthöhe die Zugstärke vermindert und daher bei gleicher Gröſse der letzteren die Leistungsfähigkeit pro qm Rostfläche gegenüber dem gewöhnlichen Planrost herabgezogen, so daſs also, falls die Zugstärke knapp ist, bei etwaigem Umbau, für dieselbe Leistung ein gröſserer Rost und, falls dessen Unterbringung nicht möglich ist, eine Vergröſserung der Kesselanlage sich als nötig erweisen kann[1]).

Änderungen des Wärmebedarfes vermag die Feuerung naturgemäſs nur allmählich zu folgen, da infolge des Umstandes, daſs der Zug vom frischen Brennstoff abgewendet ist, das Anbrennen nur langsam erfolgt, also starkes Aufgeben von Brennstoff

[1]) Zeitschrift des Vereines deutscher Ingenieure 1885, S. 493 (Prahl).

erst allmählich die gewünschte Steigerung herbeiführt. Allerdings kann durch einfaches Durchstofsen und Auseinanderziehen des Kohlenhaufens die Feuerung zu einer gewöhnlichen Planrostfeuerung gemacht werden; jedoch gehen dabei natürlich alle ihre Vorteile gegenüber der letzteren verloren; auch ist ein derartiger Betrieb auf die Haltbarkeit des Wehres von sehr ungünstigem Einflufs.

Die Einrichtung wird auch für Steinkohle als Vorfeuerung ausgeführt, wobei dann, um die Haltbarkeit zu erhöhen und die Abkühlungsverluste zu vermindern, die ganze Feuerung mit einem gufseisernen Gehäuse derart umgeben ist, dafs durch den zwischen diesem und dem Mauerwerk verbleibenden Raum die Verbrennungsluft von oben her hindurchgeführt und darin vorgewärmt wird. Die Anordnung soll zufriedenstellend arbeiten.

Nachstehend seien noch die Ergebnisse eines von Böcking an einem Kessel der Rheinischen Gummiwarenfabrik von Franz Clouth in Nippes bei Köln vorgenommenen Versuches angegeben[1]).

Versuchstag	17. November 1883				18. November 1883			
	Zwischen-versuch		Betriebs-versuch		Zwischen-versuch		Betriebs-versuch	
Versuchsdauer . . . . Minuten	480		740		480		765	
Heizfläche . . . . qm	78		78		78		78	
Rostfläche gesamte . . . . qm	2,08		2,08		2,08		2,08	
Rostfläche freie . . . . qm	0,58		0,58		0,58		0,58	
Verbrannte Kohle . . . pro Stunde und qm Rostfl.	100,66		97,47		84,13		86,72	
- - - qm Heizfl.	2,68		2,59		2,24		2,31	
Verdampftes Wasser . . - - - - -	22,44		21,27		20,76		19,25	
Speisewassertemperatur . . . . °C.	39,75		38,95		37,3		37,7	
Dampfspannung . . . . . . Überdruck in Atm.	4,35		4,36		4,0		4,0	
Erzeugungswärme des Dampfes . . . . in W.E.	613,95		615,8		615,63		615,23	
Verdampfungsziffer bezogen auf Dampf von 600 W.E. Erzeugungswärme	8,36		8,18		9,25		8,32	
Kohlensäuregehalt der Heizgase im Fuchs in Vol.-pCt.	11,6		—		11,5		—	
Vielfaches der mindestens erforderlichen Luftmenge	1,5		—		1,62		—	
Temperatur der Gase am Rauchschieber . . . °C.	302,3		307		300		301	
	W.E.	pCt.	W.E.	pCt.	W.E.	pCt.	W.E.	pCt.
Nutzbar gemachte Wärme	5016	74,66	4907	73,05	5549	78,25	4993	70,4
Schornsteinverlust	1142	17,0	—	—	1187	16,73	—	—
Verlust durch die Rückstände	91	1,36	74	1,01	139	1,96	94	1,32
Nicht ermittelter Verlust	469	6,98	—	—	217	3,06	—	—
Heizwert der Kohle nach Dulong . . . . $\left\{8100C + 29000\,[H - O/_8] + 2500S - 600W\right\}$	6718		6718		7092		7092	

Der untersuchte Kessel bestand aus einem Oberkessel von 1,4 m Durchmesser und 11 m Länge mit 2 darunter liegenden Siederohren von 0,8 m Durchmesser und 9,56 m Länge. Der Oberkessel ist mit einem der Siederohre und diese wieder unter sich durch

[1]) Zeitschrift des Vereines deutscher Ingenieure 1884, S. 706.

je einen Stutzen verbunden. Die Gase umspülen zuerst den Oberkessel und dann nach einander die beiden Siederohre.

Um den Einfluſs des Aufbaues und Abbrandes der Kohlenschicht festzustellen, wurde ein Zwischenversuch eingeschaltet, welcher nach erfolgtem Abschluſs des Wehres begann und mit Beginn des Abbrandes aufhörte.

Die Ausnützung des Brennstoffes während des Aufbaues und Abbrandes der Kohlenschicht steht beim ersten Versuch derjenigen während des Zwischenversuches nur wenig nach, was zur Hauptsache einer nicht ganz zweckmäſsigen Bedienung während des Zwischenversuches zuzuschreiben sein dürfte. Der Kohlensäuregehalt im Fuchs schwankte nämlich ganz bedeutend zwischen 8,3 und 15,4 pCt., entsprechend einem Luftüberschuſs von 17 bezw. 125 pCt.

Hierzu schreibt Böcking:

„Diese bedeutenden Schwankungen wurden dadurch hervorgerufen, daſs der Heizer, entsprechend der ihm erteilten Anweisung, beim jedesmaligen Beschicken des Rostes oder Schüren des Feuers den Rauchschieber und die kleinen Schieber an der vorderen Stirnwand (dieselben dienten zur direkten Einführung von Luft in die Flamme, s. oben) ganz öffnete, wodurch eine groſse Menge Luft in den Verbrennungsraum einströmte. Durch diese eigentümliche, der sonst üblichen gerade entgegengesetzte Hantierung ist der Verlust durch die Feuergase nicht unwesentlich gröſser, als es sonst der Fall gewesen sein würde.“

Frühere Versuche an Kesseln gleicher Konstruktion derselben Anlage mit Planrostfeuerung, aber mit 2,359 qm Rostfläche, hatten ergeben:

Verdampfung pro kg Kohle bezogen auf Dampf von 600 W. E. Erzeugungswärme 7,25 kg
Verdampfung pro Stunde und qm Heizfläche . . . . 27,31 kg

Zwei ähnliche Anordnungen von E. Völcker in Bernburg und C. Reich in Hannover für Treppenrostfeuerungen siehe S. 82 u. f.

Schüttrost von Dr. W. Hempel in Dresden, D.R.P. No. 74099 vom 6. Mai 1893, in Fig. 67 Tafel V in seiner Anwendung auf einen Flammrohrkessel dargestellt[1]). Das Besondere an der Anordnung ist die Art der Luftzufuhr unmittelbar zur Flamme, welche durch die hinter dem Fuſs der Brennstoffböschung freibleibende Rostfläche erfolgt und durch Änderung dieser Fläche geregelt werden soll. Diese Änderung ist dadurch ermöglicht, daſs der Planrost in wagerechter Richtung verschoben werden kann. Der Zutritt von Luft zwischen Wehr und Brennstoff unmittelbar zur Flamme wie bei der Wilmsmann-Feuerung ist zwar hier kaum zu befürchten; die Steigerungsfähigkeit der Wärmeentwicklung dagegen ist noch geringer als bei dieser.

Überdies ist kaum zu erwarten, daſs die durch die freie Rostfläche erfolgende Luftzufuhr immer in zulässigen Grenzen bleibt. Ist doch dem Heizer jede Möglichkeit genommen, die Gröſse dieser Fläche zu überwachen. Als Vorfeuerung unterliegt die Konstruktion entsprechenden Abkühlungsverlusten. Über Ausführungen ist nichts bekannt geworden.

---

[1]) Fig. 2 der Patentschrift 74 099 zeigt auſserdem noch die Anwendung auf einen Wasserrohrkessel mit Treppenrost.

Ganz ähnlich gestaltet ist die durch Fig. 68—73 Tafel VI dargestellte Feuerung von Richard Schneider in Dresden.

Alles Wesentliche ist aus den Figuren ersichtlich. Die mit 1 bezeichneten Pfeile zeigen den Weg der unmittelbar zu den verbrennenden Gasen geführten vorgewärmten Luft, während die nicht bezeichneten Pfeile den Weg der Flamme und der Verbrennungsprodukte angeben. Dafs die Feuerung rauchfrei arbeitet, ist nicht in Zweifel zu ziehen. Ihre Anwendung kann aber natürlich nur für Braunkohle und Brennstoffe von geringerem Heizwert in Betracht kommen, doch dürften auch hiebei die Unterhaltungskosten eine nicht zu vernachläfsigende Rolle spielen. Der Roststabverbrauch wird durch Anordnung eines Wassertümpels im Aschenfall einzuschränken versucht.

Die Anlage ist offenbar aus einer Gasfeuerung durch Heranziehen des Generators an den Kessel entstanden. (Vergl. daher auch das unter Gasfeuerung S. 138 u. f. gesagte, namentlich die Zusammenstellung der Hauptschen Konstruktionen.)

Eine weitere hieher gehörige Konstruktion ist die Feuerung von J. Hinstin in Paris, D.R.P. No. 63565 vom 2. Juni 1891. Sie dürfte sich aber schon wegen des Umstandes, dafs sie nur als Vorfeuerung verwendet werden kann, kaum ein grofses Feld erobern.

C. Anordnung zweier Roste übereinander, von denen nur der obere mit frischer Kohle beschickt wird, welche nach erfolgter Entgasung auf den unteren durchfällt, um dort zu verbrennen.

Die auf dem oberen Rost ausgeschiedenen Kohlenwasserstoffe strömen durch ihn hindurch in den gemeinsamen Flammenraum, um dort beim Zusammentreffen mit dem vom unteren Rost abziehenden glühenden Gasgemisch sich zu entzünden und zu verbrennen.

Eine solche Anlage, der Scherrer-Rost, Fig. 74—76 Tafel V, war im Jahre 1882 in Basel in Verwendung[1]). Der obere Rost wird aus schmiedeisernen Röhren gebildet, welche vom Kesselwasser durchflossen werden, der untere ist ein gewöhnlicher Planrost. Die Verbrennung erfolgt nach C. Bach „bei richtiger Bedienung so gut wie rauchfrei“. Bedenklich erscheint aber die Haltbarkeit der Roströhren (s. auch S. 65), namentlich auch die Dichtheit ihrer Verbindungsstellen mit den beiden querliegenden Röhren; aufserdem ist reines Kesselspeisewasser unerläfsliche Bedingung für die Betriebssicherheit der Anlage.

Es waren damals in Basel 2 Dampfkessel mit der Feuerung ausgerüstet, während 6 weitere Roste derselben Art in Brauereien und Centralheizungen Verwendung fanden. Die in sorgfältigster Weise ausgeführten Kesselfeuerungen sollen sich gut bewährt haben. Die Röhren wurden öfters ausgeblasen.

Eine ganz ähnliche Einrichtung ist durch die Feuerung von E. de Strens in Rom, D.R.P. No. 60511 vom 7. April 1891, Fig. 77 und 78 Tafel V, dargestellt.

Der untere Rost ist wie bei Scherrer ein gewöhnlicher Planrost. Der obere dagegen besteht aus einer beschränkten Zahl prismatischer Stäbe aus feuerfestem Material, deren Querschnitt nach Fig. 78 Tafel V derart gestaltet ist, dafs sich zwischen ihnen hohe,

[1]) C. Bach, Zeitschrift des Vereines deutscher Ingenieure 1883, S. 181.

nach unten enger werdende Räume zur Aufnahme des Brennstoffes bilden, während ihre breiten Unterflächen als Gewölbe für den zweiten Rost dienen. Die zwischen den glühenden Stäben sich entwickelnden, mit Luft sich vermischenden Kohlenwasserstoffe strömen zusammen mit dem vom unteren Rost abziehenden glühenden Gasgemisch nach der Brennkammer M, in welche etwa noch fehlende Luft durch den Schlackenraum S eingeführt wird.

Die Verbrennung verläuft zwar in dieser Feuerung ebenso wie in der von Scherrer sehr günstig; Störungen treten nur ein, wenn der untere Rost geschürt und gereinigt werden mufs. Da jedoch sowohl der obere Rost, als auch das über diesem befindliche Gewölbe den bei Verwendung guten Brennstoffes in der Feuerung herrschenden hohen Temperaturen auf die Dauer unmöglich zu widerstehen vermögen, daher fortwährend zu Reparaturen und damit verbundenen Betriebsstörungen Anlafs geben würden, so ist die Feuerung für einen regelmäfsigen dauernden Betrieb als unbrauchbar zu bezeichnen. Sie würde auch des vielen hocherhitzten Mauerwerkes halber beträchtliche Abkühlungsverluste aufweisen.

D. Feuerungen, bei denen die Flamme durch den Rost nach unten schlägt.

Die Vorteile einer solchen Flammenführung liegen darin, dafs

1. eine unmittelbare Verbindung des Flammenraumes mit der Aufsenluft vollständig vermieden, eine übermäfsige Luftzufuhr mit all ihren schädlichen Folgen also ferngehalten wird, und dafs

2. die Verbrennung selbst in sehr vollkommener Weise erfolgt. Der Brennstoff wird unter ganz allmählicher Erwärmung entgast und die entwickelten Kohlenwasserstoffe sind genötigt, zusammen mit der zu ihrer Verbrennung dienenden Luft durch die glühende Kohlenschicht zu streichen, so dafs nicht nur eine innige Mischung erzielt wird, sondern auch die rechtzeitige Entzündung gesichert ist.

Die Bedingungen zu rauchfreier Verbrennung wären also vollständig gegeben. Wenn jedoch trotz der geschilderten Vorzüge derartig eingerichtete Feuerungen, so oft sie auch versucht wurden, doch niemals festen Boden zu fassen vermochten, so liegt dies einzig und allein an dem Umstand, dafs es unmöglich ist, bei solcher Anordnung den der gröfsten Hitze ausgesetzten Rost genügend widerstandsfähig und betriebssicher zu bauen. Ein anderer, allerdings weniger ins Gewicht fallender Mangel der Anordnung liegt darin, dafs die Kohlen nur langsam anbrennen und dafs durch die Art der Flammenführung die Abkühlungsverluste vergröfsert werden.

Einige der Patentlitteratur entnommene Feuerungen dieser Art, welche die Schwierigkeit deutlich zeigen, sind:

Die Feuerung von C. Münnig und H. Fritzsche, D.R.P. No. 62 630 vom 1. Juli 1891, Fig. 79 Tafel VII. Der aus Stäben gewöhnlicher Art zusammengesetzte Rost ist cylindrisch gestaltet und kann um eine Achse gedreht werden. Dadurch, dafs immer wieder ein anderer Teil des Cylindermantels in Benützung genommen wird, soll der Roststabverbrauch vermindert werden. In Wirklichkeit ist dies natürlich nicht der Fall. Die Anordnung hätte nur den Vorteil, dafs, wenn an irgend einer in Benutzung befindlichen

Stelle ein Stab durchbrennen würde, die damit verbundene Betriebsstörung dadurch vermindert werden könnte, dafs der Cylinder gedreht würde, also ein anderer Teil der Stäbe in Betrieb käme. Die Flammenführung ist im vorliegenden Fall äufserst ungünstig und hätte jedenfalls beträchtliche Verluste zur Folge. Auch würde wohl, da ein dichter Abschlufs zwischen dem Rost und dessen Ummantelung nicht möglich ist, die Verbrennung mit erheblichem Luftüberschufs erfolgen.

Feuerung von O. Orvis, Chicago, D.R.P. No. 70988 vom 15. November 1892, 75996 vom 14. Juli 1893 und 85143 vom 7. August 1894. Fig. 80 und 81 Tafel VII.

Der Erfinder wendet das in den meisten Fällen versuchte Mittel an, dafs er die Roststäbe durch Röhren ersetzt, welche mit dem Kessel in Verbindung stehen. Allein abgesehen davon, dafs ein solcher Röhrenrost reines Speisewasser voraussetzt und infolge ungleichmäfsiger Ausdehnung der einzelnen Röhren in der Regel fortwährend Undichtheiten im Gefolge hat, brennt er auch bald durch, da bei der wagerechten Lage der Röhren der Dampf nicht rasch genug abziehen kann und deshalb zu Wärmestauungen Anlafs giebt.

In seiner ersten Konstruktion schlägt Orvis über den beiden Rosten, wie Fig. 80 Tafel VII zeigt, Gewölbe aus feuerfesten Steinen und läfst die Flamme dazwischen nach oben unter den Kessel gelangen. Da aber offenbar diese Gewölbe nur von kurzer Dauer waren, hat er sie in seinem zweiten Patent durch die aus Fig. 81 Tafel VII ersichtlichen, von Wasser durchströmten Heizkörper ersetzt. Aufserdem wird bei dieser Anordnung der Rost aus zwei Rohrreihen gebildet, wahrscheinlich um das Durchfallen von Brennstoff zu verhindern. In seinem letzten Patent endlich ist die Feuerung vollständig umgeändert. Die Flamme wird hier in ähnlicher Weise geführt wie bei der Müllerschen Feuerung S. 56, was dadurch erreicht wird, dafs die Heizkörper wie dort nicht bis auf den Rost herabreichen.

Eine andere Konstruktion mit Röhrenrost, die Scherrer-Feuerung, ist bereits auf S. 63 besprochen. Da bei dieser Feuerung der Brennstoff auf dem Röhrenrost nicht vollständig verbrennt, so liegen für diesen die Bedingungen etwas günstiger.

E. Korbrostfeuerungen.

Feuerung von A. Donneley in Hamburg.

Auch bei dieser Feuerung wird die Flamme durch einen Röhrenrost abgeführt, der aber dadurch lebensfähig gemacht ist, dafs die Röhren senkrecht gestellt sind; der Dampf vermag leichter abzufliefsen und Wärmestauungen sind viel weniger zu befürchten.

Die Feuerung ist in ihrer verbreitetsten Bauart durch die Figuren 82 und 83 Tafel VII dargestellt. Die Brennstoffschicht befindet sich zwischen zwei Rosten, dem senkrechten hinteren Wasserröhrenrost und einem aus gewöhnlichen Stäben zusammengesetzten geneigten Vorderrost. Die Röhren des ersteren münden oben und unten in weite gufseiserne Kästen ein, welche mit dem Kesselinnern in Verbindung stehen. Beide Roste befinden sich in einem gufseisernen, mit feuerfesten Steinen ausgekleideten Feuergeschränk von kastenförmiger Gestalt, das der Kesselstirnwand vorgebaut ist. Die Kohle wird von oben durch eine Öffnung eingeschüttet, welche von einer mit einem Gegengewicht verbundenen

Thür verschlossen ist. Die Luft strömt dem Vorderroste durch stellbare Klappen in der oberen und vorderen Wand des Feuergeschränkes zu. Zwei für gewöhnlich geschlossen gehaltene Thüren der Vorderwand machen den Rost zugänglich und dienen dazu, ihn abzuschlacken und zu reinigen.

Die am Boden sich ansammelnden Verbrennungsrückstände werden durch die Öffnung zwischen dem Boden und dem unteren Rostende entfernt und gelangen durch den aus der Zeichnung ersichtlichen Spalt in den Aschenfall. Ebenso wird die hinter dem Wasserröhrenrost sich ablagernde Flugasche durch eine mittels Hebelwerkes von aufsen zu öffnende Klappe dorthin befördert. In manchen Fällen wird die Asche auch durch seitlich angeordnete Thüren entfernt (s. Fig. 89 Tafel VII und Fig. 87 Tafel VIII).

Der Verlauf der Verbrennung ist derselbe wie bei der Feuerung mit durch den Rost nach unten schlagender Flamme. Der Brennstoff wird mit dem fortschreitenden Niedersinken allmählich entgast. Die entwickelten Kohlenwasserstoffe sind genötigt, zusammen mit der zu ihrer Verbrennung dienenden Luft durch die glühende Kohle zu streichen, wodurch eine innige Vermischung beider und eine rechtzeitige Entzündung der Gase gesichert ist. Aufserdem ist wegen der hohen Brennstoffschicht (oben 360 mm, unten 250 mm, Fig. 83 Tafel VII) die Gefahr ausgeschlossen, dafs an irgend einem Punkt Leerstellen sich bilden und Luft in übermäfsiger Menge in den Verbrennungsraum einströmt (ausgenommen bei stark backender Kohle, s. unten). Auch ist es bei der getroffenen Anordnung vollständig unmöglich, dafs frische Kohle in die Glutzone gelangt und infolge plötzlicher Entgasung zur Bildung von Rauch Anlafs giebt. Etwaige Nachhilfe seitens des Heizers, wie sie bei den geneigten Rosten (siehe dort) zur Erzielung eines geordneten Nachschubes als notwendig sich erweist, entfällt bei dieser Anordnung nahezu vollständig, so dafs sich die Bedienung sehr einfach gestaltet.

Man sieht, dafs sich mit dieser Feuerung eine vollkommene Verbrennung bei sehr geringem Luftüberschufs erzielen läfst, dafs also nicht nur eine gute Ausnützung der Kohle erwartet werden darf, sondern dafs auch allen Anforderungen bezüglich der Vermeidung des Rauches entsprochen und aufserdem jede schädliche Abkühlung vom Kessel ferngehalten werden kann. Bedingung ist nur, dafs der Heizer den Fülltrichter immer genügend gefüllt erhält, damit keine Luft über dem Brennstoff weg in den Flammenraum zu strömen vermag, und dafs er aufserdem die Rostspalten frei von Schlacken hält, damit kein Luftmangel sich einstellen kann. Beiden Anforderungen ist aber unschwer nachzukommen. Bei der Anordnung der Feuerung mufs schon weitgehender Abbrand eintreten, bevor eine Öffnung für ungehinderten Luftzutritt frei wird, und auch das Reinigen des Rostes von angesetzter Schlacke verursacht bei der leichten Zugänglichkeit und der guten Übersicht desselben keine besondere Mühe. Der Heizer bedient sich dazu eines flachen Werkzeuges, mit dem er durch die Rostspalten hindurchstöfst. Schwierigkeiten verursachen nur sehr schlacken- und aschenreiche Kohlensorten, letztere wegen des Umstandes, dafs bei der getroffenen Rostanordnung die Ausscheidung der Asche nicht möglich ist, diese also die Schlackenbildung befördert. Solche Kohlen erweisen sich daher als schlecht für die Feuerung geeignet.

Neben den geschilderten Vorzügen besitzt die Feuerung aber auch nicht unbeträchtliche Nachteile. Zwar sind die Übelstände, an welchen die ähnlich arbeitenden unter D (S. 64) beschriebenen Feuerungen scheiterten, wie schon eingangs angedeutet, durch die senkrechte Stellung des Röhrenrostes und den dadurch bedingten ungehinderten Dampfabflufs, wenn auch nicht vollständig beseitigt, so doch erheblich gemildert. Jedoch erscheint es mit Rücksicht auf die Haltbarkeit der Röhren durchaus geboten, reines Kesselspeisewasser zu verwenden, und aufserdem können die infolge ungleicher Ausdehnung der Röhren entstehenden Undichtheiten, welche namentlich gern an den unteren, einer stärkeren Erhitzung ausgesetzten Verbindungsstellen auftreten, auch hier nicht vollständig ferngehalten werden, vielmehr sind sie die Ursache, dafs in der Nähe jener Stellen nach und nach Anrostungen sich zeigen, welche die Rohre allmählich derart zerfressen, dafs sie ausgewechselt werden müssen. Bei Verwendung von hochwertiger Kohle wird dies in der Regel alle 2 Jahre notwendig, bei Kohlen von geringerem Heizwert alle 3 — 4 Jahre. Eine solche Auswechslung ist aber sehr umständlich und für den Betrieb aufserordentlich störend, da man angesichts der Ausführung des Röhrenrostes nach Fig. 82 und 83 Tafel VII, bei welcher alle Rohre in 2 Rohrplatten (einer oberen und einer unteren) eingewalzt sind, genötigt ist, zum Ersatze eines einzelnen Rohres die ganze Feuerung auseinanderzunehmen. Die Konstruktion ist deshalb dahin verbessert worden, dafs man immer 2 Röhren zu einem Rohrelement zusammennahm, dessen Anschlufs an die beiden Sammelrohre in der aus den Figuren 86—88 Tafel VIII ersichtlichen Weise oben durch Köpfe, unten durch Flanschen erfolgt, so dafs es unabhängig von den anderen Elementen ausgewechselt werden kann. Allein auch hiezu ist es noch erforderlich, den Kessel vollständig kaltzustellen und das Wasser abzulassen.

Bisweilen wird die Rostbildung noch durch folgenden Umstand befördert. Infolge der hohen Brennstoffschicht und der dadurch bedingten Gefahr, dafs die Stäbe des Vorderrostes verbrennen, erweist es sich als notwendig, sie mit Wasser zu kühlen. Dies wird in der Regel in der Art bewerkstelligt, dafs das Kühlwasser aus einer besonderen, mit feinen Öffnungen versehenen Röhre gegen den Rost gespritzt wird, oder dafs hiezu, wie es die Figuren 84 und 85 Tafel VII für die durch die Figuren 82 und 83 derselben Tafel dargestellte Feuerung zeigen, die beiden hohlen Rostträger benützt werden, wobei die Verteilung durch kleine Löcher auf der Oberseite und Stifte auf der Unterseite derselben erfolgt, und das Wasser aus der um den Rostträger herum gebildeten Höhlung durch die Aussparungen a längs der Stäbe nach unten sich ergiefst[1]). Dabei kann es nun vorkommen, dafs Feuchtigkeit in den Aschenraum gelangt oder auf der Bodenplatte der Feuerung sich ansammelt, und nach Einstellung des Betriebes den unteren Enden der Wasserrohre sich mitteilt, wodurch deren Verrostung beschleunigt wird. Dies wird bei der neuesten Konstruktion der Feuerung dadurch zu vermeiden gesucht, dafs der vordere Rost gleichfalls aus Wasserröhren gebildet ist, welche aber wagerecht liegen und gröfseren Durchmesser besitzen als die senkrechten Röhren des hinteren Rostes, Fig. 86—88 Tafel VIII und Fig. 89—91 Tafel VII. Bei grofsen Rosten sind, wie die Figuren 89—91 zeigen, zwischen den einzelnen Rohren noch kurze und hohe gufseiserne Roststäbe ange-

[1]) Diese Wasserkühlung reicht aber natürlich zum Schutz der Roststabspitzen nicht aus; um deren Verbrennung zu verhüten, hat der Heizer aufserdem darauf zu achten, dafs nur erkaltete Schlacke unter dem Rost vorgezogen wird, also die Enden niemals mit glühender Kohle in Berührung kommen, sondern immer in kalter Schlacke stecken. (S. auch Tenbrink-Feuerung, S. 88 und 89.)

Über die Art, wie die Wasserkühlung bei Verwendung von Treppenrosten vorgenommen wird, siehe J. L. Lewicki, Rauchfreie Dampfkesselanlagen in Sachsen, Leipzig 1896, Tafel XVII.

ordnet. Die Rohre sind durch Seitenstücke derart miteinander verbunden, daſs das aus dem unteren Sammelrohr des Hinterrostes kommende Wasser durch sie im Zickzack von unten nach oben hindurchflieſst und in das obere Sammelrohr des Hinterrostes wieder einmündet. Die Anordnung kann auch so getroffen werden, daſs der Vorderrost sein Wasser aus einem besonderen Behälter empfängt, in den es wieder zurückkehrt, um zum Kesselspeisen benützt zu werden (siehe auch den verbesserten Langenschen Stufenrost, S. 71). Die Dicke der Brennstoffschicht wird bei dieser Gestaltung der Feuerung gleichmäſsig auf etwa 400 mm erhöht. Der Vorderrost wird dabei übrigens nicht nur senkrecht, wie in Fig. 87 Tafel VIII und 89 Tafel VII, sondern auch schräg wie bei der älteren Konstruktion ausgeführt. Auſserdem werden auch seitliche, mit dem Hinterroste in Verbindung stehende Wasserröhren angeordnet, um das bisweilen vorkommende Festbacken des Brennstoffes und der Schlacke an dem seitlichen Mauerwerk zu vermeiden, und endlich werden noch neuerdings nahtlose gezogene Mannesmann-Stahlröhren verwendet, anstatt der früher üblichen geschweiſsten schmiedeisernen Rohre.

Ein endgiltiges Urteil kann zwar über diese Neuerungen noch nicht gefällt werden, da sie noch zu wenig erprobt sind. Wenn aber auch die Konstruktion in dieser Form bezüglich der Betriebssicherheit allen Anforderungen zu genügen vermöchte, so ist doch nicht aus dem Auge zu lassen, daſs dadurch die ohnehin nicht geringen Anlagekosten noch mehr erhöht werden. Zudem ist zu berücksichtigen, daſs die Konstruktion nur als Vorfeuerung ausgeführt werden kann, daher bezüglich des Wirkungsgrades eine unter den gleichen Verhältnissen arbeitende, gut bediente Innen-Feuerung mit ununterbrochener Beschickung nicht zu erreichen vermag. Wenn ferner zwar die Anordnung durch die Verbesserungen für schlackenreiche Kohle insofern günstiger geworden ist, als Schlackenansatz nicht mehr zu befürchten ist, oder doch die Loslösung der Schlacke leichter bewerkstelligt werden kann, so ergeben sich für backende Kohlen immer noch dieselben Schwierigkeiten wie bei der älteren Ausführung. Darüber berichtet C. Haage, Zeitschrift des Vereines deutscher Ingenieure 1890, S. 959: „Für sächsische Kohle hat sich die Donneley-Feuerung nicht bewährt. Das Zusammenbacken dieser Kohle erschwert ein gleichmäſsiges Niedergehen und begünstigt die Bildung von Hohlräumen. Wird nun die Kohle nach unten gestoſsen, so entwickelt sich starker Rauch."

Kleinstückiger Brennstoff ist für die Feuerung gleichfalls ungeeignet, da hiebei zu viele Kohlenteilchen unverbrannt durch den Rost fallen.

Ein erheblicher Nachteil der Feuerung liegt ferner in ihrer mangelnden Anpassungsfähigkeit an veränderlichen Dampfverbrauch. Die Wärmeentwicklung läſst sich, da die Menge der verbrennenden Kohle nicht geändert werden kann, nur durch Verstellen des Rauchschiebers, also nur in engen Grenzen ändern. Rauchentwicklung ist zwar bei eintretender Steigerung nicht zu befürchten, dagegen kann eine nicht unerhebliche Verminderung des Wirkungsgrades eintreten. (S. auch Versuch II S. 69 von C. Schneider.) Als letzter Übelstand ist endlich noch zu erwähnen, daſs es in Fällen der Gefahr beträchtlichen Schwierigkeiten begegnen dürfte, das Feuer rasch zu entfernen.

Nachstehend sind noch die Ergebnisse einiger Versuche aufgeführt, welche von Oberingenieur C. Schneider, Berlin und Prof. J. L. Lewicki, Dresden vorgenommen und in der Zeitschrift des Vereines deutscher Ingenieure 1888, S. 67—70 und 71—72 veröffentlicht worden sind.

Die Versuche von C. Schneider, deren Hauptergebnisse die nachstehende Tabelle enthält, erstreckten sich auf zwei ganz gleiche Zweiflammrohrkessel im Museum für Naturkunde in Berlin. Der eine hatte Planrostfeuerung, der andere Donneley-Feuerung. Die Versuche sollten feststellen, inwieweit mit der Donneley-Feuerung die ortsüblichen Brennstoffe sich besser ausnützen liefsen, und in welchem Mafse sie die Rauchentwicklung verhindere. Zu bemerken ist, was zwar nicht auf die absoluten Ergebnisse der Donneley-Feuerung, wohl aber auf den Vergleich mit der Planrostfeuerung von Einflufs ist, dafs letztere sich insofern einigermafsen im Nachteil befand, als bei ihr das Verhältnis von $\frac{\text{Rostfläche}}{\text{Heizfläche}} = 1:25$, bei der Donneley-Feuerung dagegen $= 1:38{,}5$ war.

Der Tabelle ist noch beizufügen, dafs die Bedienung der Planrostfeuerung bei den Versuchen I und III durch einen Lehrheizer geschah. Bei Versuch III sonderte der Anthracit eine sehr zähflüssige Schlacke ab, welche an den Roststäben festbackte, so dafs häufiges Stochern erforderlich wurde. Bei der Planrostfeuerung fehlte ein geeignetes Werkzeug. Bei Versuch IV konnten die Kohlen des starken Griesgehaltes wegen erst nach erfolgtem Aussieben verfeuert werden. „Ihre Verbrennung in der Donneley-Feuerung war eine recht gute.“

Versuchsnummer	I		II			III		IV	
Kohlensorte	Oberschlesische Stückkohle		Nufskohle von Zeche Louise			Anthracit		Märk. Braunk. v. d. Berliner Bergbau-A.-G.	
Feuerung	Donneley	Planrost	Donneley		Planrost	Donneley	Planrost	Donneley	Planrost
Heizfläche . . . . qm	69,4	63,13	69,4		63,13	69,4	63,13	69,4	63,13
Rostfläche . . . . qm	1,8	2,5	1,8		2,5	1,8	2,5	1,8	2,5
$\frac{\text{Heizfläche}}{\text{Rostfläche}}$	38,5	25	38,5		25	38,5	25	38,5	25
Versuchsdauer . . . . Std.	$9^3/_4$	8	$7^3/_4$	8	8	9	9	$8^3/_4$	4
Verbrannte Kohlen: Im ganzen . kg	2257	1211	1152	1796	1670	1562	1254	4322	2520
Pro qm Rostfläche u. Std. . . . kg	128,6	60,6	82,6	117,4	78,6	96,4	55,7	274,4	252,0
Verdampftes Wasser: Im ganzen . kg	17299	8059	9407	13838	11286	12551	8959	11322	5957
Pro qm Heizfläche u. Std. . . . kg	**25,57**	**16,00**	**17,50**	**23,46**	**21,08**	**20,1**	**16,77**	**18,64**	**21,46**
Pro kg Kohle: Roh . . . . . kg	7,66	6,65	8,16	7,70	6,75	8,03	7,14	2,62	2,36
Umgerechnet auf Wasser von 0° und Dampf von 100° . . . . kg	7,70	6,69	8,22	7,75	6,80	8,06	7,16	2,62	2,35
Speisewassertemperatur . . . . °C.	12	12	12	12	12	13	13	12	12
Dampfspannung . . . . kg	3,87	3,9	4,61	4,94	4,61	4,23	3,94	4,3	4,5
Temperatur der Gase im Fuchs . . °C.	**259**	**287**	**197**	**206**	**240**	**201**	**206**	**264**	**202**
Kohlensäuregehalt . . . . Vol.-pCt.	**14,78**	**10,85**	**15,06**	**11,90**	**10,50**	**15,0**	**12,0**	**15,9**	**12,5**
Heizwert der Kohle . . . . W. E.	7080	7080	7155	7155	7155	6740	6740	2432	2432
Nutzbar gemachte Wärme . . . . W. E.	4909	4260	5239	4951	4333	5139	4562	1669	1492
Güteverhältnis der Rostanlage . . . pCt.	**69,8**	**60,1**	**78,2**	**69,0**	**60,5**	**76,2**	**67,0**	**68,6**	**61,8**
Rauchentwicklung	Fast ganz rauchlos	Häufig dunkle Rauchwolken	Bis auf einige v. Heizer verurs. Unregelm. so gut wie rauchfrei.	Versuche waren gleichzeitig vorgenommen worden. Schornstein zeigt ziemlich viel dunkeln Rauch, welcher hauptsächlich auf den Planrost zurückzuführen ist.		Ohne dunkeln Rauch		—	—

Der Versuch II zeigt deutlich, wie bei der Donneley-Feuerung mit zunehmender Anstrengung Kohlensäuregehalt und Wirkungsgrad abnehmen.

Die von Prof. J. L. Lewicki am 11. Dezember 1886 angestellten Versuche fanden auf einem Kettendampfer statt. „Die Kesselanlage besteht aus 2 ganz gleichen liegenden Röhrenkesseln mit je einem Flammrohr, einer Feuerkammer und je 92 Stück rückkehrenden Feuerröhren. Der Steuerbordkessel hat eine wasserberührte Heizfläche von 45,75 qm und Innenfeuerung. Der Backbordkessel ist mit Donneley-Feuerung versehen und besitzt eine Gesamtheizfläche von 48,35 qm, von welcher 2,6 qm auf die Heizfläche des Wasserröhrenrostes entfallen.“

Angaben über die Rostgröfsen fehlen. Der Brennstoff war eine Mischung von 75 pCt. Braunkohle und 25 pCt. Steinkohle.

Der Versuch dauerte 6 Std. 32 Min. Die hauptsächlichsten Versuchsergebnisse enthält die Tabelle.

		Kessel mit	
		Donneley-Feuerung	Planrost-Feuerung
Heizwert des Brennstoffes	W.E.	4722	4770
Erzeugungswärme für 1 kg Dampf	W.E.	620	621
Kohlenverbrauch: Im ganzen	kg	857,44	1099,44
pro Stunde	kg	131,24	168,28
Wasserverbrauch: Im ganzen	kg	4890	4920
pro Stunde	kg	748,40	753,06
pro Stunde und qm Heizfläche	kg	15,48	16,46
pro kg Kohle	kg	5,703	4,475
Rückstände	pCt.	5,83	14,9
Mittlere Temperatur der Gase im Fuchs	° C.	224,5	239
Kohlensäuregehalt vor dem Rauchschieber im Mittel	Vol.-pCt.	11,37	8,4
Vielfaches der mindestens erforderlichen Luftmenge		1,56	1,93
Wirkungsgrad	pCt.	75	58,26

Nach den Angaben des Versuchsleiters war die Donneley-Feuerung „völlig rauchfrei, während der Schornstein des Vergleichskessels fast ununterbrochen dichte schwarze Rauchwolken entsendete“. Den Versuchsergebnissen sind noch für beide Feuerungen Temperaturkurven beigefügt. Wie das in der Natur der Sache liegt, verläuft die Kurve bei der Donneley-Feuerung sehr stetig, während sie bei der Planrostfeuerung nicht unbeträchtliche Sprünge aufweist.

Eine der Donneley-Feuerung ähnliche Konstruktion ist die Korbrost-Feuerung von L. H. Thielmann in Braunschweig[1]), Fig. 92—94 Tafel VIII.

Ihr Unterschied gegenüber der Donneley-Feuerung besteht darin, dafs die ⊓ gestalteten und senkrecht über einander angeordneten Wasserröhren den Feuerungsraum sowohl hinten als auch seitlich umschliefsen. Sie besitzen eine schwache Neigung und münden in beiderseits vorhandene gufseiserne Standrohre ein, welche mit dem Wasserraum des Kessels in Verbindung stehen.

[1]) S. auch R. Stribeck, Zeitschrift des Vereines deutscher Ingenieure 1891, S. 1021 und S. 1208, und 1209.

Diese Anordnung ist aber keineswegs glücklich gewählt; die in den Röhren gebildeten Dampfblasen können bei der schwachen Neigung nur langsam abfliefsen. Es liegt daher die Gefahr nahe, dafs Wärmestauungen in den Wandungen der Röhren eintreten, wodurch deren Haltbarkeit sehr in Frage gestellt wird. Dafs für einen mit der Feuerung ausgerüsteten Kessel reines Speisewasser unerläfsliche Bedingung ist, braucht wohl kaum hervorgehoben zu werden.

F. Langen'scher Etagenrost[1]).

Dieser Rost ist in seiner jetzigen verbesserten Form, wie er von der Maschinenbauanstalt Humboldt in Kalk bei Köln a. Rh. gebaut wird, durch die Figuren 95—97 Tafel VIII dargestellt; er sucht dieselbe Feuerführung, wie sie den unter D und E besprochenen Einrichtungen eigen ist, ohne Benutzung eines von der Flamme durchströmten Rostes dadurch zu erreichen, dafs der frische Brennstoff unter die glühende Kohle geschoben wird[2]).

Der Rost besteht aus 3 übereinander liegenden Platten p, p_1 und p_2 mit anschliefsenden kurzen Schrägrosten und dem Schlackenrost l. Die Schrägroste besitzen besonders geformte Stäbe, welche, wie Fig. 96 Tafel VIII zeigt, stumpfwinklig nach hinten abgebogen sind und sich mit ihren unteren Enden auf querliegende, etwas ansteigende Rohre a, a_1, a_2 stützen, während ihre vorderen Enden auf Rostträgern dicht unter den Platten p aufruhen. Die Röhren a sind in den gufseisernen Wandungen gelagert. Sie sind durch die einerseits schwach geneigten, andererseits wagerechten, in Einschnitten der Wandungen verlegten Röhren b' und b'' an die senkrechten gufseisernen Wasserrohre c' und c'' angeschlossen, welche mit dem Behälter R in Verbindung stehen und gleichzeitig zu dessen Unterstützung dienen. Der Zweck dieser Röhrenanordnung besteht darin, die hinteren Enden der Roststäbe und deren Träger vor dem Verbrennen zu schützen. Der in den Röhren a entwickelte Dampf fliefst nach links ab, strömt durch die schwach geneigten Röhren b'' nach c'' und gelangt von dort durch das an c'' sich anschliefsende und über den Wasserspiegel sich erhebende Rohr c''' in den Behälter R, während gleichzeitig auf der rechten Seite das Wasser durch c' nach unten fliefst und sich durch die Röhren b' in die Röhren a verteilt. Das Wasser im Behälter R wird angewärmt und kann zum Kesselspeisen benutzt werden, in welchem Fall die in den Röhren a a an das Wasser abgegebene Wärme gröfstenteils in den Kessel übergeführt, also nutzbar gemacht wird.

Um die Rohre von Kesselstein zu reinigen, kann jedes der 4 ⊓-Rohrsysteme b' a b'' durch Lösen von 4 Schrauben nach vorn herausgezogen werden, worauf dieselben, nachdem die zum Abschlufs dienenden Rotgufsstopfen entfernt sind, mit einem Draht durchstofsen werden können.

Die Bedienung der Feuerung geht in folgender Weise vor sich:

Nachdem das Feuer angezündet und die Rostfläche mit einer brennenden Schicht

---

[1]) S. auch Zeitschrift des Vereines deutscher Ingenieure 1886, S. 775 und 776, 1889, S. 822 und Zeitschrift des Verbandes der preufsischen Dampfkesselüberwachungsvereine 1883, S. 136 und 138.

[2]) Eine Reihe anderer Einrichtungen, bei denen der frische Brennstoff unter die glühende Kohle geschoben wird, findet sich unter dem Abschnitt: Mechanische Rostbeschickung, S. 118 u. f.

bedeckt ist, wirft der Heizer auf die Platten p, p_1, p_2 für je 30 cm Rostbreite etwa eine Schaufel Kohlen. Alsdann drückt er mit einer breiten Krücke zuerst die zu unterst aufgeworfenen, dann die auf der mittleren Stufe liegenden Kohlen in den Feuerraum und stöſst endlich von oben so viel nach, als erforderlich ist, um die in der Brennstoffschicht entstandenen Lücken zu schlieſsen, worauf er wieder auf alle Platten frische Kohlen aufwirft.

Diese Art der Beschickung hat zur Folge, daſs der eingeschobene frische Brennstoff teilweise unter die davor liegende, bereits glühende Kohle gelangt, teilweise aber von der von oben nachsinkenden, gleichfalls in Glut befindlichen Kohle überdeckt wird. Es gelingt auf diese Weise, sofern man streng darauf achtet, daſs die Reihenfolge der einzelnen Verrichtungen genau eingehalten wird und die Öffnungen zwischen den einzelnen Stufen stets sorgfältig durch frischen Brennstoff verschlossen sind, das angestrebte Ziel zu erreichen.

Die frischen Kohlen werden ganz allmählich entgast und in Brand gesetzt. Es können bei genügender Sorgfalt mehrere Beschickungen vergehen, bis die vollständig entgaste Kohle an die Oberfläche gelangt. Die entwickelten Kohlenwasserstoffe sind genötigt, zusammen mit der Verbrennungsluft durch die glühende Kohlenschicht zu streichen, sich also innig mit der Luft zu mischen und sich rechtzeitig zu entzünden. Der Zutritt von überschüssiger Luft während der Beschickung mit all ihren schädlichen Einflüssen auf Verbrennung, Wirkungsgrad und Kessel wird ferngehalten. Auſserdem werden gleichzeitig die einzelnen Roststufen selbstthätig abgeschlackt, da die gebildeten Schlacken, mit den verbrennenden Kohlen vermischt und von diesen getragen, infolge des Beschickens von Stufe zu Stufe niedersinken und sich schlieſslich auf dem Schlackenrost sammeln, wo sie vollständig ausbrennen und, ohne die Verbrennung zu stören, vorgezogen werden können.

Man ersieht also, daſs die Rosteinrichtung es ermöglicht, nicht nur ohne erhebliche Rauchbildung zu arbeiten, sondern auch einen guten Wirkungsgrad zu erzielen und schädliche Beeinflussungen des Kessels nahezu vollständig fernzuhalten, ja daſs diese Vorteile sogar, im Gegensatz zu allen anderen Rostfeuerungen, ohne Rücksicht auf den Schlackengehalt der Kohle sich erreichen lassen. Jedoch ist die Voraussetzung hiefür eine sehr sorgfältige Bedienung, welche, namentlich bei gesteigertem Betrieb, den Heizer fortdauernd in Anspruch nimmt und nur dadurch etwas erleichtert wird, daſs die Belästigung durch strahlende Wärme nicht sehr erheblich ist. Eine Steigerung der Wärmeentwicklung wird die Feuerung wohl zulassen; aber bei den zunehmenden Anforderungen an den Heizer und bei der eintretenden Abnahme der für die Entgasung zur Verfügung stehenden Zeit ist nicht zu erwarten, daſs sie hierbei auf die Dauer gleich gut weiter arbeitet.

Rasch eintretenden Änderungen des Wärmebedarfs wird die Feuerung, da die Kohle bei richtiger Bedienung nur langsam anbrennt, ohne Preisgabe ihrer Vorteile nicht zu folgen vermögen.

Nach Versuchen von Oberingenieur C. Haage sollen[1]) allerdings noch pro qm Rostfläche 148 kg sächsische Steinkohle, die sich durch hohen Schlackengehalt auszeichnet, befriedigend rauchfrei verbrannt werden können.

[1]) Zeitschrift des Verbandes der preuſsischen Dampfkesselüberwachungsvereine 1883, S. 136 und 138.

Der Verbrauch an Roststäben und Roststabträgern, der die ursprüngliche Ausführung des Etagenrostes zum Scheitern brachte[1]), ist zwar durch die jetzige Anordnung erheblich vermindert, jedoch dürfte er bei der hohen Rostbedeckung immer noch eine nicht zu vernachlässigende Rolle spielen.

Nachteilig für die Konstruktion ist auch der Umstand, dafs sie sich nur für Vorfeuerung bezw. Unterfeuerung eignet, dafs also eine Wärmeausnützung wie in einer zweckmäfsig gebauten Innenfeuerung nicht möglich ist. Aufserdem ist sie in der Anlage nicht sehr billig und beansprucht ziemlich viel Platz.

[1]) Diese Anordnung ist dargestellt durch Fig. 98 Tafel VIII. Die in den glühenden Kohlen steckenden Enden der nicht unterstützten Roststäbe nahmen eine sehr hohe Temperatur an, senkten sich teilweise durch, erschwerten infolgedessen eine geordnete Bedienung in höchstem Grade und brannten schliefslich ab. Eine Unterstützung durch gewöhnliche, nicht gekühlte Rostträger war gleichfalls nicht durchführbar, da diese noch vor den Stäben wegbrannten.

IV. Feuerungen mit ununterbrochener Beschickung.

A. Verbrennung der Kohle auf einem geneigten Roste, wobei die Beschickung infolge des Eigengewichtes selbstthätig aus einem Fülltrichter erfolgt.

1. Allgemeines.

Die hier in Betracht kommenden Roste zerfallen in Treppenroste und Schrägroste. Während die letzteren vom Planrost sich nur durch die schiefe Lage ihrer Stäbe unterscheiden, besitzen die ersteren die Form einer Treppe mit enggestellten Stufen, die in der Regel wagerecht liegen, zuweilen aber auch, wie beim Einbecker und beim Münchener Stufenrost, schräg gestellt sind.

Der Vorteil des Treppenrostes gegenüber dem Schrägrost besteht darin, daſs kleine Brennstoffstückchen nicht unverbrannt durch die Fugen zu fallen vermögen. Jedoch leidet er an dem Nachteil, daſs die Stufen dem glühenden Brennstoff gröſsere Berührungsflächen darbieten als die Stäbe des Schrägrostes, und daſs die Schlacken leichter sich zwischen den Stufen festsetzen können, weshalb letztere bei gutem Brennstoff einem starken Verschleiſs unterliegen; daſs ferner die Asche sich nicht selbstthätig ausscheidet, Brennstoff und Schlacke weniger leicht nachrutschen und die Übersichtlichkeit geringer ist. Dagegen ist die freie Rostfläche beim Treppenrost gröſser als beim Schrägrost.

Hieraus folgt, daſs der Treppenrost mit Vorteil nur für Braunkohle, Torf und für kleinstückige Brennstoffe von ähnlichem Heizwert (Lohe, Sägespäne, Holzabfälle und dergleichen) in Betracht kommen kann, die nur mäſsige Verbrennungstemperaturen zu entwickeln im Stande sind, also auch keinen hohen Roststabverbrauch verursachen. Schon bei griesiger Steinkohle, die auch zuweilen auf Treppenrosten verbrannt wird, steigt der Verbrauch erheblich. Da nun diese Brennstoffe ihrer niedrigen Verbrennungstemperatur halber in der Mehrzahl der Fälle nur in Vorfeuerungen oder Unterfeuerungen vorteilhaft zu verwenden sind, so wird sich auch die Anwendung des Treppenrostes zur Hauptsache auf solche beschränken.

Der Schrägrost dagegen besitzt ein viel gröſseres Verwendungsgebiet. Zwar wird sich stark schlackenhaltiger und stark backender Brennstoff für ihn, wie übrigens auch für den Treppenrost, insofern schlecht eignen, als hiebei der gleichmäſsige Niedergang des Brennstoffes, welcher für das rauchfreie Arbeiten dieser Roste die erste Voraussetzung bildet, erheblich beeinträchtigt wird[1]). Im übrigen aber ist der Schrägrost weder an bestimmte Feuerungssysteme, noch an bestimmte Brennstoffsorten gebunden; jedoch muſs die Kohle genügende Korngröſse besitzen, da sonst zu befürchten steht, daſs kleine Stücke unverbrannt durch die Rostfugen fallen[2]), welche Gefahr allerdings durch geeignete Vorkehrungen (seitliche Ansätze des Roststabes der Tenbrinkfeuerung und dergleichen) einigermaſsen eingeschränkt werden kann.

Als beschickende Kraft bei allen geneigten Rosten dient die Schwerkraft. Der in einem Fülltrichter befindliche Brennstoff gelangt durch eine in der Regel verstellbare Öffnung auf den Rost und bedeckt diesen derart, daſs die Oberfläche der Brennstoffschicht sich dem natürlichen Böschungswinkel entsprechend einstellt, welcher um so genauer eingehalten wird, je gleichartiger der Brennstoff beschaffen ist. Ist die Neigung des Rostes dem Böschungswinkel gleich, so besitzt die Brennstoffschicht auf der ganzen Länge des Rostes gleiche Höhe; ist sie kleiner, so ist die Schicht oben dicker als unten; ist sie gröſser, so ist das umgekehrte der Fall, und ist sie veränderlich, so ändert sich die Schichthöhe entsprechend der Rostneigung.

Die Verbrennung auf dem geneigten Rost verläuft nun folgendermaſsen:

Der Brennstoff gelangt nach abwärts in dem Maſse, als die Kohle abbrennt und die Ausscheidungen (Schlacke und Asche) entfernt werden; gleichzeitig nimmt aber auch die Schichthöhe ab und wird durch den Nachschub aus dem Fülltrichter immer wieder ergänzt.

Der letztere Vorgang ist nun von groſsem Einfluſs auf die Vollkommenheit der Verbrennung. Findet nämlich der Abbrand an allen Stellen des Rostes gleichmäſsig statt, so wird immer von Zeit zu Zeit, sobald die Schichthöhe um ein bestimmtes, von der Korngröſse des Brennstoffes abhängiges Maſs abgenommen hat, eine Lage frischer Kohle, über den ganzen Rost sich ausbreitend, aus dem Fülltrichter niedersinken. Man hat also eine periodische Beschickung, bei der zwar ein übermäſsiger Luftzutritt ausgeschlossen ist, bei der jedoch die Bildung von Rauch wegen der Gröſse der Beschickung und der dadurch verursachten starken Gasentwicklung nicht verhindert werden kann.

Das Bestreben beim Bau geneigter Roste wird daher, um das Überstürzen nicht entgaster Kohlenstücke möglichst zu vermeiden, dahin gerichtet sein müssen, die Hauptverbrennungszone auf den unteren Teil des Rostes zu verlegen, so daſs die dort rascher abnehmende Schicht durch weiter oben gelegene Kohle ergänzt wird, daſs also ein ununterbrochen fortdauerndes Wandern des Brennstoffes über den Rost sich einstellt und die Kohle, bevor sie in die unten liegende Hauptverbrennungszone gelangt, auf dem oberen Teil des

[1]) Auch Gemische verschiedener Brennstoffe werden bei beiden Rostarten leichter zu Übelständen Veranlassung geben, als z. B. auf dem Planrost, da sich infolge des verschieden raschen Abbrandes und der verschiedenen Schwere Unregelmäſsigkeiten im Nachschub einstellen können. Übrigens ist festzuhalten, daſs auch auf dem Planroste niemals Stoffe zusammen verbrannt werden sollten, deren Verbrennungsbedingungen allzuweit auseinanderliegen (z. B. Holz mit Steinkohle vermischt), da sich sonst notwendig Unzuträglichkeiten einstellen und jedenfalls ein schlechteres Ergebnis erzielt wird, als wenn jeder der betr. Stoffe für sich verbrannt wird.

[2]) Diese Gefahr ist bei allen Rosten, auf denen der Brennstoff wandert, viel gröſser als beim gewöhnlichen Planrost, weshalb auch auf letzterem kleinstückige Kohle eher ohne Nachteil verbrannt werden kann.

Rostes die nötige Zeit zur Entgasung findet. Letztere wird man aufserdem noch durch besondere Vorkehrungen möglichst zu befördern suchen.

Ein derartiger Verlauf der Verbrennung wird allgemein dadurch erreicht, dafs man die Luftzufuhr zum oberen Teil des Rostes hemmt, was jedoch auf die verschiedenste Weise durchgeführt werden kann.

C. Weinlig[1]) wählte für den Treppenrost eine derartige Neigung, dafs die Brennstoffschicht oben erheblich dicker (über doppelt so dick) als unten sich ergab. Das bringt aber nicht zu unterschätzende Nachteile mit sich. Die Neigung des Rostes wird für geordneten Nachschub zu gering, und aufserdem wird der letztere auch noch dadurch beeinträchtigt, dafs die Schlacken sich leichter festsetzen. Die Nachhilfe des Heizers wird also in viel höherem Mafse erforderlich. Da zudem der Böschungswinkel mit der Beschaffenheit der Kohle wechselt, so wird man besser eine zweckmäfsige Verteilung der zur Verbrennung erforderlichen Luft unabhängig von den Eigenschaften des Brennstoffes und der Rostneigung herbeizuführen suchen, wodurch es gleichzeitig ermöglicht wird, letztere derart festzulegen, wie sie mit Rücksicht auf den Nachschub und die Schlackenbildung am günstigsten sich erweist.

Bei einigen Treppenrostfeuerungen, sogenannten Halbgasfeuerungen, verfährt man derart, dafs man die Verschiedenheit der Schichthöhe zwar beibehält, sie jedoch dadurch unabhängig von der Rostneigung macht, dafs entweder der obere Teil des Rostes gegen den unteren zurückgesetzt wird (Feuerung von F. A. Schulz, Fig. 102, Tafel IX), oder dafs man durch Einbau eines Wehres den Brennstoff auf dem oberen Teil des Rostes zurückhält (Feuerung von E. Völcker, Fig. 103—105 Tafel X und von C. Reich, Fig. 106—108 Tafel X). Vielfach genügt jedoch zur richtigen Verteilung der zuzuführenden Luft bei der Treppenrostfeuerung eine zweckmäfsige Gewölbeanordnung, wie sie z. B. durch Fig. 100 und 102 Tafel IX dargestellt ist. Durch das niedrige Gewölbe über dem oberen Teil der Treppe wird nicht nur der Luftzutritt dort gehemmt, sondern es wird aufserdem auch noch die daselbst stattfindende Entgasung ganz wesentlich befördert und die vollkommene Verbrennung der entwickelten Kohlenwasserstoffe dadurch gesichert, dafs diese genötigt werden, mitten in das von unten abströmende glühende Gas-Luftgemisch einzutreten. Der Fufs der Treppe ist natürlich derart zu legen, dafs der Luftzutritt zum unteren Teil derselben möglichst wenig behindert ist, so dafs die Hauptverbrennungszone auch wirklich mit Sicherheit nach unten fällt.

In anderer Weise erreicht man beim Tenbrink-Rost, Fig. 114 Tafel X, die richtige Verteilung der Luftzufuhr. Man läfst die mit dem Beschickungstrichter verbundene Rostplatte ziemlich tief in den Verbrennungsraum hineinragen und hemmt aufserdem noch auf dem oberen Teil des Rostes den Luftzutritt dadurch, dafs man entweder die Roststäbe oben mit seitlich angesetzten Rippen versieht, oder sie, wie beim Thost'schen und Kuhn'schen Rost, oben dicker macht als unten, wodurch die Rostspalten oben sehr eng ausfallen und sich erst allmählich nach unten erweitern. Eine derartige Anordnung erweist sich übrigens schon aus dem Grunde als nötig, um das Durchfallen kleiner Kohlenstückchen zu verhindern, das gerade auf dem oberen Teil des Rostes, wo

[1]) S. den lehrreichen Vortrag von C. Weinlig: „Treppenroste und Planroste“, Zeitschrift des Verbandes der preufsischen Dampfkesselüberwachungsvereine 1879, S. 15 u. f.

ein Zusammensintern oder Zusammenbacken dieser Teilchen noch nicht eingetreten ist, zu befürchten steht.

Die Entgasung der frischen Kohle befördert man dagegen bei den Feuerungen nach dem System Tenbrink dadurch, dafs man durch Unterbringen des Rostes in einem besonders gestalteten Kesselteil, der sogenannten Tenbrinkvorlage, Fig. 114 Tafel X, durch Anordnung eines Quersieders über dem Rost, Fig. 119 Tafel XI, durch vorgezogene Feuerbrücken oder dergleichen das von unten abströmende glühende Gasgemisch zwingt, entgegen dem abwärts sinkenden Brennstoff, über diesen hinweg nach oben zu streichen, um mit seiner Wärme unmittelbar (also ohne Zwischenschaltung eines Wärmespeichers) auf die frische Kohle einzuwirken und die mit der nötigen Luft gemischten Kohlenwasserstoffe, welche mitten in die glühenden Gase einströmen müssen, sofort nach ihrer Entstehung zu entzünden.

Anschliefsend an das Erörterte seien noch einige Beobachtungen angeführt, welche den günstigen Einflufs einer derartigen Verteilung der Luftzufuhr beim geneigten Rost zeigen.

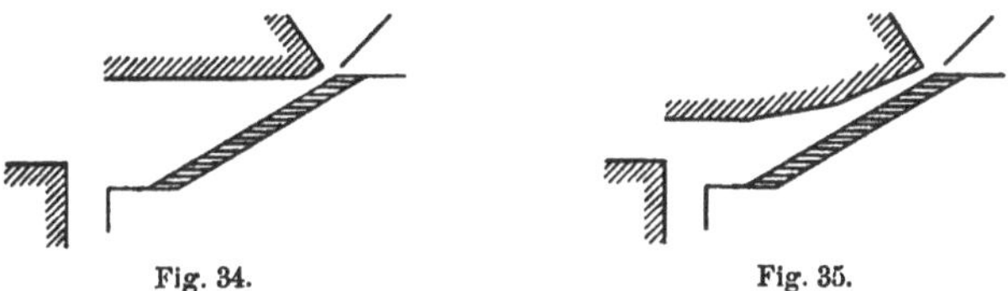

Fig. 34. Fig. 35.

Schon im Jahre 1864 schreibt Hüttenmeister Vogel in Dinglers polytechn. Journal Band 172, S. 346:

„Besonders günstig für die Rauchverbrennung ist eine in Joachimsthal mit Geschick versuchte Behandlung des Treppenrostes, welche darin besteht, dafs man die obersten Stufen blind macht (also schliefst) und die Luft erst zwischen den untersten, zu dem Zweck auch weiter auseinander gesetzten Stufen einströmen läfst."

Ferner stellte C. Weinlig im Jahre 1876 eine Anzahl von Versuchen an, welche nicht nur den Einflufs der Verteilung der Luftzufuhr, sondern insbesondere auch den der Gewölbeanordnung darthun sollten[1]).

Er liefs zu diesem Zweck einen Treppenrost fertigen, dessen Stufen ähnlich wie bei Jalousieen zu bewegen waren, also wagerecht oder schräg liegen, auch ganz geschlossen werden konnten, und teilte denselben in 3 Teile (Register). Er wollte damit feststellen, „ob etwa $^1/_3$ des Rostes offen stehen, $^1/_3$ halb geschlossen und $^1/_3$ ganz geschlossen sein müsse, oder ob eine schräge Lage der Rostplatten besser wäre". Aufserdem aber sollte der Einflufs der Gewölbeform dadurch ermittelt werden, dafs sie das einemal nach Fig. 34, das anderemal nach Fig. 35 ausgeführt wurde.

„Dementsprechend wurden hintereinander folgende 5 Versuche angestellt:

a) Treppenrost mit offener Treppe. Treppenstufen alle um 15° geneigt. Gewölbe hoch.
1 kg Kohle verdampfte 2,5 kg Wasser.

[1]) Zeitschrift des Verbandes der preufsischen Dampfkesselüberwachungsvereine 1879, S. 18.

b) Treppenrost bis auf ²/₃ von unten offen. Oberes Register (von ¹/₃) geschlossen. Gewölbe hoch.

1 kg Kohle verdampfte 2,7 kg Wasser.

c) Treppenrost auf der ganzen Länge etwas geschlossen. (Alle 3 Register halb zu.) Gewölbe oben gedrückt.

1 kg Kohle verdampfte 3,4 kg Wasser.

d) Treppenrost mit offener horizontaler Treppe. Gewölbe oben gedrückt.

1 kg Kohle verdampfte 3 kg Wasser.

e) Treppenrost bis auf ²/₃ von unten offen. Oberes ¹/₃ (Register) geschlossen. Gewölbe oben gedrückt.

1 kg Kohle verdampfte 3,4 kg Wasser.

Alle Versuche wurden bei offenem Mannloche angestellt und dauerten je 16—18 Stunden.

Hieraus mufste ich schliefsen, dafs ein gedrücktes niedriges Gewölbe von Wert sei, ebenso wie das Schliefsen der Klappen des obersten Registers, und dafs beide Einrichtungen zusammen den besten Effekt geben würden."

Über weitere Versuche von C. Weinlig siehe Zeitschrift des Verbandes der preufsischen Dampfkesselüberwachungsvereine 1880, S. 123 und 124.

2. Treppenrost-Feuerungen.

Treppenrost von F. Münter in Halle a. S. Er ist durch Fig. 99—101 Tafel IX[1]) dargestellt. Sein Neigungswinkel beträgt etwa 30°, ist also kleiner als der Böschungswinkel der Braunkohle, welcher etwa 32—35° beträgt. Die Brennstoffschicht ist deshalb oben stärker als unten, was, wie bereits erörtert, zwar die Luftverteilung in günstigem, das selbstthätige Nachsinken der Kohle und das Festsetzen der Schlacke jedoch in sehr ungünstigem Sinne beeinflufst. Durch Verstellen der Schiene, auf welcher die Rostwangen aufgehakt sind, soll eine geringe Änderung der Rostneigung erzielt werden können; jedoch ist nicht anzunehmen, dafs die hiezu dienenden Schrauben unter dem nicht zu beseitigenden Einflufs von Hitze, Staub und Schmutz genügend beweglich bleiben.

Die oberste, nach vorn erbreiterte Treppenstufe, die sogenannte Schürplatte, soll dazu dienen, gröfsere Stücke, welche sich hier festsetzen und dadurch den gleichmäfsigen Niedergang beeinträchtigen, zerstofsen zu können.

Bei der gewählten Neigung darf der Rost nicht übermäfsig lang gehalten werden, da sonst leicht entweder die Schichthöhe unten zu klein wird, dort also zu viel Luft einströmt, oder die Beschickungsöffnung zu weit sich ergiebt, zu grofse Stücke also nicht mehr zurückgehalten werden können. Aufserdem ist zu beachten, dafs bei kurzen Rosten alle den regelmäfsigen Niedergang störenden Einflüsse weniger stark zur Geltung kommen.

Zur Unterstützung der Brennstoffschicht dient die unterste Treppenstufe, welche zu diesem Zweck entsprechend erbreitert ist. Die ausgeschiedenen Rückstände (Asche und

[1]) Neuere Dampfkesselkonstruktionen und Dampfkesselfeuerungen, mit Rücksicht auf Rauchverbrennung, herausgegeben vom Verband deutscher Dampfkesselüberwachungsvereine, Berlin 1890, Blatt 35.

Schlacke) sammeln sich zusammen mit niedergerollter oder auf der Treppe nicht ganz ausgebrannter Kohle auf einem am Fufse derselben befindlichen kleinen Planrost. Um zu vermeiden, dafs beim Entfernen der Rückstände kalte Luft in die Feuerung gelangt, ist folgende Einrichtung getroffen. Der Schlackenrost ist als Schieber ausgebildet und es befindet sich unter ihm ein Kasten, welcher durch einen zweiten nicht durchbrochenen Schieber mit dem Aschenfall in Verbindung steht oder durch eine gut abschliefsende Klappe nach dem Heizerstand geöffnet werden kann. Der untere Schieber ist für gewöhnlich ein wenig geöffnet, um die zum Ausbrennen des auf dem Schlackenrost liegenden Materiales notwendige Luft zuströmen zu lassen. Sollen die Rückstände entfernt werden, so wird dieser Schieber geschlossen und der obere geöffnet, die Schlacken fallen in den Kasten, aus dem sie, nachdem der obere Schieber wieder geschlossen ist, in den Aschenfall befördert oder nach vorn entfernt werden können. Zur Beobachtung der Flamme dienen zwei in die Wände des Verbrennungsraumes eingemauerte, durch Klappen verschliefsbare Rohre, welche vor der Feuerluke einmünden.

Der Bedienung ist natürlich die nötige Sorgfalt zu widmen. Das Festsetzen von Schlacke, welches Störungen im Niedergang und Beeinträchtigung der Luftzufuhr zur Folge hat, ist, namentlich auf dem unteren Teil des Rostes, wo die Hauptverbrennungszone liegt, sorgfältig zu vermeiden. Das Loslösen mufs jedoch mit der nötigen Vorsicht vorgenommen werden, da heftiges Durchstofsen nur Überstürzungen zur Folge haben würde. In gleicher Weise sind etwa entstandene Leerstellen vorsichtig durch Nachstofsen zu beseitigen.

Die Wärmeentwicklung kann naturgemäfs nur allmählich gesteigert werden, wenn nicht Störungen im Gang der Feuerung eintreten sollen; es ist deshalb durch einen genügend grofsen Wasserraum für den erforderlichen Ausgleich Sorge zu tragen.

Trotzdem die Bedienung des Rostes einen beträchtlichen Grad von Aufmerksamkeit von seiten des Heizers erfordert, so ist die Anstrengung doch wesentlich geringer als beim Planrost, da die Beschickung einfacher ist und eine Belästigung durch strahlende Hitze nur beim Schüren und Abschlacken auftritt. Bei schlackenreicher Kohle kann allerdings das Freihalten der Rostfugen sehr beschwerlich werden.

Der Wirkungsgrad derartiger Feuerungsanlagen ergab sich nach C. Weinlig in Zweiflammrohrkesseln bei einem Verhältnis der Rostfläche zur Heizfläche = 1 : 26 bis 1 : 30 und bei einer durchschnittlichen Verdampfung von 20 kg pro qm Heizfläche zu etwa 73 pCt.

Treppenrost von C. E. Rost & Co. in Dresden, Fig. 36 und 37. Der Neigungswinkel ist hier zur Erzielung eines regelmäfsigen Nachschubes, dem Böschungswinkel der Braunkohle entsprechend, steiler gewählt als bei der Münterschen Konstruktion; auch kann der Rost zusammen mit dem Schlackenschieber in einer unter dem letzteren vorhandenen Führung (Fig. 36) verstellt und in seine günstigste Lage gebracht werden.

Ein Schieber, welcher die Schichthöhe entsprechend der Korngröfse des Brennstoffes festlegt, stellt die Verbindung mit dem Fülltrichter her. Durch Kanäle in den Seitenwandungen, welche mit stellbaren Rosetten verschlossen sind, wird in der ersichtlichen Weise Oberluft in die Flamme eingeführt. Über deren Wert ist auf S. 42 Anmerkung 1 und auf S. 41 zu verweisen. Zu bemerken ist noch, dafs die Eintrittsöffnungen im Verbrennungsraum gewöhnlich durch Anschmelzen von Flugasche zuwachsen, daher beim Reinigen der Feuerung von Zeit zu Zeit freigelegt werden müssen. Die Schlacke sammelt sich auf dem Schlackenrost am Fuſse der Treppe an und wird, nachdem sie erkaltet ist, durch den Spalt zwischen Treppe und Schlackenrost entfernt. Gezogen wird letzterer nur abends beim Reinigen der Feuerung.

Über die Bedienung und die Steigerungsfähigkeit gilt im übrigen dasselbe, was bei der Münterschen Konstruktion gesagt wurde. Anzuführen ist noch, daſs bei all diesen Rosten, wenn ungestörter Nachschub stattfinden soll, der Fülltrichter genügende Gröſse besitzen

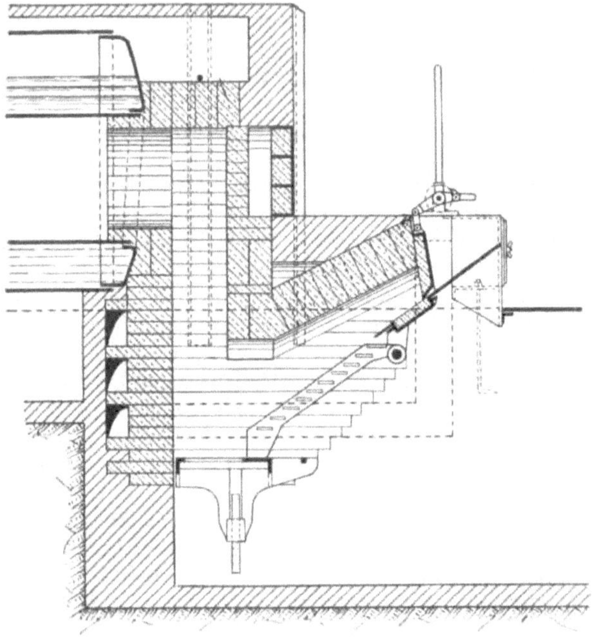

Fig. 36.

muſs, namentlich aber auch, daſs Kohle von gleichmäſsiger Beschaffenheit (möglichst Nuſskohle) zu verwenden ist.

Ähnliche, sich nur durch andere Anordnung einzelner Teile unterscheidende, in ihrem Wesen jedoch nicht verschiedene Feuerungen werden von J. A. Topf & Söhne in Erfurt, von der sächsischen Dampfschiffs- und Maschinenbauanstalt der österreichischen Nordwestdampfschiffahrtsgesellschaft in Dresden u. a. gebaut[1]).

Bei der durch Fig. 38 dargestellten Feuerung von J. A. Topf & Söhne, welche sich durch einen groſsen, der Entgasung und etwa notwendiger Trocknung der Kohle förder-

[1]) S. auch Fr. Freytag: Die Dampfkessel und Motoren auf der Sächsisch-Thüringischen Industrie- und Gewerbeausstellung zu Leipzig 1897, Zeitschrift des Vereines deutscher Ingenieure 1897, S. 1269 u. f.

lichen Fassungsraum auszeichnet, kann das Nachsinken des frischen Brennstoffes durch Schieber im Grunde des Trichters geregelt werden. Um deren leichte Beweglichkeit zu sichern, sind über ihnen in Führungen liegende Rundeisen, sogenannte Stempel angeordnet, welche durch die Kohlen gestoſsen werden und die Schieber entlasten. Zum Entgasungsraum führende Klappen erleichtern das Anheizen und dienen zur Nachhilfe. Der Neigungswinkel des Rostes kann mittels einer Hebelvorrichtung geändert werden. Schieber in den Aschfallthüren dienen zur Regelung der Luftmenge. Durch seitlich angeordnete Klappen

Fig. 37.

kann, wie bei dem eben besprochenen Rost, Oberluft regelbar zugeführt werden; die Eintrittstellen sind aus der Figur ersichtlich[1]).

Zu erwähnen ist auch noch eine in Budapest entstandene und dort verbreitete Treppenrostfeuerung von **Eggensberger**, deren Wesen Fig. 39 und 40[2]) erkennen lassen. Über den Wert der Zufuhr von Oberluft und deren Vorwärmung in den Seitenwandungen

[1]) Die auf der Sächsisch-Thüringen'schen Gewerbeausstellung in Leipzig 1897 im Betriebe befindliche Feuerung war noch mit einer Vorrichtung ausgerüstet, welche ermöglichen sollte, bei starkem Betriebe und unzureichendem Schornsteinzuge Luft durch ein Gebläse unter den Rost zu blasen. Die Einrichtung trat aber nicht in Thätigkeit, da der Schornstein auch für den stärksten Betrieb genügte.

[2]) Zeitschrift des Vereines deutscher Ingenieure, 1896, S. 921.

des Verbrennungsraumes siehe S. 42 Anmerkung 1 und S. 41. Nach den Angaben von Otto H. Mueller jr. ist der Wirkungsgrad der Feuerung nicht gröſser als der einer gut bedienten Planrostfeuerung. Bei der in Budapest verwendeten Kohle (Steinkohlengries von 6500—6800 W. E., Braunkohlen von 4700—5600 W. E., zum Teil mit sehr starkem Schlackengehalt, bis zu 24 pCt.) halten die Gewölbe rund 1 Jahr. Die in der Hinterwand der Feuerung senkrecht nach oben führenden Kanäle verlegen sich bald, ohne jedoch die Wirkung zu ändern. Ebenso zeigte sich, „daſs der Schacht über dem Rost sich durch Schlackenansatz an dem hinteren Gewölbe (wobei natürlich die Luftkanäle zuwachsen) nach und nach derartig verengt, daſs nach etwa 6—7 Wochen die Feuerung abgestellt und die Schlacke entfernt werden muſs".

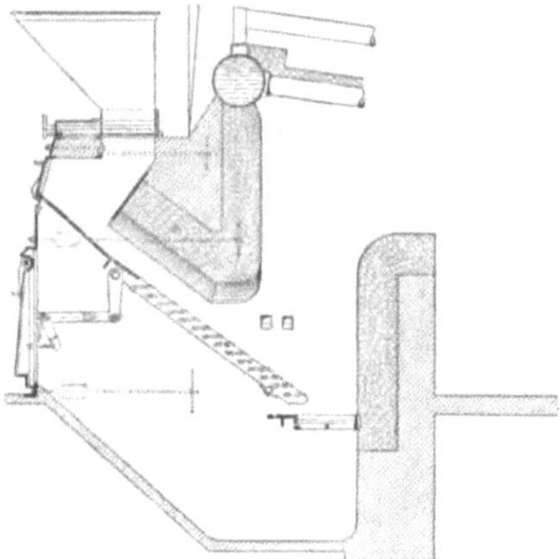

Fig. 38.

Feuerung von F. A. Schulz in Halle a. S., dargestellt durch Fig. 102 Tafel IX[1]). Sie wurde ihrem Wesen nach bereits oben auf S. 76 erwähnt. Der obere Teil des Rostes, auf welchem die Entgasung stattfindet, ist gegen den unteren zurückgesetzt, so daſs die Kohlenschüttung oben höher wird als unten. Die Neigung des Rostes entspricht dem Böschungswinkel des Brennstoffes. Durch eine Öffnung im Gewölbe wird den von oben abströmenden Gasen Luft zugeführt. Sie tritt durch verstellbare Öffnungen am hinteren Ende des Kessels in Kanäle ein, welche längs des Kessels im Mauerwerk verlaufen, mündet dann in einen Hohlraum über dem Gewölbe des Verbrennungsraumes und tritt durch dieses in der aus der Figur ersichtlichen Weise in die Feuerung ein. Über den Wert dieser Luftzufuhr, welche durch die hohe Kohlenschüttung auf dem oberen Teil des Rostes bedingt ist s. S. 42 Anmerkung 1, sowie auch S. 41.

Die Feuerung von E. Völcker in Bernburg (ausgeführt von der Maschinenfabrik von Keilmann & Völcker in Bernburg), D. R. P. No. 44039 vom 18. August 1886 mit

[1]) Neuere Dampfkesselkonstruktionen und Dampfkesselfeuerungen mit Rücksicht auf Rauchverbrennung, herausgegeben vom Verbande deutscher Dampfkesselüberwachungsvereine, Berlin 1890, Blatt 36.

den Zusatzpatenten No. 49221 vom 8. Mai 1889 und No. 53153 vom 26. Januar 1890, D. R. P. No. 52658 vom 26. Januar 1890, No. 68125 vom 13. Februar 1892 und No. 86491 vom 15. März 1895, ist in ihrer neuesten Anordnung durch die Figuren 103—105 Tafel X[1]) dargestellt.

Wie bereits auf S. 76 erwähnt, wird der Brennstoff durch das eingehängte Wehr A auf dem oberen Teil des Rostes zurückgehalten, um dort entgast zu werden. Die Schichtstärke auf dem unteren Teile kann, da das Wehr A verstellbar angeordnet ist, nach Belieben bemessen werden. Durch die Schraubenvorrichtung soll auch die Neigung des Rostes nach Bedarf auf ihre zweckmäſsigste Gröſse eingestellt werden können; doch ist kaum zu erwarten, daſs die Vorrichtung unter der ungünstigen Einwirkung von Hitze, Staub

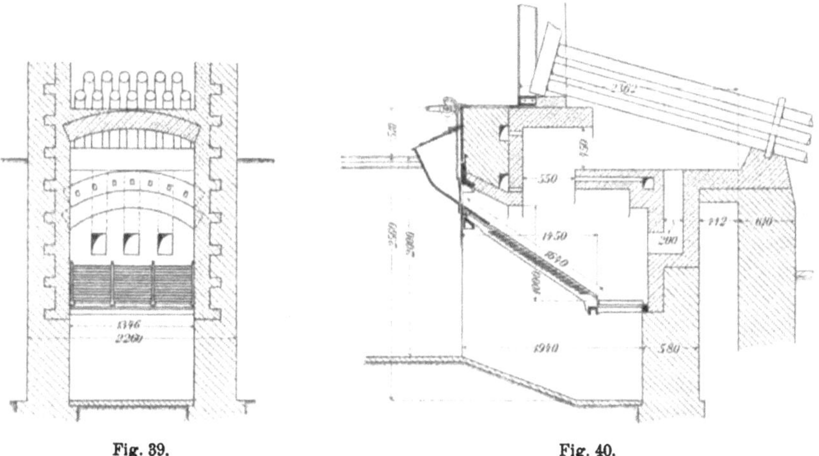

Fig. 39. Fig. 40.

und Schmutz dauernd genügend gangbar bleibt. Die durch den Rost eintretende Luftmenge kann durch Schieber in den Thüren geregelt werden. Der hohen Kohlenschüttung im Entgasungsraum halber muſs zur Verbrennung der entwickelten Kohlenwasserstoffe und Kohlenoxydgase Oberluft eingeführt werden, was durch das verstellbare Wehr A und durch das Luftzuführungsrohr L erfolgt. Letzteres ist zum Zwecke der Regelung dieser Luftmenge mit einer Drosselklappe versehen. In dem Wehr A sowie in dem Raum über dem Feuergewölbe wird die Luft vorgewärmt. Das gebildete Gemisch aus Kohlenwasserstoffen und Luft ist genötigt, teils durch die Schlitze des zweiten Wehres D, teils zusammen mit dem vom unteren Rost abströmenden glühenden Gasgemisch unter D hindurch in die Brennkammer G zu strömen, um dort vollständig zu verbrennen; ein in diese Kammer einmündendes Rohr gestattet, die Flamme zu beobachten.

Die Feuerung ist naturgemäſs nur für Braunkohle geeignet. Sie wird aber bei sorgfältiger Bedienung befriedigend rauchfrei arbeiten und auch einen Wirkungsgrad ergeben,

[1]) Über ältere Anordnungen der Feuerung s. z. B. Zeitschrift des Vereines deutscher Ingenieure, 1889, S. 402 und 403.

wie er von einer guten Vorfeuerung erwartet werden darf. Nach Angaben der Erbauer sollen Durchschnittsanalysen einen Kohlensäuregehalt von 16 pCt. in den Verbrennungsprodukten ergeben haben. Obgleich nun dies bei sehr sorgfältiger Bedienung sehr wohl zutreffen kann, so ist doch nicht aus dem Auge zu lassen, dafs, wie bei allen anderen sogenannten Halbgasfeuerungen, auch hier die Gefahr unzulässig starker Luftzufuhr sehr naheliegt (s. S. 42 Anmerkung 1). Die Unterhaltungskosten der Feuerung dürften wegen der öfters notwendig werdenden Erneuerung der Wehre denjenigen einer gut konstruierten gewöhnlichen Treppenrostfeuerung zum mindesten nicht nachstehen.

Ganz ähnlich ist die Feuerung von C. Reich in Hannover, Fig. 106—108 Tafel X, eingerichtet. Sie besitzt jedoch meist gemischten Rost, oben Treppen-, unten Schrägrost oder nur Schrägrost, und es ist weder der Rost noch das Wehr verstellbar. Der Schlackenrost ist fortgelassen, und der Verbrennungsraum wird ähnlich wie bei der Tenbrink-Feuerung durch die unten sich ansammelnde Schlacke abgeschlossen; diese hat daher auch als Stütze für die Kohlenschicht zu dienen und darf, um das Verbrennen der Rostbalken und der Roststabenden bezw. der untersten Roststäbe zu verhüten, nur in erkaltetem Zustand vorgezogen werden. Das Anheizen mufs in ähnlicher Weise stattfinden, wie auf S. 89 für die Tenbrink-Feuerung beschrieben. Der Rostbalken wird zuweilen noch dadurch geschützt, dafs man ihn hohl ausführt und mittels durchstreichender Luft kühlt. Die im Entgasungsraum entwickelten Kohlenwasserstoffe ziehen durch den Kanal X nach der Kammer B ab, wo sie sich mit den vom unteren Teil des Rostes kommenden glühenden Gasen mischen. Die zur Verbrennung der Gase zugeleitete Luft strömt durch Öffnungen V ein, welche mit stellbaren Ventilen versehen sind, fliefst durch die zur Vorwärmung dienenden zu beiden Seiten des Verbrennungsraumes im Mauerwerk untergebrachten Kanalsysteme, welche bei gröfseren Anlagen durch eine Höhlung im Wehr mit einander in Verbindung stehen, gelangt in den Raum M und wird von hier durch die schrägen Schlitze des Brenners O in die Flamme eingeführt. Um die Schnelligkeit der Entgasung regeln zu können, ist ein stellbarer Schieber S in den Kanal X eingebaut. Derselbe darf namentlich bei gasreichem Brennstoff nur wenig geöffnet werden; insbesondere darf sich keine Flamme in dem Kanal bilden.

Von dieser Feuerung gilt im allgemeinen dasselbe, was oben über diejenige von Völcker gesagt wurde[1]). Bezüglich der Vorwärmung der Oberluft siehe das auf S. 41 und 42 gesagte.

Bei stark backendem Brennstoff sind Stauungen im Schacht und dadurch hervorgerufene Unregelmäfsigkeiten nicht ausgeschlossen. Eine empfindliche Stelle ist das Rostende (s. auch Tenbrink-Feuerung S. 89).

Auf den bisher besprochenen Treppenrostanlagen könnte selbst bei entsprechender Änderung des Neigungswinkels der Treppe Steinkohlengries nicht verbrannt werden, ohne dafs erhebliche Übelstände sich einstellen würden. Bei der starken Schlackenbildung wären die Rostfugen bald verstopft, und auch die zusammensinternde Kohle würde sich auf den wagerechten Stufen leicht festsetzen.

---

[1]) Die Feuerung soll auch zur Verbrennung von Steinkohle verwendet werden. Dafs aber hierbei nicht nur die Unterhaltungskosten erheblich wachsen, sondern auch die Ausnützung beträchtlich hinter der in einer Innenfeuerung zu erreichenden zurücksteht, braucht wohl nicht hervorgehoben zu werden.

Diesem Mangel sucht eine Konstruktion von Rabbethge und v. Ehrenstein in Einbeck (Hannover), der sogenannte Einbecker Stufenrost[1]), dadurch abzuhelfen, dafs die Stufen um etwa 15° gegen die Richtung der Treppe schräg gelegt werden. Letztere selbst erhält entsprechend dem Böschungswinkel des Brennstoffes eine Neigung von etwa 50°. Die geneigten Stufen vermögen natürlich Sperrungen und Verstopfungen viel eher fern zu halten. Dagegen bieten sie dem glühenden Brennstoff eine gröfsere Berührungsfläche dar und müssen deshalb, da die Steinkohle auch eine bedeutend höhere Temperatur erzeugt, nicht nur aus bestem Gufseisen hergestellt, sondern aufserdem auch künstlich gekühlt werden; das geschieht meist durch Anordnung eines Wassertümpels im Aschenfall, oder dadurch, dafs Wasser gegen die Roststäbe gespritzt wird.

Befindet sich der Rost in einer Vorfeuerung, so mufs das Gewölbe aus bestem Schamott gefertigt und hoch angeordnet werden; auch ist die Aufmauerung so vorzunehmen, dafs ausgebrannte Stellen leicht ausgebessert werden können.

Nach Weinlig sollen mit einer derartigen Anlage Wirkungsgrade bis zu 83 pCt. erzielt worden sein, allerdings bei sehr mäfsiger Anstrengung. Versuche ergaben, dafs bei Zuleitung von Luft über dem Rost der Wirkungsgrad zurückging.

Eine ähnliche Konstruktion ist der Münchener Stufenrost, Fig. 109 und 110 Tafel IX[2]). Er wurde seinerzeit von der Heizversuchsstation München (Direktor W. Gyfsling) ausgebildet, um eine möglichst vorteilhafte Ausnützung der oberbayerischen Klarkohle zu ermöglichen und deren rauchfreie Verbrennung zu bewirken.

Die einzelnen Stufen sind gleichfalls geneigt, jedoch in verschiedenem Mafse, und zwar derart, dafs der Heizer im stande ist, von einem bestimmten Punkte aus sämtliche Rostspalten zu überblicken, wodurch natürlich das Freihalten derselben bedeutend erleichtert wird. Um das Werfen (Krummwerden) zu mindern, werden die Roststäbe vielfach auf runden schmiedeisernen Zapfen gelagert.

Der Verbrennungsraum ist nach hinten durch eine ganz wenig vorgezogene Feuerbrücke abgeschlossen. Der Abschlufs nach unten erfolgt durch die ausgeschiedenen Schlacken. Um hiebei dem Verschleifs des Rostbalkens und der unteren Roststäbe möglichst vorzubeugen, sind seitens der Bedienung dieselben Vorsichtsmafsregeln zu beobachten, wie sie auf S. 88 u. 89 für die Tenbrinkfeuerung erörtert sind. Der Rostbalken wird gewöhnlich hohl ausgeführt und in manchen Fällen[3]) von einem Teil der über dem Rost in die Flamme eingeführten Luft durchströmt und gekühlt. Für derartige Luftzufuhr ist aufserdem über dem Beschickungstrichter ein besonderer, mit stellbarer Klappe versehener Kanal vorgesehen[4]). Schaulöcher gestatten, die Flamme vom Heizerstand aus zu beobachten.

Die oberbayerische Klarkohle enthält erhebliche Mengen leicht schmelzbarer Asche. Um deren Zusammenschmelzen zu mindern und die Schlackenbildung zu verringern, wird zuweilen Wasser gegen den Rost gespritzt, zu welchem Zwecke unter dem Beschickungs-

[1]) S. C. Weinlig, Zeitschrift des Verbandes der preufsischen Dampfkesselüberwachungsvereine, 1879, S. 19 und C. Bach, Zeitschrift des Vereines deutscher Ingenieure, 1883, S. 185.

[2]) Glasers Annalen für Gewerbe und Bauwesen 1882, S. 182. S. auch C. Bach, Zeitschrift des Vereines deutscher Ingenieure 1883, S. 185.

[3]) S. Zeitschrift des Vereines deutscher Ingenieure 1889, S. 822, Fig. 32.

[4]) S. hierüber auch das bei der Tenbrink-Feuerung S. 88 Gesagte.

trichter und quer zum Rost eine mit sehr vielen feinen Bohrungen versehene Verteilungsröhre r angeordnet ist.

Der Rost wird vielfach auch für böhmische Braunkohle, Lignite, Holzabfälle, Lohe, mitunter selbst für böhmische Steinkohle mit gutem Erfolg verwendet.

Eine vor einigen Jahren in Frankreich entstandene Treppenrostfeuerung von Dulac[1]) sucht die Verbrennung hochwertiger Steinkohle dadurch zu ermöglichen, dafs die Stufen innerlich gekühlt werden; jede derselben besteht aus einem stählernen Rohr, um welches eine entsprechend geformte gufseiserne Umhüllung gegossen ist.

Abgesehen davon, dafs sie teuer und wenig betriebssicher ist, bietet diese Einrichtung in keiner Weise Gewähr, dafs sie vorteilhafter als eine andere, zweckmäfsig gebaute Treppen- oder Schrägrostanlage zu arbeiten vermag.

Namentlich sind die in der Zeitschrift des Vereines deutscher Ingenieure 1893, S. 1612 und 1613 angegebenen Versuchsergebnisse mit berechtigtem Zweifel aufzunehmen.

8. Schrägrostfeuerungen.

Tenbrink-Feuerung: Eine der besten Feuerungen, in welcher Brennstoff in fester Form zur Verwendung gelangt, ist die in ihrem Wesen bereits auf S. 76 und 77 erörterte Tenbrink-Feuerung, welche von dem verstorbenen Fabrikbesitzer Tenbrink in Arlen bei Singen herrührt.

Zu ihrer Geschichte sei folgendes bemerkt[2]):

Im Jahre 1857 baute Tenbrink als Ingenieur der französischen Ostbahn eine Feuerung, wie sie durch Fig. 111—113 Tafel X[2]) für den Kessel einer 4pferdigen Maschine wiedergegeben ist, und erhielt dann unterm 23. Oktober 1857 ein Patent darauf. „Der geneigte Rost ist etwas stellbar, die unter den Rost tretende Luft passiert den Hohlraum des an Ketten hängenden Aschfallverschlusses, strömt dann teils durch die Rostspalten, teils durch die Öffnung A und ein System von Kanälen, welche oben bei B ausmünden, an den Ort des Verbrauches. Man erkennt, dafs hierbei insbesondere die oberhalb des Rostes bei C eintretende Luft vorgewärmt, sowie dafs für eine Regelung der zugeführten Luftmenge Sorge getragen wurde. Das Ergebnis, welches diese Feuerung lieferte, bestand in der Erhöhung der Verdampfungsfähigkeit vom 5,2- auf das 6,2fache, verglichen mit den Resultaten in einer unter sonst gleichen Verhältnissen arbeitenden Feuerung mit gewöhnlichem Planrost“.

Im Jahre 1860 baute Tenbrink die durch die Figuren 129—132 Tafel XVI dargestellte und auf S. 97 beschriebene Lokomotivfeuerung, welche, nachdem ihre Vorzüge erkannt waren, von der Orleansbahn angenommen wurde und bald an den meisten Lokomotiven dieser Bahn und der französischen Ostbahn in Verwendung kam. (Bis zum Jahr 1883 waren nach C. Bach über 1000 Stück damit ausgerüstet.)

Im Jahre 1871 endlich fand seine Feuerung in der auch heute noch gebräuchlichen Form ihre erste erfolgreiche Anwendung auf stationäre Kessel, und im Jahre 1874 wurden

[1]) Zeitschrift des Vereines deutscher Ingenieure 1893, S. 1612 und 1613.

[2]) W. Gyfsling, Zeitschrift des Verbandes der preufsischen Dampfkesselüberwachungsvereine, 1879, S. 82, und C. Bach, Zeitschrift des Vereines deutscher Ingenieure 1883, S. 183 und Tafel VIII, Fig. 12—14.

die Vorzüge des neuen Systemes eingehend durch sorgfältige, von Ingenieuren des elsässischen Vereines von Dampfkesselbesitzern angestellte Versuche nachgewiesen. Hiebei ergab die Tenbrink-Feuerung bei Verwendung von Saarkohle (Itzenplitz II. Qualität) eine mehr als 9fache Bruttoverdampfung gegenüber einer nicht ganz 7fachen eines Planrostes, welcher unter denselben Verhältnissen an einem gleichen Kessel arbeitete.

Die Konstruktion der Feuerung ist aus Fig. 114 Tafel X[1]) ersichtlich. Der Feuerherd befindet sich innerhalb eines besonderen Konstruktionsteiles, der sogenannten Tenbrink-Vorlage; diese besteht aus einem quer zur Kesselrichtung liegenden Walzenkessel, der von einem zur Aufnahme des geneigten Rostes dienenden konischen Rohr (bei gröfseren Kesseln auch von zwei solcher Rohre) schräg durchdrungen wird. Sie steht mit dem Oberkessel durch Stutzen in Verbindung, in welche zur Erzielung eines kräftigen Wasserumlaufes Röhren eingehängt sind, durch die das Speisewasser dem Querkessel zuströmt, während der in letzterem erzeugte Dampf durch den verbleibenden ringförmigen Raum nach oben entweicht. Zur Entleerung dieses Kesselteiles dient eine besondere Ablafsvorrichtung, während ein Mannloch gestattet, ihn zu befahren und zu reinigen.

Die Art des Brennstoffes bestimmt die Neigung des Rostes und damit auch die des Feuerrohres. Ersterer ist oben in der aus der Figur ersichtlichen Weise an einen rechteckigen gufseisernen Kasten angeschlossen, welcher mit dem Feuergeschränke verschraubt ist. Die untere Wand dieses Kastens liegt in einer Ebene mit dem Rost und bildet die Rostplatte, seine Seitenwandungen besitzen 3 Führungen. In eine derselben ist eine Platte eingeschoben, welche den Kasten in 2 übereinander liegende Kanäle teilt, von denen der untere meist an einen Fülltrichter angeschlossen ist, zuweilen aber auch nur eine Verschlufsklappe besitzt. Dieser Kanal führt die Kohle auf den Rost, und zwar in einer Schichtstärke, welche sich ändert, je nachdem die Trennplatte in die eine oder in die andere der Führungen eingeschoben wird. Der obere Kanal hat den Zweck, im Bedarfsfall Luft über dem Rost in die Feuerung einzulassen. Er hat daher eine Klappe mit einer Stellschraube, die gestattet, den Erhebungswinkel nach Belieben einzustellen und damit den Querschnitt für den Luftzutritt zu ändern. Dem Rost fliefst die Verbrennungsluft durch eine unter der Füllöffnung befindliche, verschliefsbare Thür des Feuergeschränkes zu, welche gleichzeitig die Möglichkeit gewährt, den Rost bequem zu übersehen und seine Spalten ohne allzu grofse Mühe von Asche und Schlacke zu reinigen. Eine noch tiefer liegende, gleichfalls abschliefsbare Thür dient dazu, die Herdrückstände, welche durch die zwischen Rost und Einmauerung verbleibende Öffnung aus dem Feuerraum ausgeschieden werden, zu entfernen.

Die Art und Weise, wie der Brennstoff abbrennt und niedersinkt, und wie der Verbrennungsvorgang zu leiten ist, sowie die hiezu dienende Konstruktion des Rostes, und endlich die Zweckmäfsigkeit der von Tenbrink gewählten Zugführung sind bereits oben auf S. 76 und 77 eingehend erörtert worden.

Wir haben gesehen, dafs die Hauptverbrennungszone auf dem unteren Teil des Rostes liegen soll. Man wird deshalb bestrebt sein müssen, dort die Rostspalten sorgfältig frei zu halten. Aber auch auf dem übrigen Teil des Rostes sind Verstopfungen zu

[1]) S. Zeitschrift des Vereines deutscher Ingenieure 1883, Tafel VIII, Fig. 15.

vermeiden, um die zur Verbrennung nötige Luft vollständig durch den Rost in die Feuerung einführen zu können. Voraussetzung hiefür ist allerdings, dafs genügender Zug vorhanden ist. Ist dies nicht der Fall, z. B. bei sehr starkem Betriebe, wo es auch schwer zu erreichen ist, den Rost fortwährend von Schlacken freizuhalten, so ergiebt sich die Notwendigkeit, zur Verbrennung der Kohlenwasserstoffe Luft über dem Rost einführen zu müssen. Auch bei manchen gasreichen Kohlensorten kann sich dies als nötig erweisen.

Obgleich nun aber diese Oberluft mit dem ihr entgegenströmenden Gasgemisch sich gut zu vermischen vermag, so ist man doch bei ihrem Gebrauch vollständig auf das Verständnis und die Aufmerksamkeit des Heizers angewiesen. Zwar ist es diesem möglich, durch Schaulöcher die Flamme zu beobachten, und bei einiger Übung wird es ihm auch gelingen, die richtige Einstellung zu treffen, aber man wird nie die Gewähr haben, dafs nicht Mifsbrauch getrieben werden kann. Es mufs hier insbesondere betont werden, dafs es verkehrt ist, jede durch Unregelmäfsigkeiten im Nachschub, also nicht durch Luftmangel sich einstellende Rauchbildung durch Oberluftzufuhr beseitigen zu wollen. Es ist dies zwar möglich, aber infolge des eintretenden höheren Luftüberschusses naturgemäfs nur auf Kosten des Wirkungsgrades. Viel zweckmäfsiger ist es daher, solche Unregelmäfsigkeiten durch aufmerksame und sorgfältige Bedienung fernzuhalten. Da, wo dies nicht möglich ist, bei Brennstoffen, welche viele und leicht sich festsetzende Schlacken absondern, wird auch die Oberluftzufuhr nicht mehr genügen, um einen rauchfreien und namentlich auch zweckmäfsigen (mit hohem Wirkungsgrad verknüpften) Betrieb aufrecht zu erhalten. Solche Kohlen müssen daher als ungeeignet für die Tenbrink-Feuerung bezeichnet werden. Dafs es in der That möglich ist, ohne Oberluftzufuhr auszukommen, sofern genügender Zug vorhanden ist, zeigen die Erfahrungen von G. Kuhn in Stuttgart-Berg, welcher diese Zufuhr in neuester Zeit vollständig fortläfst, da sie, besonders bei Ruhrkohlen, den Zweck der Rauchvermeidung eher vereitle als begünstige.

Wie für die Zufuhr der Luft, so ist es auch für den Nachschub erstes Erfordernis, die Rostspalten möglichst frei von Schlacken zu halten; doch mufs naturgemäfs das Loslösen der sich festsetzenden Schlacke mit der nötigen Vorsicht erfolgen. Mit dem sogenannten „Schwert“, einem flach ausgeschmiedeten Stab, werden sie an den dunkel erscheinenden Stellen losgestofsen, aber nur so weit, dafs sie selbstthätig nach unten zu gleiten vermögen. Es ist ganz besonders zu beachten, dafs Kohle und Schlacke zusammen nach abwärts gehen, so dafs nirgends Stauungen eintreten oder Leerstellen sich bilden können, welche plötzliches Nachsinken und damit Rauchentwicklung zur unvermeidlichen Folge haben. Auch darf mit dem Schürwerkzeug die Kohlenschicht nicht durchstofsen werden, da die Kohlen sich sonst leicht überstürzen. Die am unteren Ende des Rostes sich ansammelnden Schlacken haben die Aufgabe, den Feuerraum nach unten abzuschliefsen, also das Eindringen kalter Luft dort zu verhindern und aufserdem dem Feuer als Stütze zu dienen. Sie dürfen daher nur insoweit aus dem Aschenfall entfernt werden, als sie diesen Zwecken nicht zu dienen haben; dabei mufs natürlich des Nachschubes halber langsam und mit Vorsicht verfahren werden. Namentlich ist streng darauf zu achten, dafs nur erkaltete Schlacke in grofsen Stücken unter den Roststabspitzen vorgezogen wird, um zu vermeiden, dafs glühende Kohle sich an ihre Stelle setzt. Die Roststabspitzen sollen vielmehr immer etwa 10 cm tief in kalten Schlacken stecken, dürfen also im Gegensatz zu allen anderen Stellen des Rostes niemals hell erscheinen, da sonst zu befürchten steht, daſs sie glühend werden, rasch abschmelzen und dadurch unbrauchbar werden[1]). Beim Anheizen ist deshalb immer zuerst der Schlackenraum so weit mit groben Schlacken anzufüllen, daſs der Feuerraum abgeschlossen ist und die Roststabspitzen etwa 10 cm tief bedeckt sind. Dann erst wird mit Holzspähnen angefeuert und abwechselnd Kohle und Holz durch den Trichter nachgegeben, bis der ganze Rost in Brand ist[2]).

Eine weitere Maſsnahme zur Erzielung geordneten Nachschubes und hohen Wirkungsgrades besteht darin, Kohle von möglichst gleichmäſsiger Korngröſse zu verwenden und den Trichter nach Möglichkeit immer gefüllt zu erhalten. Übermäſsig groſse Stücke verursachen Sperrungen und Überstürzungen und haben daher Rauchbildung zur notwendigen Folge[3]). Als zweckmäſsigste Stückgröſse erscheint die einer groſsen Nuſs, weshalb Stückkohlen vor dem Aufgeben am besten entsprechend zerkleinert werden[4]). Man erreicht damit den weiteren Vorteil, daſs der Zutritt von Luft durch den Fülltrichter möglichst beschränkt wird[5]), da kleinstückige Kohle dem Eindringen derselben naturgemäſs gröſseren Widerstand bietet als grobstückige. Die Beschränkung dieser Luftzufuhr hat aber nicht nur den Zweck, eine unzulässige Erhöhung des Luftüberschusses und des Schornsteinverlustes fernzuhalten; man wird damit auch der bei gewisser Gröſse dieser Zufuhr eintretenden Gefahr vorbeugen, daſs der Trichterinhalt teilweise ins Glühen gerät, zusammenbackt, im Füllkanal feststeht und dadurch Anlaſs zur Bildung von Leerstellen giebt[6]).

Um auch bei Änderungen des Wärmebedarfes Unregelmäſsigkeiten zu vermeiden, namentlich um zu verhindern, daſs plötzlicher rascher Abbrand und damit schneller, mit Rauchentwicklung verbundener Nachschub aus dem Trichter erfolgt, oder daſs infolge plötzlicher Absperrung des Zuges die bereits entwickelten Kohlenwasserstoffe die zur Verbrennung notwendige Luftmenge nicht mehr finden, also unter Rauchentwickelung sich

[1]) Man hat öfters versucht, diesem Übelstand durch Anordnung eines kleinen Schlackenrostes entgegenzuwirken, s. z. B. die Konstruktion von G. W. Kraft in Dresden-Löbtau, Fig. 55, S. 105, und Fig. 173 Tafel XVII, bei welcher auſserdem noch durch besondere Gestaltung der Stäbe und Wahl eines vorzüglichen Materiales der Verschleiſs des Rostes vermindert werden soll, sowie die Konstruktion von G. Kuhn in Stuttgart-Berg, Fig. 144 Tafel XIV. Allein abgesehen davon, daſs die rasche Entfernung des Feuers, sofern der kleine Rost nicht zum Aufklappen eingerichtet wird, erheblichen Schwierigkeiten begegnet, erscheint hiedurch die Bedienung nicht gerade vereinfacht.

[2]) Dieses Anheizen erfordert zwar einige Übung und Zeit. Das Anfüllen mit Schlacke ist jedoch im regelmäſsigen Betrieb nicht immer notwendig. Sehr häufig kann sich der Heizer das Anheizen auch dadurch sparen, daſs er abends den Rauchschieber und die zum Rost führende Thür im geeigneten Zeitpunkt abschlieſst. Das Feuer wird sich dann die ganze Nacht hindurch schwach erhalten und kann morgens rasch in regelrechten Gang gebracht werden.

[3]) Zur Vermeidung von Sperrungen empfiehlt es sich, die Führung der Einschubplatte im Füllkasten so anzuordnen, daſs die Öffnung nach unten sich erweitert.

[4]) Bei Verwendung von Briketts würde durch die Zerkleinerung sehr viel Gries entstehen; dagegen sind, wie dem Verfasser mitgeteilt wurde, in der Pulverfabrik Rottweil gute Erfahrungen damit gemacht worden, daſs man die Öffnung des Füllkastens der Brikettstärke entsprechend gestaltete und die Briketts neben einander in den Fülltrichter einlegte.

[5]) Denselben ganz zu verhindern, ist der Schonung der Rostplatte halber nicht zu empfehlen.

[6]) S. auch Weigelin, Zeitschrift des Vereines deutscher Ingenieure 1895, S. 903 u. f.

zersetzen müssen, darf die Zugstärke nur allmählich durch stufenweises Verstellen des Rauchschiebers geändert werden. Es muſs dann eben, da die Wärmeentwicklung sich auf diese Weise nur langsam ändert, je nach der Stärke der zu erwartenden Betriebsschwankungen der Wasserraum so groſs bemessen werden, daſs während des Überganges der Dampfdruck innerhalb zulässiger Grenzen bleibt. Je stärker die Wärmeentwicklung, um so sorgfältiger ist darauf zu achten, daſs der Trichter stets gefüllt bleibt, denn um so schwieriger ist es, rauchfreie Verbrennung zu erreichen, da die frische Kohle um so weniger Zeit zur Entgasung hat und auſserdem die entstehenden Gase um so rascher abgeführt werden müssen, also um so mehr der Gefahr vorzeitiger Abkühlung ausgesetzt sind.

Durch Verstellen des Rauchschiebers kann die Wärmeentwicklung um reichlich $^1/_3$ gesteigert oder vermindert werden, während durch Veränderung der Schichthöhe (Einschieben der Platte in eine andere Führung) ein Wechsel in den Grenzen zwischen 1 und 3 möglich wird. Die normale Beanspruchung des Tenbrinkrostes beträgt bei Verwendung von Saarkohle 60—75 kg pro qm Rostfläche und Stunde.

Aus den bisherigen Erörterungen ergiebt sich, daſs bei nicht allzustark wechselndem Betrieb die Tenbrink-Feuerung alle Voraussetzungen erfüllt, um eine rauchfreie Verbrennung fast aller Brennstoffe zu ermöglichen, welche die für eine Innenfeuerung erforderliche Verbrennungstemperatur zu liefern im stande sind[1]), — ausgenommen sind nur solche Kohlensorten, welche viele und leicht sich festsetzende Schlacke absondern — und daſs sie gleichzeitig, wie die Ergebnisse sehr vieler Versuche zeigen, eine sehr gute Wärmeausnützung gewährt. Wesentlich zu dieser guten Ausnützung trägt bei, daſs die Feuerung in ihrem wirksamsten Teil als Innenfeuerung ausgebildet ist.

Allerdings sind, wie wir gesehen haben, diese Vorzüge nur möglich bei sachgemäſser Bedienung, wozu namentlich sorgfältiges Freihalten des Rostes von dunklen Stellen gehört.

Diese Bedienung wird aber dadurch wesentlich erleichtert, daſs der Rost bequem zu übersehen ist und daſs bei ihm keine Belästigung durch strahlende Hitze eintritt[2]).

Den groſsen Vorzügen der Feuerung wird aber von vielen Seiten auch eine ganze Anzahl von Nachteilen entgegengestellt, die im folgenden zu erörtern und auf ihre Berechtigung zu prüfen sind.

So wurde der Einrichtung namentlich in der ersten Zeit ihres Bestehens, aber auch heute noch, von vielen Seiten der Vorwurf gemacht, daſs sie nicht einfach genug sei, daher zu Störungen Anlaſs gebe und nur mäſsige Anstrengungen gestatte, sowie daſs sie zu teuer sei.

Der erste Vorwurf kann heute nach mehr als 25jähriger erfolgreicher und stets wachsender Verwendung der Feuerung nicht mehr als stichhaltig angesehen werden[3]). Es hat sich gezeigt, daſs sie bei richtiger Wahl des Materiales und bei sorgfältiger und sach-

---

[1]) S. hierüber namentlich die Zusammenstellung von P. Lufft, Zeitschrift des Vereines deutscher Ingenieure 1889, S. 150 u. f.: „Erfahrungen an Tenbrink-Feuerungen“.

[2]) Diese Belästigung entfällt übrigens nur bei der eigentlichen Tenbrinkfeuerung infolge der unter dem Rost befindlichen Kesselheizfläche. Sie ist jedoch bei den meisten anderen Feuerungen mit geneigten Rosten zuweilen in ganz beträchtlichem Maſse vorhanden.

[3]) Vergl. auch die von der Maschinenfabrik Eſslingen herausgegebene Zusammenstellung der wichtigsten Betriebsverhältnisse der von ihr bis 1. Juli 1887 gebauten Dampfkessel mit Tenbrink-Feuerung, sowie den als Erläuterung hiezu dienenden Vortrag von P. Lufft, Zeitschrift des Vereines deutscher Ingenieure 1889, S. 150 u. f.

gemäfser Ausführung, wie sie von besseren Kesselschmieden erwartet werden darf, allen billigen Anforderungen gerecht zu werden vermag und dafs unter diesen Voraussetzungen keinerlei Störungen zu befürchten sind, sofern auch im Betriebe die nötige Rücksichtnahme auf die Konstruktion genommen wird. Dazu gehören namentlich: Verwendung reinen Speisewassers, das frei ist von Öl, Fett oder Fettsäuren, genügend häufige Reinigung des Kessels und endlich Fernhalten übermäfsiger Anstrengungen[1]). Jedoch ist die letzte Forderung nicht so zu verstehen, als ob die Anstrengung der Feuerung nicht ohne Nachteil über die normale hinaus gesteigert werden dürfte. Dafs die Tenbrink-Feuerung, ohne Schaden für das Feuerrohr, dauernd ganz beträchtliche Anstrengungen verträgt, zeigt die Anmerkung 3 der vorigen Seite.

Bezüglich der Kosten der Feuerung mufs zugegeben werden, dafs sie infolge der Anforderungen, die an das Material und an die Ausführung zu stellen sind, allerdings höher ausfallen werden als bei einer Planrostfeuerung. Es zeigt sich aber, dafs überall dort, wo die Kohlen teuer sind und wo man die Feuerung mit der nötigen Aufmerksamkeit behandelt, die Einrichtung sich rasch bezahlt. Beträgt doch die Ersparnis selbst

Um Vergleichswerte zu erhalten, ist in der Zusammenstellung die Betriebsdauer sämtlicher Kessel in Betriebsjahren zu 3500 Betriebsstunden angegeben.

Die längste Betriebsdauer mit 21,4 Jahren weist die Kesselanlage einer Papierfabrik auf. Nach 18,5 jährigem Betrieb mufsten die beiden Feuerrohre erneuert werden, ohne dafs sie vorher zu Reparaturen Anlafs gegeben hatten. Die pro qm Rostfläche verbrannte Kohle (Saarkohle Heinitz II, später I) schwankte zwischen 79 und 130 kg, wobei die letztere Beanspruchung, die einer Dampferzeugung von 26 kg pro qm Heizfläche entspricht, vorherrschend war; sie umfafst etwa 13 Betriebsjahre. Ein gleicher Kessel, ebenfalls in einer Papierfabrik, ist bei derselben Anstrengung des Rostes nach 19,7 Jahren noch im Betrieb, ohne eine Ausbesserung nötig zu haben. Ebenso arbeitet noch eine Reihe anderer Kessel in den verschiedensten Betrieben nach einer ununterbrochenen Betriebsdauer von 10—17 Jahren bei Rostanstrengungen von 50—106 kg (Saarkohle, schlesische Kohle u. s. w.), ohne dafs Beschädigungen oder dergleichen eingetreten wären.

Von 414 Feuerrohren blieben unbeschädigt	359 Stück	=	87 pCt.
kleine Ausbesserungen erfuhren	26 „	=	6 pCt.
grofse Ausbesserungen erfuhren	29 „	=	7 pCt.

Von 395 Feuerungen waren

schwach	beansprucht (unter 66 kg pro qm Rostfläche)	78 Stück
mäfsig	„ (66—70 kg „ „ „)	126 Stück
stark	„ (80—90 kg „ „ „)	86 Stück
übermäfsig	„ (über 100 kg „ „ „)	105 Stück.

Dafs allerdings schlechtes Speisewasser die Lebensdauer der Feuerrohre sehr ungünstig beeinflufst, wenn hiebei auch noch die Zeit fehlt, sie öfters zu reinigen, zeigen namentlich die in dem Vortrag erwähnten Kessel der Stuttgarter Zuckerfabrik. Sobald für dieselben besseres Speisewasser verwendet wurde — das alte war von den Abfällen des Stuttgarter Schlachthauses verunreinigt — hörten die Beschädigungen auf. Über weitere sehr lehrreiche Betriebsergebnisse siehe die Zusammenstellung.

[1]) Vergl. hierüber insbesondere C. Bach: Einbeulung und Ausbauchung von cylindrischen Kesselwandungen infolge Wärmestauung, Zeitschrift des Vereines deutscher Ingenieure 1894, S. 1420 u. f., namentlich das auf S. 1424 gesagte, dessen Schlufs folgendermafsen lautet: „Jedermann weifs, dafs man einen für höchstens 10000 kg Last bestimmten Kran, Eisenbahnwagen oder dergleichen nicht mit 20000 kg belasten darf. Von dem Dampfkessel dagegen verlangt man nicht selten, dafs er, vielleicht schon seit längerer Zeit nicht mehr gereinigt und noch dazu mit unreinem Wasser gespeist, soviel Wärme in das Wasser überführe, als man durch übermäfsige Beschickung der Feuerung bei möglichst verstärktem Zuge überhaupt auf dem Roste zu erzeugen im Stande ist".

gut bedienten Planrostfeuerungen gegenüber nachgewiesenermaſsen bis zu 20 pCt., indem der Nutzeffekt der Feuerung des öfteren zu 80 pCt. und noch höher ermittelt worden ist. In den Kohlengebieten allerdings, wo infolge der Billigkeit der Kohle die Ersparnis keine so groſse Rolle spielt, werden die Eigentümlichkeiten der Feuerung genau abzuwägen sein, ehe man sich zu der immerhin einen gewissen Grad von Aufmerksamkeit erfordernden Einrichtung entschlieſst, während dort, wo der Kessel als Nebensache behandelt wird, die Feuerung von vornherein ausgeschlossen ist.

Ein weiterer Einwand gegen die Feuerung ist der, daſs die Wärmeentwicklung etwaigen Änderungen des Bedarfes nicht genügend rasch zu folgen vermöge. Dieser Einwand kann aber nach den Darlegungen auf S. 90 nur in Ausnahmefällen Berechtigung beanspruchen, nämlich nur dann, wenn es sich um groſse, in raschem Wechsel aufeinander folgende Änderungen handelt[1]). Hiefür dürfte namentlich die Thatsache sprechen, daſs eine ganze Anzahl von Tenbrink-Feuerungen in Zuckerfabriken, chemischen Fabriken, Färbereien und anderen Betrieben zu finden ist, die hinsichtlich der Dampfentnahme beträchtlichen Schwankungen unterliegen, und daſs sie dort zu voller Zufriedenheit arbeiten.

Wie auf S. 90 angegeben, sind Änderungen der Dampfentnahme in den Grenzen 1 bis 3 ohne Schwierigkeiten möglich; nur muſs die Möglichkeit des Ausgleiches während des Überganges durch Anordnung eines genügend groſsen Wasserraumes gewahrt werden. Wo allerdings ein solcher infolge von Platzmangel nicht unterzubringen ist, lassen sich die Vorteile der Feuerung bei stark wechselndem Betriebe nicht aufrecht erhalten.

Schlieſslich wird noch als Nachteil der Feuerung angeführt, daſs der Roststabverbrauch verhältnismäſsig groſs sei und daſs das Feuer sich nicht genügend rasch vom Rost entfernen lasse. Diesen Übelständen ist jedoch gegenüber den beträchtlichen Vorteilen der Anordnung eine groſse Bedeutung nicht beizumessen. Der Verbrauch an Roststäben muſs eben durch sachgemäſse Bedienung und Wahl eines zweckdienlichen Materiales möglichst eingeschränkt werden. Die Entfernung des Feuers in Augenblicken der Gefahr ist dadurch zu bewerkstelligen, daſs die Schlacke unter dem Rost vorgezogen und die Brennstoffschicht von oben niedergestoſsen wird.

In Bezug auf Versuchsergebnisse der Tenbrink-Feuerung ist besonders zu verweisen auf

K. Teichmann: Zeitschrift des Vereines deutscher Ingenieure 1877, S. 461 u. f.

W. Gyſsling, Zeitschrift des Verbandes der Dampfkesselüberwachungsvereine 1879, S. 96 u. f.

Teichmann berichtet über einen 64 Stunden (Tag und Nacht) dauernden Garantieversuch an einem Dampfkessel der Papierfabrik in Salach (Württemberg), bei welchem bei einer Dampferzeugung von 13,9 kg pro qm Heizfläche und bei einem Kohlenverbrauch von 58,9 kg pro qm Rostfläche eine 9,44 fache Verdampfung erzielt wurde. Der Wassergehalt des Dampfes fand sich zu 2 pCt. Die Beobachtung der Rauchfarbe wurde alle halbe Stunden vorgenommen. Die Ergebnisse der letzten 64 Stunden lauten:

[1]) Daſs in solchen Fällen jeder kontinuierlichen Feuerung, der einen mehr, der anderen weniger, die Fähigkeit abgeht, in der Wärmeerzeugung gleichen Schritt zu halten mit dem Wärmebedarf, ohne die Feuerung ernstlich in Unordnung zu bringen und damit sämtliche Vorzüge derselben preiszugeben, ist selbstverständlich. Wird es doch selbst bei der Planrostfeuerung in derartigen Fällen nicht ohne beträchtliche Störungen und Verluste abgehen.

71 unsichtbar,
28 weifs (wie leichte Dampfwolken),
25 hellgrau,
4 dunkelgrau.

W. Gyfsling giebt eine Zusammenstellung von Versuchsergebnissen aus den siebziger Jahren. Darnach erzielte u. a. Meunier Dollfus im Jahre 1874 in Arlen eine 9,23 fache Verdampfung, Escher im Jahre 1877 in einer Anlage bei Turin eine 9,56 fache, Autenheimer im Jahre 1877 in Winterthur eine 9,6 fache unter gleichzeitiger Überhitzung des Dampfes um 20°.

Aufserdem berichtet Gyfsling über einen vom 16. bis 19. April 1879 vorgenommenen Garantieversuch im Wasserwerk der Stadt Regensburg, sowie über 2 weitere am 28. und 29. Mai 1879 an derselben Anlage vorgenommene Versuche. Bei dem Garantieversuch wurde bei einer durchschnittlichen Dampferzeugung von 11,8 kg pro qm Heizfläche, bei einem durchschnittlichen Kohlenverbrauch von 64 kg pro qm Rostfläche, bei einer Speisewassertemperatur von 12° C. und bei einem Überdruck von 5,8 kg eine 9,05 fache Verdampfung, also bei dem zu 7375 W. E. ermittelten Heizwert ein Wirkungsgrad von 79 pCt. erzielt. Der Versuch zeigt aufserdem, wie die Ausnützung der Kohle mit der Beanspruchung des Rostes und der Heizfläche sich ändert.

Die Verbrennung war „mit wenigen und kurzen Unterbrechungen, welche lediglich durch die Unachtsamkeit des Heizers verursacht waren, eine stets rauchfreie“.

Hermanuz[1]) fand bei einem durch die Nacht unterbrochenen Betriebsversuch den Wirkungsgrad zu 82 pCt. Die Verteilung war folgende:

Wärme	im Dampf und Wasser . . .	82 pCt.
„	im Wasser des Brennstoffes .	2,1 pCt.
„	in den abziehenden Gasen . .	6,9 pCt.
„	durch das Mauerwerk . . .	9 pCt.

„Wird der in der Nacht stattfindende Abkühlungsverlust dem Betriebe am Tage nicht zur Last gelegt, so beträgt der Verlust durch das Mauerwerk nur etwa 5 pCt. und der Wirkungsgrad erhöht sich auf 86 pCt.“

Wenn nun schon diese Ergebnisse, welche zur Zeit der ersten Ausführungen der Tenbrink-Feuerung erzielt wurden, als sehr gut bezeichnet werden müssen, so stehen ihnen solche an neueren Anlagen keineswegs nach, wie denn auch Verdampfungsziffern von 9,5 und noch mehr, entsprechend Wirkungsgraden bis zu 83 pCt., durchaus nicht zu den Seltenheiten gehören[2]).

[1]) Vortrag über „Vergleichende Verdampfungsversuche und den Nutzeffekt von Kesselanlagen“, gehalten am 22. November 1879 im Württembergischen Bezirksvereine deutscher Ingenieure, niedergelegt in der 2. Auflage der anläfslich der Feier des 50jährigen Jubiläums der Stuttgarter Technischen Hochschule veröffentlichten Deckerschen Schrift: „Resultate über vergleichende Versuche“ u. s. w., Cannstatt 1880. S. auch C. Bach, Zeitschrift des Vereines deutscher Ingenieure 1883, S. 182, Anmerkung 2.

[2]) S. z. B. den Vortrag von P. Lufft, Zeitschrift des Vereines deutscher Ingenieure 1898, S. 813. Den dort gemachten Angaben zufolge wurde in einer von der Maschinenfabrik Efslingen erbauten Kesselanlage des kgl. württembergischen Hüttenwerkes Wasseralfingen (Zweiflammrohrkessel mit Gallowayröhren, verbunden mit Tenbrinkvorlage) ein Wirkungsgrad von 81,4 pCt. festgestellt. Die Feuerung arbeitete völlig rauchfrei. Der Luftüberschufs wurde zu 35 pCt. ermittelt.

Die vollständige Kesselanlage in ihrer ursprünglichen Gestalt, wie sie so ziemlich in gleicher Weise von Gebr. Decker & Co. in Cannstatt (jetzt Maschinenfabrik Efslingen), Wagner & Eisenmann in Cannstatt, Gebr. Sulzer in Winterthur, Escher, Wyfs & Co. in Zürich u. a. gebaut wurde, ist durch Fig. 41—44[1]) dargestellt.

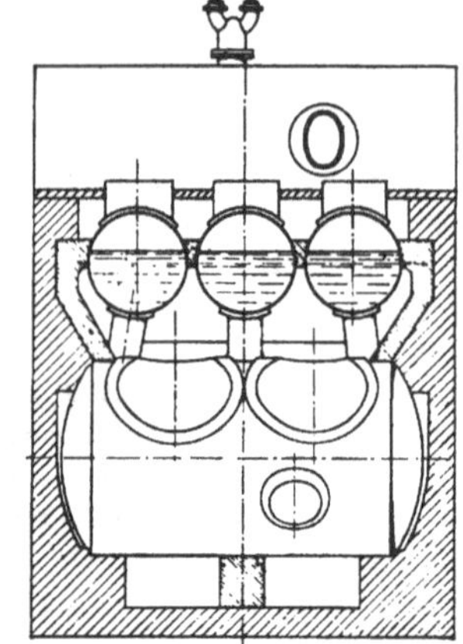

Fig. 41.

Das Kesselsystem wurde dann namentlich ausgebildet durch die Maschinenfabrik Efslingen, welche bis Ende 1896 660 Anlagen mit 47400 qm Heizfläche ausführte[2]).

Die jetzige Anordnung dieser Firma zeigt Figur 45—47[2]). Als wesentliche Abweichungen von der ursprünglichen Form sind hervorzuheben:

1. Die Verbindung der Vorlage mit dem übrigen Kessel.

Die Vorlage war, wie auf S. 87 erörtert, ursprünglich nur durch Stutzen mit eingehängten Zuleitungsröhren für das Speisewasser mit den Oberkesseln verbunden. Später wurde jedoch, wie die Figuren erkennen lassen, die Verbindung auch auf die Unterkessel ausgedehnt; das Speisewasser fliefst nunmehr aus den letzteren durch die leicht ansteigenden Stutzen der Vorlage zu, während die zu den Oberkesseln führenden Stutzen vollständig für den Dampfabflufs zur Verfügung stehen. Es wird hiedurch nicht nur der Wasserumlauf erhöht, sondern auch durch den erweiterten Dampfabflufsquerschnitt die Möglichkeit der Entstehung von Wärmestauungen verringert.

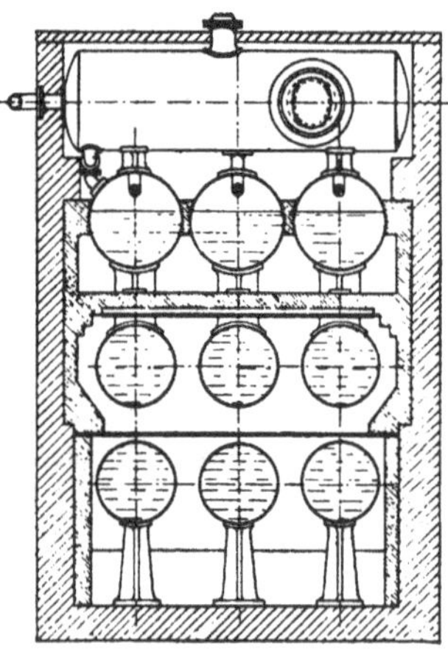

Fig. 42.

2. Die Einmauerung des Kessels.

Hiebei ist der Gegenstrom vollständig verlassen[3]), dagegen sind Heizkammern eingeführt worden; aufserdem ist bei der neuesten Ausführung noch die (gesetzlich geschützte) Einrichtung getroffen, dafs die Heizgase zuerst durch einen Mittelzug geführt werden, also mit dem äufseren Kesselgemäuer erst in Berührung treten, nachdem sie den gröfsten Teil ihrer Wärme ab-

[1]) K. Teichmann, Zeitschrift des Vereines deutscher Ingenieure, 1877, Tafel XXIV.

[2]) W. Pickersgill, Zeitschrift des Vereines deutscher Ingenieure, 1896, S. 1475.

In den Figuren 45—47 ist ein Kesselreiniger, Patent Nufs, eingezeichnet. „Das Speisewasser wird bei diesem Apparat mittels einer Dampfstrahlpumpe bis zur Siedehitze erwärmt und der gefällte Schlamm durch eingelegte Saugrohre aus den einzelnen Kesselkörpern nach einem Schlammfänger mit Filter heraufgeholt, aus welchem er abgelassen werden mufs.“

[3]) Grund hierzu gab vor allem das starke Anrosten der im letzten Feuerzuge liegenden Kesselteile.

gegeben haben. Hiedurch soll der ungünstige Einfluſs der durch das Mauerwerk nachgesaugten kalten Luft möglichst vermindert werden.

Einige andere Konstruktionen suchen in ähnlicher Weise wie bei dieser neueren Ausführung der Maschinenfabrik Eſslingen die durch äuſsere Abkühlung und Nach-

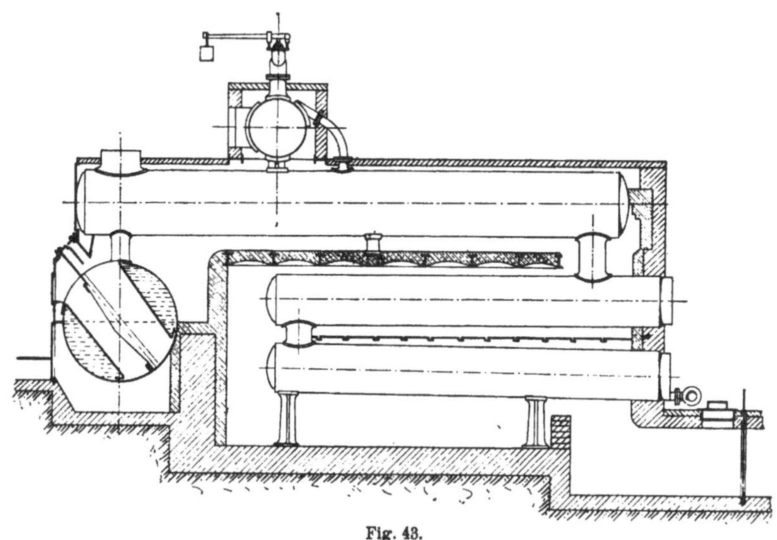

Fig. 43.

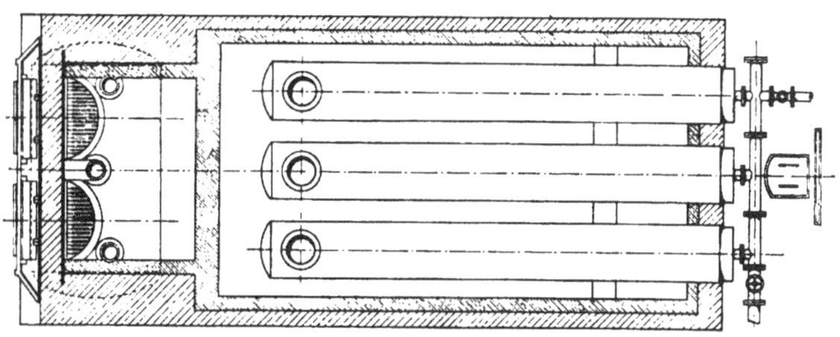

Fig. 44.

saugen von kalter Luft entstehenden Verluste dadurch einzuschränken, daſs sie die Feuerungen nach Möglichkeit als Innenfeuerung gestalten und möglichst wenig Mauerheizfläche anordnen.

So zeigen die Figuren 115 und 116 Tafel X die Verbindung eines Flammrohrkessels mit der Tenbrinkvorlage. Fig. 115 ist eine ältere Ausführung von Gebr. Sulzer in

Winterthur[1]), während Fig. 116 die Bauart der Maschinenfabrik Cyclop, Mehlis & Behrens, Berlin wiedergiebt. Bei letzterer Anordnung wird das Speisewasser aus dem Flammrohrkessel durch ein Kupferrohr in die Vorlage eingeführt, während bei der ersten das schon mehrfach erwähnte Einhängrohr verwendet ist.

Ohne Tenbrinkvorlage, vollständig in den Kessel eingebaut, ist die Feuerung bei den Anordnungen von Gebr. Decker & Co. in Cannstatt, D. R. P. No. 8213 vom 4. Dezember 1879[2]) und von Gebr. Sulzer in Winterthur, Fig. 117 Tafel X[3]) (schräg liegender Kessel, welcher senkrecht vom Feuerrohr durchdrungen wird), sowie bei der Feuerung von G. Kuhn in Stuttgart-Berg.

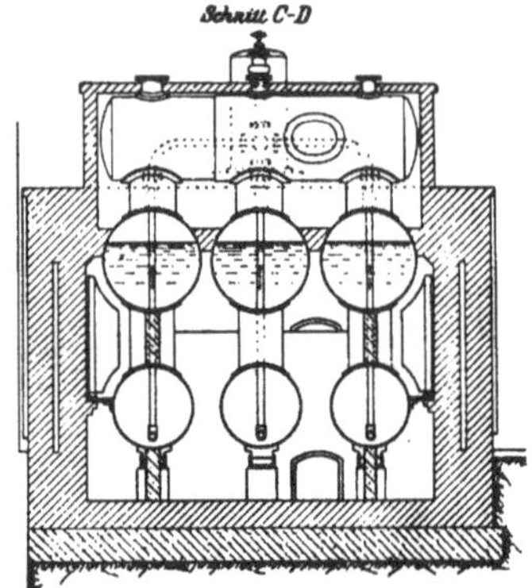

Fig. 45.

Die ersterwähnten Konstruktionen sollen die Verwendung der Tenbrinkfeuerung auch für kleine Kessel ermöglichen, haben jedoch nur wenig Eingang gefunden.

Die Kuhnsche Anordnung war bis zum 15. November 1895 in Deutschland unter No. 9563 vom 16. November 1879 patentiert, wird jedoch seit 1886 nach Übereinkunft mit dem Patentinhaber auch von Jos. Pauker & Sohn in Wien gebaut. Sie ist in den Figuren 118—121 Tafel XI dargestellt. Das Flammrohr erweitert sich vorn zur Feuerbüchse, welche den Schrägrost aufnimmt. Ein untermauerter Quersieder zwingt die Flamme, zurückzuschlagen. Die Konstruktion ist gegenüber der früheren[4]) insofern vorteilhaft vereinfacht worden, als das Flammrohr symmetrisch zur Mittellinie erweitert ist und nicht mehr seitlich im Kessel liegt, sondern so, dafs seine Mittellinie mit der des Kessels in derselben Vertikalebene liegt. In ähnlicher Weise ist die Einrichtung bei dem durch Figur 122—128 Tafel XII dargestellten Feuerrohrkessel getroffen.

Hinsichtlich der Rauchverhütung und des sonstigen Verhaltens der Feuerung, sowie über deren Behandlung gilt natürlich sinngemäfs dasselbe, was auf S. 87—92 über die Tenbrink-Feuerung gesagt wurde. Infolge der weitgehend durchgeführten Innenfeuerung wird aufserdem das Nachsaugen kalter Luft mit seiner ungünstigen Beeinflussung des Wirkungsgrades wirksam vermieden, sodafs mit der Einrichtung Wirkungsgrade bis zu 84 pCt. erreicht wurden. Um mit möglichst geringem Luftüberschufs arbeiten zu können, werden neuerdings die grofsen Aschfallthüren noch mit besonderen, je nach Bedarf mehr oder weniger zu öffnenden Luftklappen versehen und erstere dann während des regelmäfsigen Betriebes geschlossen gehalten. Die Zufuhr von Luft unmittelbar über dem Rost ist, wie auf S. 88 erwähnt, aufgegeben worden. Die Neigungswinkel der Roste werden von der Fabrik gewählt: für Saarkohle zu 42 bis 45°, für Ruhrkohle zu 45 bis 50°, für oberbayerische und böhmische Steinkohle zu 36°, für Holz und Lohe zu 36 bis 40°. Die Be-

[1]) C. Bach, Zeitschrift des Vereines deutscher Ingenieure, 1883, Tafel VIII, Fig. 17.

[2]) Zeitschrift des Vereines deutscher Ingenieure, 1880, S. 529.

[3]) C. Bach, Zeitschrift des Vereines deutscher Ingenieure, 1883, Tafel VIII, Fig. 16.

[4]) S. R. Stribeck, Zeitschrift des Vereines deutscher Ingenieure 1891, S. 1146 und 1147.

triebsverhältnisse dieser und der weiter unten erwähnten Kuhnschen Kesselkonstruktionen sind nach den Angaben der Fabrik in der Tabelle S. 99 zusammengestellt.

Als weitere Innenfeuerung ist noch die eingangs auf S. 86 erwähnte, bereits im Jahre 1860 von Tenbrink konstruierte Lokomotivfeuerung, Fig. 129—132 Tafel XVI,

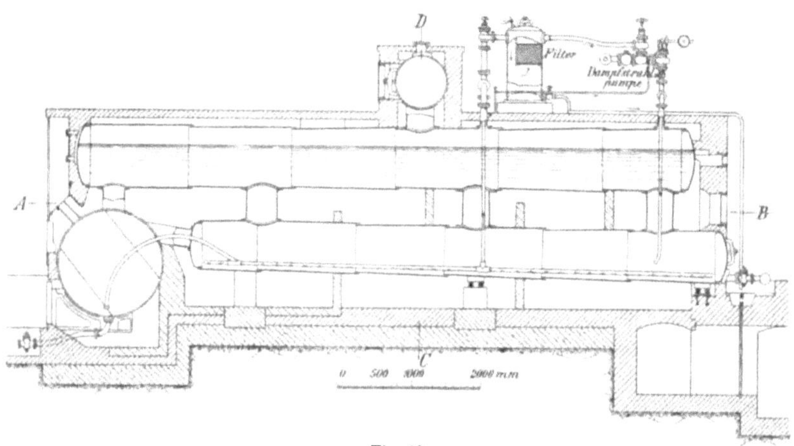

Fig. 46.

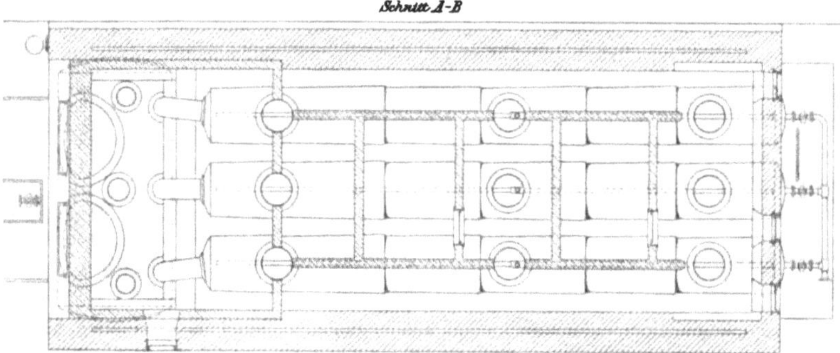

Schnitt A-B

Fig. 47.

anzuführen. C. Bach schreibt darüber (Zeitschrift des Vereines deutscher Ingenieure 1883, S. 186): „An die vorderen und schrägliegenden Roststäbe schliefst sich ein wenig geneigter Rost an, welcher um eine Achse drehbar ist und niedergelassen werden kann behufs Reinigung von Asche und Schlacken. Zum Zurückschlagen wird hier die Flamme durch die kupferne Wasserdecke A gezwungen, welche mittels zweier Röhren mit den seitlichen Wasserräumen und durch zwei Stutzen an der inneren Stirnwand der

Feuerbüchse mit dem Hauptwasserraum des Kessels kommuniciert. Die Art der Luftzuführung oberhalb des Rostes erhellt deutlich aus den Skizzen. Die Beschickung ist bei der Konstruktion Fig. 131 und 132 natürlich eine diskontinuierliche; sie hat periodisch mit der Schaufel zu geschehen wie beim Planroste und bleibt die entsprechende Verteilung über den Rost Sache des Heizers. Die Befürchtungen, welche man bezüglich der Dauer der Wasserdecke A und der Verbindungsröhren mit Recht hegen mufste, sind durch die Erfahrungen sehr reduciert worden."

Bei den in ihrem Wesen ähnlichen Lokomotivfeuerungen von Nepilly (Zeitschrift des Vereines deutscher Ingenieure 1882, S. 221), F. C. Glaser, D. R. P. No. 12855 vom 22. Juli 1880 und No. 15597 vom 23. April 1881, W. Lönholdt, D. R. P. No. 71897 vom 18. März 1893 mit den Zusatzpatenten No. 84265 vom 24. April 1895 und No. 88244 vom 7. Dezember 1895, sowie bei der bereits anfangs der sechziger Jahre verwendeten Konstruktion von Ramsbottom ist die Wasserdecke durch ein Gewölbe ersetzt. Dafs solche Gewölbe bei den beträchtlichen Temperaturschwankungen und bei den Erschütterungen der Lokomotive nur von beschränkter Dauer[1]) sein können, liegt auf der Hand. Doch werden sie auch heute noch von verschiedenen Bahnverwaltungen ausgeführt.

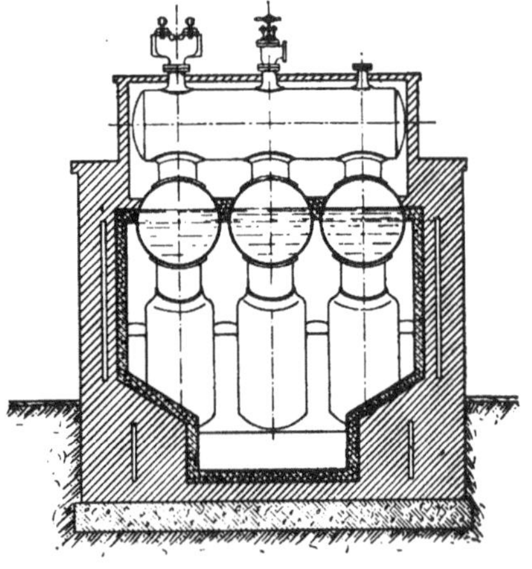

Fig. 48.

Bei allen bisher besprochenen Konstruktionen ist man bezüglich der Gröfse des Rostes dadurch in eine gewisse Zwangslage versetzt, dafs der Rost in ein Feuerrohr oder in eine Feuerbüchse eingebaut werden mufs.

Um dies zu umgehen, sowie um auch Brennstoffe von geringerem Heizwert mit Vorteil verbrennen zu können, ist eine ganze Reihe von Aufsenfeuerungen nach dem Systeme Tenbrink entstanden; doch läfst sich damit eine so weitgehende Ausnützung des Brennstoffes wie mit den bisher besprochenen Innenfeuerungen naturgemäfs nicht erreichen.

Anordnungen dieser Art nach Fig. 133 bezw. 134 Tafel X sind ausgeführt von Jakob Göhring, D. R. P. No. 8835 vom 13. April 1879, Wagner & Eisenmann in Cannstatt, H. Kopp in Frankenthal u. a. Letzterer verwendet für bayrische Kohle, Braunkohle, Holzabfälle, Sägespähne und Lohe einen Treppenrost mit annähernd wagerechten Stufen und einen kleinen als Schlackensammler dienenden Planrost.

Fig. 48 und 49 zeigt eine Kesselkonstruktion der Maschinenfabrik Efslingen,

[1]) Um die Dauer zu erhöhen, haben manche Konstrukteure versucht, das Gewölbe durch Röhren zu unterstützen, welche von Wasser durchflossen werden. Doch wird hiedurch die Betriebssicherheit keineswegs gröfser.

D. R. P. No. 40823 vom 1. März 1887. Durch die Anordnung der seitlichen Sieder B in Fig. 50 soll dem Mangel dieser Aufsenfeuerungen abgeholfen werden, welcher darin besteht, dafs durch die seitlichen Mauerflächen die Gleichmäfsigkeit des Niedersinkens der Kohlenschicht beeinträchtigt wird. Der Vorwärmer A soll die durch den Rost nach unten ausgestrahlte Wärme aufnehmen und so eine Belästigung durch die letztere fernhalten.

Die Figuren 135—153 Tafel XIII, XIV und XV stellen Konstruktionen von G. Kuhn in Stuttgart-Berg dar. Die Anordnung Fig. 142—147 Tafel XIV (Schrägrost mit

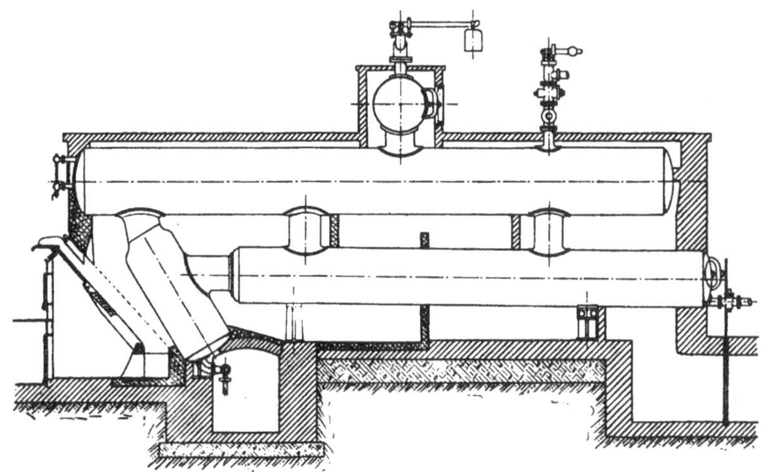

Fig. 49.

Schlackenrost) dient insbesondere zur Verbrennung von Grieskohle. Die seitlichen Sieder des durch die Fig. 148—153 Tafel XV dargestellten Kessels verfolgen denselben Zweck wie diejenigen des eben besprochenen der Maschinenfabrik Efslingen.

Bezüglich der Betriebsverhältnisse der Kessel siehe nachstehende Tabelle.

Kessel nach Tafel		XIII	XIV	XV	XI	XII
$\frac{\text{Rostfläche}}{\text{Heizfläche}}$ je nach Kesselgröfse . . .		1:40 bis 1:65	1:40 bis 1:65	1:50 bis 1:60	1:50 bis 1:70	1:50 bis 1:75
kg Kohlen pro qm Rostfläche und Stunde	Saar-Kohlen	100–130	100–150	100–140	90–130	100–140
	Ruhr-Kohlen	90–120	100–130	100–130	80–120	90–130
Zugstärke in mm Wassersäule . . .	Saar-Kohlen	5–9	6–10	6–10	5–7	6–8
	Ruhr-Kohlen	4–8	5–9	5–9	4–6	5–7
Dampferzeugung pro qm Heizfläche und Stunde in kg		12–17	12–18	13–18	12–17	11–15
Dampferzeugung pro qm Rostfläche und Stunde in kg		900–1000	800–1000	800–1000	900–1100	900–1200

Bei der Konstruktion von L. Burlet in Neustadt an der Haardt (Rheinpfalz) Fig. 154 Tafel X, wird die Flamme gezwungen, erst 2 oder mehrere Quersieder zu bestreichen, bevor sie in das Flammrohr oder unter den Kessel gelangt. Die beiden unmittelbar über dem Rost gelegenen Sieder werden in Richtung eines Durchmessers von einer Anzahl enger Röhren durchdrungen, welche die in besonderen Kanälen erwärmte Luft von vorn und hinten in die Flamme einführen. Die Menge der von vorn zutretenden Luft kann durch eine Klappe geregelt werden. Schaulöcher in der Stirnplatte gestatten

Fig. 50.

die Beobachtung der Flamme. Abgesehen von dem, was bereits auf S. 42 Anmerkung 1 und auf S. 41 über diese Zufuhr von Oberluft gesagt ist, erscheint sie in konstruktiver Hinsicht nichts weniger als einwandfrei.

Die Konstruktion von Göhrig & Leuchs in Darmstadt, D. R. P. No. 78522 vom 9. Februar 1894, Fig. 155 und 156 Tafel XVI, stellt eine Anwendung der Tenbrink-Feuerung auf einen Wasserröhrenkessel dar. (S. auch D. R. P. No. 18720 vom 2. Juni 1881 der Rheinischen Röhrendampfkesselfabrik in Uerdingen a. Rh.)

Die Feuerung von G. Rochow in Offenbach a. M., Fig. 157—159 Tafel XVI, dient hauptsächlich zur Verbrennung geringwertiger Brennstoffe (Sägespähne, Rindenabfälle, Lohe, ferner auch Klarkohle, allein oder mit vorstehenden Stoffen gemischt)[1]. Der Rost erscheint als ein

[1]) Über die Verbrennung solcher Gemische auf Schrägrosten siehe Anmerkung 1, S. 75.

Mitteldings zwischen Schrägrost und Treppenrost. Die einzelnen Roststäbe sind in gröſseren Abständen als beim gewöhnlichen Schrägrost angeordnet, besitzen aber seitliche Rippen, mit denen sie derart zusammenstoſsen, daſs der Rost an seiner Oberfläche ein gitterförmiges Aussehen erhält. Um starken Verschleiſs zu vermeiden, werden die Stäbe, wie aus der Zeichnung ersichtlich ist, durch Wasser gekühlt. Dadurch sollen sie, aus gewöhnlichem Eisenguſs bestehend, einem zweijährigen Betrieb mit Steinkohlenfeuerung zu widerstehen vermögen.

Über der mit einer Feuerthür versehenen Schüttöffnung wird durch einen besonderen Kanal Luft zugeleitet, deren Menge durch Ventile geregelt werden kann. Fig. 157 und 158 zeigen die gewöhnliche Anordnung der Tenbrink-Auſsenfeuerung, während sie in Fig. 159 verlassen ist und das Zurückschlagen der Flamme durch eine vorgezogene Feuerbrücke erzwungen wird.

Diese letztere Anordnung ist jedoch nur für Braunkohle und Brennstoffe von geringerem Heizwert geeignet, welche in der Anordnung Fig. 157 und 158 nicht die nötige Temperatur zu erzeugen vermögen. Für Steinkohle dagegen ist sie unbedingt zu verwerfen, da bei dieser die Temperatur im Feuerraum infolge des Ersatzes der stark wärmeentziehenden Heizfläche des Quersieders durch ein Gewölbe ungemein steigt, wodurch letzteres häufig ausgebessert und bald erneuert werden muſs.

Von weiteren Schrägrostfeuerungen sind noch zu erwähnen:

Die Feuerung von Schmelzer-Lauber, in Fig. 51—53 in ihrer Anwendung auf einen Wasserröhrenkessel dargestellt. Sie hat wie die zuletzt angeführte Konstruktion von G. Rochow eine stark vorgezogene Feuerbrücke, macht aber auſserdem weitgehenden Gebrauch von der Zufuhr stark vorgewärmter Luft unmittelbar zur Flamme. Diese Zufuhr erfolgt auch in einer für die gute Mischung mit den Kohlenwasserstoffen ganz zweckmäſsigen Weise durch die Kanäle a und b; jedoch gelten auch für sie die Ausführungen S. 42 Anmerkung 1. Die Konstruktion ermöglicht zwar eine rauchfreie oder doch rauchschwache Verbrennung, wie dies auch die unter teilweise ungünstigen Verhältnissen durchgeführten Versuche von Ingenieuren des Bayerischen Dampfkesselüberwachungsvereines[1]) gezeigt haben; sie ist jedoch naturgemäſs nur für Brennstoffe von nicht zu hohem Heizwert (Braunkohle und dergleichen) mit Vorteil zu verwenden.

Die gute Haltbarkeit des Mauerwerkes der bis jetzt ausgeführten Feuerungen dieser Art ist insonderheit auf das bisher verwendete vorzügliche feuerfeste Material (gewonnen aus den zur Herstellung der Kohlenstäbe für Bogenlampen benützten Schmelztiegeln) zurückzuführen.

Die Feuerung von Otto Thost in Zwickau, Fig. 160—162 Tafel XVI, hat auſser einer vorgezogenen Feuerbrücke noch ein übergeschobenes Gewölbe und erhält vorgewärmte Luft, welche in Kanälen der Seitenwände erhitzt wird, über und unter dem Rost zugeführt. Bezüglich des Wertes dieser Anordung ist auf S. 42 Anmerkung 1 und auf S. 41 zu verweisen.

[1]) Zeitschrift des bayerischen Dampfkesselüberwachungsvereines 1897, S. 42 u. f.

Die Feuerung ist natürlich gleichfalls nur für Braunkohle und Brennstoffe von geringerem Heizwert geeignet. Um zu verhindern, daſs kleine Brennstoffstückchen durch den Rost hindurchfallen, besitzen die Stäbe seitlich angesetzte, wagerechte Rippen (Fig. 54). Diese Rippen hemmen jedoch die Luftzufuhr erheblich und erschweren die Reinigung

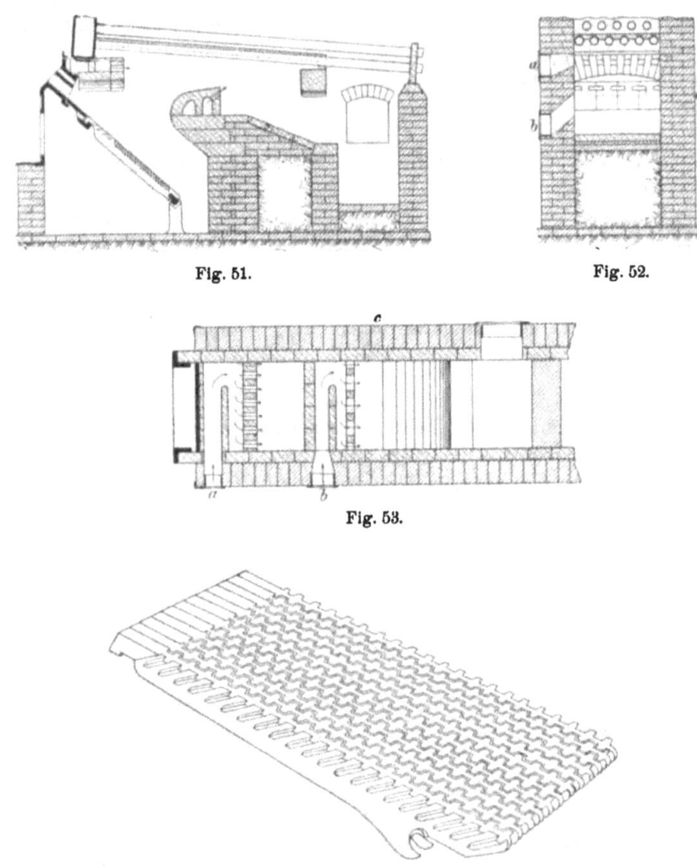

Fig. 51.

Fig. 52.

Fig. 53.

Fig. 54.

bedeutend. Letztere macht es erforderlich, daſs eine Stange von oben unmittelbar über dem Rost entlang eingeführt wird, wodurch nicht nur die Verbrennung gestört, sondern auch unverbrannte Kohle auf den Schlackenrost niedergestoſsen wird.

Die Feuerungen von H. Schomburg (G. Lütgen-Borgmann), Berlin.

Wesentlich an diesen Feuerungen sind gleichfalls Gewölbeanordnungen der verschiedensten Art. In der Regel findet man über dem oberen Teil des Rostes ein niedriges

Gewölbe eingebaut, Fig. 163 und 164, Tafel XVI, welches die Entgasung der frischen Kohlen befördern soll.

In einigen Fällen ist aufserdem noch eine wenig vorgezogene Feuerbrücke angeordnet, Fig. 165 Tafel XVI[1]), so dafs der ganze Rost von einem Gewölbe überspannt ist, in welchem für den Durchgang der Heizgase nur eine schmale Luke frei geblieben ist.

Die Feuerungen sind zur Verbrennung von Steinkohlen bestimmt und vielfach auch hiefür im Betrieb, können jedoch hiebei keine sehr grofse Dauer besitzen. Das zuweilen angetroffene Bestreben des Heizers, die Haltbarkeit dadurch zu erhöhen, dafs der Trichter nicht ganz gefüllt wird, also kalte Luft unter dem Gewölbe hinstreicht, führt natürlich zu erheblicher Verschlechterung des Wirkungsgrades.

Die Rostanordnung Fig. 165 Tafel XVI mufs wegen der hohen Kohlenschüttung auf dem unteren Teil des Rostes als unzweckmäfsig bezeichnet werden und scheint auch nur wenig ausgeführt worden zu sein.

Besonders erwähnt sei noch die Konstruktion D.R.P. No. 62123 vom 14. August 1891. Unter dem Rost ist ein um eine Achse drehbarer Wasserkasten angeordnet, der durch eine Kette gehoben oder gesenkt werden kann, wodurch bei wechselndem Dampfverbrauch die Gröfse der Rostfläche sich ändern soll. Es ist jedoch kaum anzunehmen, dafs eine solche Einrichtung Verbreitung erlangen wird.

Die Feuerung von Krudewig, D.R.P. No. 7713 vom 20. März 1879, dargestellt durch Fig. 166—168 Tafel XVII[2]). Sie besitzt als wesentlichen Bestandteil Hohlroststäbe, welche mit stellbaren Klappen versehen sind und durch welche erwärmte Luft am unteren Ende des Rostes in die Flamme eingeführt wird. Schaulöcher ermöglichen die Beobachtung der letzteren.

Da jedoch die Feuerung im übrigen keinerlei Vorkehrungen aufweist, welche eine ununterbrochene Beschickung sichern, so dürfte sie nicht wesentlich besser arbeiten als ein gewöhnlicher Planrost mit Zufuhr von Oberluft.

Die Feuerung war nach C. Bach anfangs der achtziger Jahre in Basel an einigen Kesseln im Betrieb und soll nach den Angaben der Besitzer befriedigend rauchfrei gearbeitet haben. Sie scheint jedoch späterhin nicht mehr ausgeführt worden zu sein.

Der Pasquay-Rost, ausgeführt von der Schweizerischen Lokomotiv- und Maschinenfabrik in Winterthur, ist durch Fig. 169 und 170 Tafel XVII dargestellt. Eigentümlich sind an ihm die gekrümmten Roststäbe, deren Neigung oben mit 48° beginnt und nach unten allmählich geringer wird.

Was der Erfinder damit erreichen wollte, ist nicht recht klar. Nach C. Bach[3]) hat sich die Einrichtung in Basel seinerzeit nicht bewährt.

Die Roststäbe sind nach Angabe der Fabrik 10 mm stark, die Rostspalten 7 mm weit. Der Schamottring soll die Verbrennung der Kohlenwasserstoffe befördern. Für Cornwallkessel wird die Feuerung als Vorfeuerung ausgeführt.

Kemmerich-Feuerung der Berlin-Anhaltischen Maschinenbau-Aktiengesellschaft, dargestellt durch Fig. 171 und 172, Tafel XVII.

[1]) Neuere Dampfkesselkonstruktionen und Dampfkesselfeuerungen, mit Rücksicht auf Rauchverbrennung, herausgegeben vom Verband deutscher Dampfkesselüberwachungsvereine, Blatt 38.

[2]) C. Bach, Zeitschrift des Vereines deutscher Ingenieure 1883, S. 181 und Tafel VIII, Fig. 7—9.

[3]) Zeitschrift des Vereines deutscher Ingenieure 1883, S. 180.

Abgesehen von der nicht sehr günstigen Form der die Feuerung umgebenden Kesselteile erscheint bei der gewählten Zugführung die Anordnung des Quersieders über dem oberen Teil des Rostes nicht förderlich für die Verbrennung. Nicht nur wird die Entgasung hiedurch verlangsamt; die entwickelten Kohlenwasserstoffe werden auch genötigt, bevor sie in das von unten abströmende glühende Gasgemisch eintreten, an der stark Wärme entziehenden Heizfläche vorbeizustreichen. Die Feuerung scheint nur vereinzelt ausgeführt worden zu sein.

Als besonders beachtenswerte Konstruktion ist endlich noch die Feuerung von G. W. Kraft in Dresden-Löbtau mit veränderlicher Rostfläche, D.R.P. No. 79015 vom 2. Mai 1894, anzuführen. Sie ist in ihrer verbreitetsten Ausführungsform durch die Figuren 173 bis 175 Tafel XVII dargestellt. Ihr Wesen besteht darin, daſs sie bei Schwankungen des Wärmebedarfes die entsprechenden Änderungen der Wärmeentwicklung allein durch Änderung der Rostfläche bezw. der verbrennenden Kohlenmenge herbeizuführen sucht. Zugstärke und Schichthöhe sollen unverändert bleiben. Sie sucht damit die auf S. 18 aufgestellten Forderungen zu verwirklichen, deren Erfüllung nicht nur mit Rücksicht auf die Rauchverhütung, sondern namentlich auch mit Rücksicht auf die Wirtschaftlichkeit des Betriebes als anzustrebendes Ziel im Feuerungsbau zu bezeichnen ist.

Auf dem oberen Ende des geneigten Rostes ruht ein hohler Kasten von rechteckigem Querschnitt, in der Breite derjenigen der Rostfläche entsprechend, welcher unten offen steht, oben aber an einen Fülltrichter angeschlossen und mit dem aus Fig. 173 ersichtlichen Verschluſs versehen ist. Die Decke des Kastens ist aus dicken, von Kanälen l durchzogenen Schamottplatten F gebildet, welche von der diesen Kanälen durch die Öffnungen g zuflieſsenden Luft gekühlt werden sollen. Bodenplatte und Seitenwände bestehen aus Guſseisen. Die Seitenwände sind am unteren Ende gleichfalls auf eine kurze Erstreckung mit Schamott ausgekleidet, während sie oben Führungsleisten e haben, in welche eine guſseiserne Platte D eingeschoben ist, die unten in einen mit dicken Schamottplatten E ausgefüllten Rahmen übergeht. Um diese Platten in ihrer Ausdehnung nicht zu hindern, sind sie im Rahmen mittels Bolzen befestigt, für welche Löcher in den Platten ausgespart sind.

Der Kasten wird stets mit Kohlen gefüllt erhalten, die in ihm mehr oder weniger vollständig entgast werden und in einer der lichten Höhe des Kastens entsprechenden Schichtstärke den Rost bedecken. Der Kasten kann auf dem Rost verschoben werden und zwar dadurch, daſs in die Unterfläche der Bodenplatte beiderseits Zahnstangen eingegossen sind, in welche zwei auf einer gemeinsamen Achse sitzende Räder eingreifen. Diese sind aber nicht festgelagert, sondern greifen wieder nach unten in zwei schrägliegende beiderseits vorhandene Zahnarme ein, die dem Kasten gleichzeitig als Unterstützung dienen und auf welchen sie mittels Sperrklinken festgestellt werden können. Die Achse der Zahnräder hat Bohrungen, in welche, wenn die Räder gedreht werden sollen, eine Stange eingesteckt wird.

Da ein dichter Abschluſs zwischen dem beweglichen Kasten und dem Mauerwerk nicht zu erzielen ist, so sind, um ihn zu bewirken, drei bewegliche Schieber angeordnet (zwei seitliche s_1 und ein oberer s). Durch den oberen kann, wenn erforderlich, auch etwas Oberluft eingelassen werden (s. hiezu auch das auf S. 88 Gesagte). Der Schieber dient ferner beim Herausnehmen des Kastens zum Abschlufs der Feuerung[1]).

Die Luftzufuhr ist nun derart zu regeln, dafs zurückstrahlende Hitze unter dem Schüttkasten nicht fühlbar wird, da sonst zu befürchten steht, dafs der Kasten zu heifs wird. Die Regelung wird jedoch zweckmäfsigerweise nicht ausschliefslich mit dem Rauchschieber, sondern unter Zuhilfenahme der Aschfallklappe h, Fig. 173, Tafel XVII, oder auch der Bodenplatte (s. Fig. 55) vorgenommen. Die Aschfallklappe h ist um eine Achse i

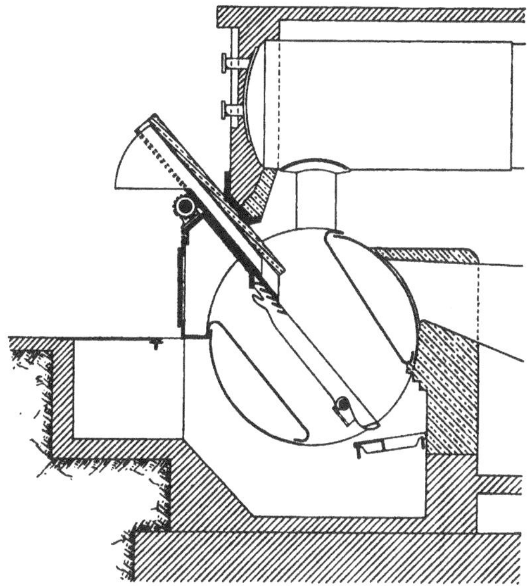

Fig. 55.

drehbar und derart ausbalanciert, dafs sie in jeder Stellung stehen bleibt. Durch Schliefsen dieser Klappe oder der Bodenplatte wird die Luftzufuhr von unten durch den Rost vermindert, dagegen diejenige unter dem Schüttkasten verstärkt und damit die Erwärmung des letzteren sowie die Rückstrahlung unter ihm verringert[2]).

Wie Fig. 173 zeigt, sind die Zahnarme derart mit dem Schrägrost verbunden, dafs beide zusammen nach Belieben in ihrer Neigung verstellt werden können, und da auch eine Änderung der Schichthöhe in ziemlich weiten Grenzen möglich ist, so können für jeden Brennstoff die seiner Beschaffenheit entsprechenden günstigsten Betriebsverhältnisse (Nei-

[1]) Es ist übrigens kaum anzunehmen, dafs der durch die drei Schieber gebildete Verschlufs genügend dicht halte.

[2]) Verstärkung des Zuges würde zwar die Zufuhr unter dem Schüttkasten gleichfalls erhöhen, jedoch aufserdem auch diejenige durch den Rost, so dafs man also mit höherem Luftüberschufs zu arbeiten hätte.

gung, Schichtstärke und Zug) ausprobiert und nunmehr bei jedem Wärmebedarf festgehalten werden. Die Schichthöhe mufs der Korngröfse des Brennstoffes entsprechen, und zwar empfiehlt die Firma, sie zu wählen:

für	Kohle	von	1/2	bis	1 1/2	cm	Korngröfse	nicht	gröfser	als etwa	5 cm
"	"	"	2	"	4	"	"	"	"	" "	7—10 cm
"	"	"	5	"	8	"	"	"	"	" "	10—12 cm
"	"	"	9	"	12	"	"	"	"	" "	16—18 cm.

Die Einstellung erfolgt mittels der Einschubplatte D, welche bei grober Kohle am besten ganz fortgelassen wird.

Bei starken Schwankungen dürfen naturgemäfs die Änderungen nur allmählich vorgenommen werden; der Schüttkasten soll auf einmal um nicht mehr als 2—3 Zähne verschoben werden, und bei gröfseren Änderungen soll dies in Zwischenräumen von einigen Minuten wiederholt werden.

Im übrigen verlangt die Feuerung dieselbe aufmerksame Bedienung wie die Tenbrink-Feuerung; insbesondere ist das Abschlacken mit besonderer Sorgfalt vorzunehmen. Der Raum zwischen dem Schrägrost und dem in seiner Höhenlage verstellbaren Schlackenrost soll stets dunkel erscheinen, also mit Asche und Schlacke gefüllt sein. Beim Abschlacken soll dann zuerst etwas Schlacke vom Planrost entfernt werden, indem sie mit der Schneide des Hakeneisens dicht unter dem Fufs des Schrägrostes querüber losgeschnitten und das Abgeschnittene herausgezogen wird. Alsdann ist wie beim Tenbrinkrost die Schlacke von unten nach oben vorsichtig mit der Lanze loszulösen und der Brennstoff nachzuholen. Es ist dabei zu vermeiden, dafs sich auf dem Planrost Haufen und Schlackenklumpen bilden, was z. B. eintritt, wenn die Schlacken durch die Kohlen gestofsen werden.

Um die Bedienung zu erleichtern, sind in der zum Aschenfall führenden Öffnung in beiden Seitenwandungen Rasten r angeordnet, in welche eine Stange eingelegt werden kann, die dem Werkzeug als Unterstützung dient.

Beim Anheizen ist zuerst der Planrost bis zum Fufse des Schrägrostes mit Schlacke anzufüllen; alsdann wird der Kasten niedergelassen, um abwechselnd mit Holz und Kohle und schliefslich ganz mit Kohle gefüllt zu werden.

Die Feuerung ist bereits in mehreren Hundert Anlagen für die verschiedensten Zwecke ausgeführt. Sie soll sich gut bewähren und auch bezüglich der Haltbarkeit des verschiebbaren Kastens durchaus befriedigen. Bei Verwendung hochwertiger Kohle dürfte jedoch auf eine öftere Erneuerung der Schamottplatten zu rechnen sein. Günstig für die Konstruktion ist jedenfalls der Umstand, dafs ein Ersatz sich leicht und rasch vornehmen läfst.

Fig. 55 zeigt noch die Anwendung der Einrichtung für einen Tenbrinkkessel. Die Zahnräder sind fest gelagert; auch der Schütttrichter ändert seine Höhenlage nicht, was dadurch erreicht wird, dafs der verschiebbare Kasten den Trichter teleskopartig umschliefst. Von einer Einstellbarkeit der Rostneigung ist Abstand genommen.

Das von G. W. Kraft verfolgte Ziel sucht F. Hochmuth in Dresden in ähnlicher Weise dadurch zu erreichen, dafs er unter dem Schrägrost einen mittels Zahnrades verstellbaren Schieber anordnet. Durch diesen Schieber soll bei Schwankungen des Wärmebedarfes die Gröfse der Rostfläche und dadurch die Menge der verbrennenden Kohle dem jeweiligen Bedarf angepafst werden.

Wenn auch ein endgiltiges Urteil darüber, wie sich diese beiden Feuerungen in der Praxis, namentlich bei Verwendung verschiedener Kohlensorten bewähren, noch nicht abgegeben werden kann, und wenn ihnen auch noch verschiedene Mängel anhaften, so mufs doch anerkannt werden, dafs ihnen ein gesundes Princip zu Grunde liegt, welches ausdauernd verfolgt, schliefslich doch zu guten Ergebnissen führen wird.

B. Mechanische Rostbeschickung.

Die mit der Beschickung verbundenen Übelstände werden dadurch zu beseitigen gesucht, dafs der Brennstoff aus einem Fülltrichter durch mechanische Mittel möglichst ununterbrochen auf den Rost gefördert wird. Die hiezu dienenden Vorrichtungen[1]), welche vielfach auch mit einer Vorrichtung zum selbstthätigen Schüren und Abschlacken in Verbindung stehen, zerfallen in 3 Gruppen:

1. solche, welche den Brennstoff gleichmäfsig über den Rost zu zerstreuen suchen.
2. solche, bei welchen der Brennstoff vorn aufgegeben und mit fortschreitender Entgasung und Verbrennung selbstthätig nach hinten befördert wird.
3. solche, bei denen der Brennstoff unter die glühende Schicht geschoben wird.

1. Vorrichtungen, welche den Brennstoff gleichmäfsig über den Rost zerstreuen sollen.

Mechanischer Rostbeschicker von Leach, ausgeführt von der Sächsischen Maschinenfabrik in Chemnitz, vorm. Rich. Hartmann. Er zeigt unter allen diesen Vorrichtungen die beste Durchbildung und ist nach Angabe der Fabrik zur Zeit an mehreren hundert Feuerungen im Betriebe. Seine neueste Ausführungsform ist durch die Figuren 176—178 Tafel XVIII dargestellt.

Die ganze Einrichtung ist an der Grundplatte A montiert. Die in den Trichter B eingebrachte Kohle gelangt in die Zellen der Speisewalze c und wird von diesen in das Wurfradgehäuse d entleert, von wo sie durch die beiden Schaufeln e in den Feuerraum geworfen wird. Dabei fliegen die Kohlenstücke teilweise gegen die Prellklappe f, welche dadurch, dafs ihre Neigung fortwährend sich ändert, eine gleichmäfsige Verteilung über den Rost bewirken soll.

Der Antrieb der ganzen Vorrichtung erfolgt durch die Welle g, auf welcher die Wurfräder e und die Schnecke h sitzen. Letztere greift in das Schneckenrad i ein, dessen

[1]) Diese Anordnungen stammen fast durchweg aus England, wo sie sehr frühzeitig verwendet wurden und ebenso wie in Amerika ziemlich verbreitet sind. Nach A. Seyferth: „Die verschiedenen Rauchverbrennungseinrichtungen", veröffentlicht im 2. Heft der Mitteilungen des Sächsischen Ingenieurvereines als Ergebnis eines bereits am 1. August 1857 erlassenen Preisausschreibens dieses Vereines, und nach C. Bach, Zeitschrift des Vereines deutscher Ingenieure 1882, S. 83 und 88, erhielt in England bereits am 29. Juni 1819 Brunton ein Patent auf eine selbstthätig wirkende Vorrichtung dieser Art. Sie hatte einen

Achse gleichzeitig der doppelarmigen Schwinge l als Drehpunkt dient[1]). Der Antrieb der Schwinge erfolgt vom Rad i aus mittels des Zahnräderpaares i'n' und der Scheibe n dadurch, dafs der Stein m in einem Schlitz der Scheibe excentrisch eingestellt wird. Durch die Stange o wird der Ausschlag von l auf den Winkelhebel p übertragen, welcher mit Hilfe der Klinken q das Schaltrad r und damit die Speisewalze c vorwärts dreht. Die beiden Klinken sind um eine halbe Teilung gegen einander versetzt, so dafs, da der gröfste Schub des Schaltrades 6 Zähne beträgt, die Umdrehungszahl der Speisewalze und damit die Menge der auf den Rost geförderten Kohle in den Grenzen 1 : 12 geändert werden kann. Die Einstellung des Steines m erfolgt bei senkrechter Lage des Schlitzes auf eine an der Schwinge l angebrachte Skala. Um die Beschickung auch ohne Verstellung des Steines ändern zu können, ist neuerdings folgende Einrichtung getroffen worden. Zwischen Schaltrad und Klinke ist ein Blech a' angeordnet, welches gestattet, die Zähne in der Hubgrenze mehr oder weniger abzudecken. Der Stein m befindet sich hiebei in seiner äufsersten Lage, so dafs der Ausschlag von l immer seinen gröfsten Wert besitzt. Er wird jedoch nur in dem Mafse auf das Schaltrad übertragen, als die Abdeckung es zuläfst. Das Blech a' steht mit dem Hebel a in Verbindung, welcher mit Hilfe des durch eine Feder angedrückten Stiftes b' auf eine beliebige Rast der Teilung b eingestellt werden kann.

Um zu verhindern, dafs die oft recht harten Kohlenstückchen, welche sich beim Abstreichen einer Abteilungsfüllung einklemmen, zerquetscht werden müssen, ist die Vorderwand s des Walzengehäuses t federnd angeordnet. Bei kleineren Kohlenstückchen giebt sie einfach nach. Bei gröfseren dagegen, oder wenn ein Stein oder ein Stück Eisen von gröfseren Abmessungen sich festsetzt, klappt die Wand s auf, wobei dann das Hindernis, damit aber auch der ganze Inhalt der gerade vorübergehenden Zellen herausfällt. Zum Zwecke leichteren Abstreichens sind die Flügel der Speisewalzen aufserdem schraubenförmig gestaltet, so dafs die Vorderkante einer Abteilung nicht plötzlich sondern allmählich an der Kante der Wand s vorbeigeht.

Abgesehen davon, dafs durch die Zerquetschung der Kohlenstückchen Feinkohle gebildet und der Heizeffekt beeinträchtigt werden könnte, wird durch diese Einrichtung

---

kreisförmigen rotierenden Rost aus Schmiedeeisen, welcher den Brennstoff aus einem Beschickungstrichter erhielt, der durch einen Schieber abwechselnd geöffnet und geschlossen wurde. Eine andere Vorrichtung wurde nach denselben Quellen im Jahre 1822 von John Stanley konstruiert. Aus einem Beschickungstrichter gelangte die Kohle zwischen zwei Riffelwalzen hindurch auf eine rotierende Dreiflügelscheibe mit wagerechter Achse, welche den Brennstoff auf den Rost schleuderte. Diese Konstruktion wurde im Jahre 1834 durch Stanley und Wolmsley abgeändert, die Riffelwalzen wurden durch gezahnte Walzen ersetzt und die rotierende Scheibe erhielt eine senkrechte Achse. Aufserdem wurden bewegte Roststäbe angeordnet, welche das Feuer selbstthätig reinigen und Verstopfungen der Rostspalten infolge der Bildung von Schlacken verhindern sollten. Die so verbesserte Vorrichtung kam im Jahre 1837 durch Collier nach Frankreich, wo sie bei Verwendung von Grieskohle gute Dienste geleistet haben soll. Aus einer ähnlichen Konstruktion hat sich die von C. Bach, Zeitschrift des Vereines deutscher Ingenieure 1882, S. 83 und 1883 S. 470 beschriebene Vorrichtung von Henderson entwickelt.

[1]) In manchen Fällen sitzt die Schwinge l auch excentrisch auf einem Zapfen des Schaltrades. s. D. R. P. No. 75 813 vom 21. Juli 1893).

einer unzulässigen Steigerung des Arbeitsaufwandes, sowie der Entstehung von Brüchen wirksam vorgebeugt.

Die rasche Beseitigung von Sperrungen im Wurfradgehäuse, sowie der schnelle Ersatz gebrochener Schaufeln ist dadurch ermöglicht, daſs die untere Wand des Gehäuses ausziehbar angeordnet ist; eine Plattfeder, welche weggedreht werden kann, sichert gegen selbstthätig erfolgende Lockerung. Leichtere Klemmungen sind durch einfaches Rütteln zu beseitigen.

Enthält die Kohle viel Staub, so fällt derselbe unmittelbar nach dem Verlassen des Wurfradgehäuses auf die Schürplatte und bildet dort Haufen. Um dies zu vermeiden, ist der ausziehbare Boden des Gehäuses doppelwandig ausgeführt, so daſs ein düsenartiger Schlitz y entsteht, durch den Luft angesaugt wird, welche den Kohlenstaub und die kleinen Teilchen nach hinten trägt.

Die Prellklappe f erhält ihre Bewegung von dem Schaltrad r durch den Kurbelzapfen u, die Stange v und den Hebel w.

Zum Anheizen, Schüren und Abschlacken, sowie zum Beschicken bei stillstehender Transmission dient die Feuerthür x.

Bei gröſseren Anlagen erfolgt vielfach auch der Transport der Kohle aus dem Lager zum Trichter selbstthätig, welche Einrichtung nicht nur die Sauberkeit des Kesselhauses erhöht, sondern auch eine Ersparnis an Arbeitslöhnen herbeiführen kann[1]).

Es ist klar, daſs bei diesem wie bei jedem andern mechanischen Rostbeschicker dieser Gruppe nur dann eine gleichmäſsige Bedeckung des Rostes zu erwarten ist, wenn die verwendete Kohle eine gleichmäſsige Korngröſse besitzt. Am besten eignet sich Kohle von 6—20 mm Korngröſse (Schmiedekohle und Nuſskohle)[2]). Jedoch soll nach Angabe der Fabrik auch Kohle bis zu 60 mm Korngröſse sowie Förderkohle verwendet werden können, sofern bei letzterer gröſsere Stücke vorher entsprechend zerkleinert werden. Es ist aber zu befürchten, daſs hierbei die Wand s allzu oft aufklappt, so daſs, da hierbei jedesmal der Inhalt von 1 oder 2 Zellen entleert wird, eine erhebliche Belästigung für den Heizer entsteht, der dann leicht veranlaſst wird, die Kohle so sehr klein zu schlagen, daſs zu viel Kohlengries entsteht, was für die Ausnützung der Kohle nicht gerade günstig ist.

Ändert sich die Korngröſse der Kohle, so muſs auch die Umfangsgeschwindigkeit der Wurfschaufeln eine andere werden, sofern die Verteilung gleichmäſsig bleiben soll. In Anlagen, in denen nicht immer dieselbe Kohle zur Verbrennung gelangt, ist daher die Antriebswelle mit einer vierstufigen ausrückbaren Riemenscheibe ausgerüstet, welche gestattet, die Umdrehungszahl in den Grenzen 300—440 zu ändern. Die Möglichkeit einer solchen Änderung erweist sich auch als nötig, wenn die verwendete Kohle der

[1]) Ähnliche Einrichtungen sind natürlich auch bei Feuerungen mit geneigtem Rost möglich und werden für solche auch oft ausgeführt.

[2]) Man hat zwar ursprünglich bei allen diesen Vorrichtungen versucht, auch grobstückige Kohle sowie Kohle von ungleichmäſsiger Beschaffenheit zu verwenden und sie durch Brechwalzen, welche zwischen Trichter und Beschickungsvorrichtung angeordnet wurden, zu zerkleinern und dadurch geeigneter zu machen. Jedoch hat sich gezeigt, daſs man hierbei zu viel Gries erhielt und daſs der Kraftbedarf sich erheblich steigerte. Auch die Gefahr der Entstehung von Brüchen wird durch eine derartige Einrichtung vergröſsert; sie wurde deshalb bei allen verbreiteteren Vorrichtungen wieder verlassen.

Witterung ausgesetzt ist. Die feucht gewordenen Kohlenstückchen backen nämlich zusammen, und es würde sich daher bei gleichbleibender Umdrehungszahl rasch eine ungleiche Bedeckung des Rostes einstellen. Um diesen Übelstand zu vermeiden, empfiehlt die Fabrik eindringlich, die Kohlen unter einem bedeckten Schuppen zu lagern, was sich ja auch schon deshalb als zweckmäſsig erweist, weil durch die Feuchtigkeitsaufnahme das Heizvermögen des Brennstoffes herabgezogen wird.

Übelstände bezüglich der Verteilung werden sich auch bei Verwendung von erdiger, leicht zerreiblicher Braunkohle einstellen, die daher für die Feuerung sich kaum empfehlen dürfte. Daſs bei stark schlackender und backender Kohle durch das häufig notwendig werdende Öffnen der Feuerthür der Wirkungsgrad bedeutend beeinträchtigt und nur wenig gröſser wird, als der bei guter Bedienung auf dem Planrost erreichte, braucht wohl kaum hervorgehoben zu werden.

Aus dem Bisherigen ergiebt sich, daſs zwar der Apparat an die zu verheizende Kohle bestimmte Voraussetzungen stellt, also nicht für jede Kohlensorte taugt, daſs aber bei Verwendung geeigneter Sorten und bei sachgemäſser Überwachung sowohl hinsichtlich der Ausnützung der Kohle, als auch hinsichtlich der Rauchentwicklung gute Ergebnisse erwartet werden dürfen.

Bei der Anwendung auf Wasserrohrkessel erweist sich natürlich wie beim gewöhnlichen Planrost und aus denselben Gründen wie dort (s. S. 22) ein Einbau als notwendig, sofern starke Rauchentwicklung vermieden werden soll.

Eine derartige Ausführung der Sächsischen Maschinenfabrik Chemnitz an einem Wasserrohrkessel Gehrescher Bauart zeigen Fig. 179—182 Tafel XIX. Bezüglich der Beurteilung der unmittelbaren Luftzufuhr zur Flamme, welche bei gesteigertem Betrieb in Thätigkeit treten soll, siehe S. 42 Anmerkung 1.

Weiteres zur Beurteilung der Vorrichtung siehe auf S. 121.

J. P. Schmidt in Berlin sucht in seiner Anordnung, D. R. P. No. 84117 vom 10. März 1895, Fig. 183 und 184 Tafel XVIII, die gleichmäſsige Verteilung über den Rost anstatt durch die schwingende Prellklappe durch eine schwingende Auswurföffnung zu erzielen. Über Ausführungen dieser Anordnung ist nichts bekannt geworden.

Beschickungsvorrichtung von Ruppert, ausgeführt von der Maschinenfabrik Germania in Chemnitz, D. R. P. No. 69355 vom 5. August 1892, dargestellt durch die Figuren 186 und 187 Tafel XVIII. Die mit vier Flügeln versehene Speisewalze m führt den aus dem Kohlentrichter entnommenen Brennstoff der Wurfschaufel i zu, welche durch ihre Krümmung (s. Fig. 187) eine gleichmäſsige Verteilung der Kohle über die Breite des Rostes, durch die eigentümliche Regelung ihrer Umfangsgeschwindigkeit aber eine solche über die Länge des Rostes herbeizuführen sucht. „Zwei Scheiben a und b, Fig. 185 Tafel XVIII, liegen mit gesonderter Lagerung einander gegenüber, a trägt einen Kurbelzapfen d, welcher in dem Steine c einer Kulisse der Scheibe b gelagert ist. Scheibe a wird vom Riemen angetrieben, rotiert gleichförmig und erteilt somit der Scheibe b eine vom Achsenabstand abhängige, stetig geänderte Umfangsgeschwindigkeit, somit auch der damit verbundenen Schaufel i. Da aber die Achse von a in einem schwingenden Hebel hg gelagert ist, so daſs die Entfernung der Achsen von a und b einer stetigen Veränderung unterworfen ist, so erfährt die gröſste und kleinste Umfangsgeschwindigkeit von b und damit der Schaufel i eine beliebig gesteigerte Änderung, welche gestattet, alle Punkte einer vorliegenden Fläche regelmäfsig mit Kohlen zu bestreuen[1]." Die Regelung der Kohlenmenge erfolgt durch Änderung der Bewegung der Speisewalze m, welche durch Schaltrad und Klinke angetrieben wird.

Der ganze Apparat ruht auf Rädern, so dafs er, falls er unbrauchbar wird, weggefahren und der Rost nach Einhängen der Thür von Hand beschickt werden kann. Um ihn auch sonst, zum Anheizen, Schüren, Abschlacken u. s. w., zugänglich zu machen, ist über der Schaufel eine zum Aufklappen eingerichtete Thür k angeordnet.

Die tiefe Lage des Trichters bietet zwar den Vorteil, dafs die Kohle, welche in Wagen auf Gleisen herangefahren wird, unmittelbar in den Trichter entleert werden kann. Dagegen ist durch diese Anordnung die Zugänglichkeit des Rostes und damit seine Bedienung nicht unbeträchtlich erschwert.

Bezüglich der Verwendung verschiedener Kohlensorten gilt dasselbe, was über die Leach-Feuerung gesagt wurde.

Die Vorrichtung von Ruppert ist bisher nur in beschränkter Zahl zur Ausführung gelangt. C. Haage, welcher die Wirkungsweise mehrfach beobachtet und untersucht hat, giebt an, „bei gleichmäfsiger Bedeckung der Rostfläche eine rauchfreie Verbrennung, sowie einen Kohlensäuregehalt der abziehenden Gase von 12 pCt." gefunden zu haben. (Zeitschrift des Vereines deutscher Ingenieure, 1893, S. 841.)

Beschickungsvorrichtung von W. Whittacker, D. R. P. No. 43175 vom 23. Sept. 1887, in Figur 188 und 189 Tafel XVIII[2]) für einen Zweiflammrohrkessel dargestellt. Die Kohle wird in die Fülltrichter A aufgegeben und gelangt durch Öffnungen, welche im Grunde der Tichter zu beiden Seiten angeordnet sind, auf die Speisewalzen B, die sie den beiden auf der Antriebswelle L sitzenden Wurfrädern B' zuführen. Der Antrieb der Speisewalzen erfolgt durch die Schalträder C, welche durch Klinken D gedreht werden, die alle auf der von den runden Führungslagern F getragenen Schiene E befestigt sind. Diese erhält ihre hin- und hergehende Bewegung von dem Hebel G, mit dem sie durch den Stift G' verbunden ist, und der, in G'' aufgehängt, durch den Kurbelzapfen H mit der Scheibe J in Verbindung steht. Letztere wird endlich durch Schnecke und Schneckenrad von der Welle L aus angetrieben, welche mit 400 bis 500 Umdrehungen in der Minute umläuft. Die Speisewalzen, welche minutlich etwa $^1/_3$ Umdrehung vollführen, können durch Umlegen der Klinken D einzeln oder zusammen ausgeschaltet werden, wodurch die Kohlenzufuhr verringert oder ganz eingestellt wird. Eine weitere Regelung ist dadurch ermöglicht, dafs die Öffnungen der Kohlentrichter mittels der Schieber P und der Hebel R verstellt werden können. Die gleichmäfsige Verteilung der Kohlen über den Rost soll durch eine in der Feuerung befindliche Platte V bewirkt werden, welche einen Teil der Kohlen auffängt und sie zwingt, je nach der durch eine Stellschraube W von aufsen zu regelnden Neigung der Klappe in kleinerer oder gröfserer Entfernung von der Einwurföffnung auf den Rost zu fallen.

Zum Anheizen, Schüren und Abschlacken sowie für den Fall etwaiger Betriebsstörungen ist auch hier eine Feuerthür vorgesehen.

Wie bei dieser Einrichtung mit Hilfe der Platte V „eine äufserst gleichmäfsige und

[1]) C. Haage, Zeitschrift des Vereines deutscher Ingenieure, 1893, S. 840.

[2]) Zeitschrift des Vereines deutscher Ingenieure 1890, S. 1087.

regelmäſsige Beschickung" erzielt werden soll, ist nicht recht einzusehen. Auch ist zu befürchten, daſs die Speisewalzen B viel Kohlengries liefern und einen erheblichen Arbeitsaufwand verursachen[1]).

Über die Verbreitung, welche die Vorrichtung gewonnen hat, und über die damit erzielten Ergebnisse ist nichts bekannt.

Beschickungsvorrichtung von J. Proctor in Burnley, in Deutschland gebaut von Münckner & Co. in Bautzen, für zwei nebeneinanderliegende Feuerungen (Zweiflammrohrkessel) bestimmt. Sie ist in ihrer heutigen Anordnung durch die Figuren 56 und 57 dargestellt.

Fig. 56.

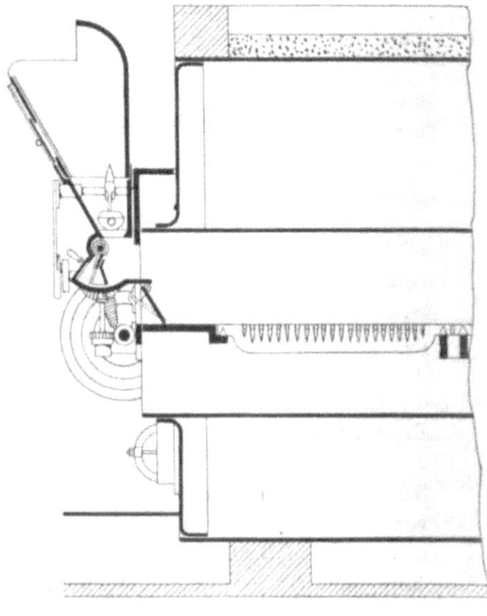

Fig. 57.

Der Brennstoff gelangt aus dem Fülltrichter in den Verteilungsraum, wird von hier durch den Verteilungsschieber abwechselnd in die beiden Wurfkästen befördert und durch Schaufeln auf den Rost geschleudert. Jede dieser Schaufeln schwingt um eine Achse, welche an beiden Enden je einen Hebel trägt, deren einer mit einer Feder in Verbindung steht, während unter dem anderen ein Knaggenrad wegläuft. Durch die Knaggen werden die beiden Hebel angehoben und die Schaufel zurückgedreht; die Feder wird gespannt und schnellt, so oft ein Knaggen vorbeigegangen, die Schaufel nach vorwärts, so daſs die davor liegenden Kohlen auf den Rost geworfen werden. Dadurch daſs die Knaggen in 3 verschiedenen Gröſsen ausgeführt sind, erhält die Feder hinter einander

[1]) S. auch S. 109 Anmerkung 2.

3 verschiedene Spannungen; die Kohlen werden daher zuerst vorn auf den Rost geworfen, dann in die Mitte und endlich nach hinten. Durch Flügelschrauben kann die Spannung der Feder nach Bedarf (je nach der Art der verwendeten Kohle) geändert werden. Die Kohlenzufuhr wird durch Verstellung von Klappen im Verteilungsraum sowie durch Änderung der Umdrehungszahl der Antriebswelle, welche in den Grenzen 36—50 vorgenommen werden kann, geregelt.

Fig. 58.

Zum Schüren und Abschlacken sowie zum Anheizen dienen die unter den Wurfkästen befindlichen Feuerthüren, welche aufserdem gestatten sollen, im Falle einer Betriebsstörung die Feuerung als gewöhnliche Planrostfeuerung weiter zu betreiben. Verstopfungen im Verteilungsraum oder in den beiden Wurfkästen können durch Klappen, welche diese Räume zugänglich machen, rasch beseitigt werden.

Ähnlich gestaltet ist die Beschickungsvorrichtung von M. Sonnenschein, D. R. P.

No. 74 004 vom 17. Januar 1893, welche von der Firma Julius Wacker & Co. in Nürnberg gebaut wird[1]).

Sie ist durch die Figuren 58—60 dargestellt. Der Antrieb der beiden Daumenräder erfolgt von der Stufenscheibe b aus mittels eines Kettentriebwerkes. Jedes der Räder trägt an der einen Seitenfläche in 3 verschiedenen Abstufungen ausgeführte Knaggen und am Umfang mehrere gleich gestaltete Daumen. Die Knaggen wirken in der bereits oben erörterten Weise mittels eines auf die Wurfschaufelwelle aufgekeilten Hebels auf die Wurfschaufel ein, welche durch einen zweiten Hebel mit der Feder G verbunden ist. Die Daumen dagegen vermitteln den Antrieb des Rührwerkes, indem sie die lose auf den Schaufelachsen sitzenden und mit den Rollen k ausgerüsteten Hebel i anheben (Fig. 59 und 60); die Bewegung dieser Hebel wird durch die Stofsbüchsen n und die Federn C auf den Balancier und damit auf das Rührwerk übertragen. Die Federn C haben den Zweck, bei plötzlich auftretenden, durch grofse Kohlenstücke, Steine und dergleichen verursachten Widerständen die Stöfse aufzufangen, um Brüchen vorzubeugen oder den Stillstand der Vorrichtung zu vermeiden. Zum Schüren, Abschlacken und Anheizen dienen besondere Feuerthüren h.

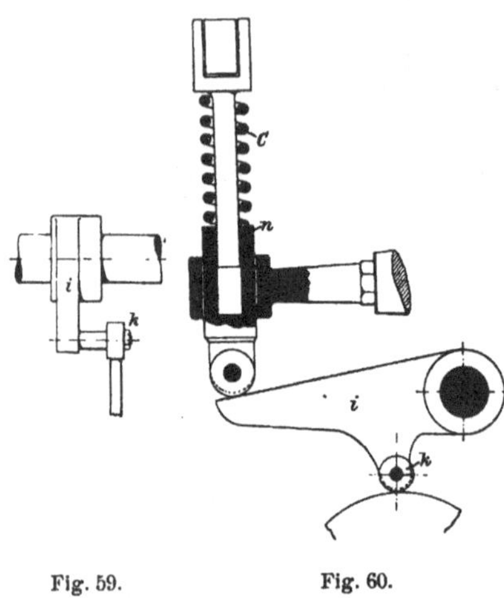

Fig. 59. Fig. 60.

Bei der Bauart von J. Proctor in Burnley, welche sich nach Angabe der Firma an über 7000 Feuerungen in England in Thätigkeit befinden soll, ist auch eine selbstthätige Vorrichtung zum Schüren und Abschlacken vorgesehen; die Roststäbe sind zu diesem Zweck abwechselnd fest gelagert und beweglich. Die beweglichen Stäbe stehen mit einem Mechanismus in Verbindung, der ihnen eine ähnliche Bewegung verleiht, wie sie eine Kurbelstange vollführt. Je nach der Stärke der Schlackenbildung erfolgt ihr Antrieb ununterbrochen oder nur zeitweise durch die Transmission, oder aber sie können, wenn erforderlich, von Hand bewegt werden. Durch den hinteren Teil des Rostes wird aufserdem Dampf geblasen.

Die bei diesen Einrichtungen verwendeten Federn erscheinen als ein schwacher Punkt derselben. Jedenfalls ist von ihnen nicht zu erwarten, dafs sie die Verteilung dauernd in der erforderlichen Gleichmäfsigkeit besorgen. Auch dürfte der stofsweise Betrieb den Apparaten nicht zum Vorteil gereichen, und zudem erscheint das von ihnen verursachte lästige Geräusch nicht gerade als angenehme Beigabe.

Bezüglich der Verwendbarkeit verschiedener Kohlensorten, sowie bezüglich der Rauchentwicklung ist auf das bei der Leach-Feuerung gesagte zu verweisen; aufserdem siehe auch S. 121.

[1]) S. auch Zeitschrift des Vereines deutscher Ingenieure 1897, S. 330 u. S. 333 Fig. 36.

Nachstehend seien noch die Ergebnisse einiger Versuche mit der von Münckner & Co. in Bautzen gebauten Vorrichtung angeführt[1]). Die 3 ersten Versuche beziehen sich auf einen Zweiflammrohrkessel mit Quersiedern: Heizfläche 96,76 qm, Rostfläche 3,30 qm. Am 1. und 3. Tage fand die Beschickung durch den Apparat statt, während am 2. der Oberheizer der Fabrik sie besorgte. Diese Versuche zeigen, dafs die Ausnützung der Kohle ohne die Vorrichtung bei sorgfältiger Bedienung nur wenig geringer ist als mit ihr.

Die beiden anderen, derselben Stelle entnommenen Versuche wurden an einem Kessel von 112 qm Heizfläche und 2,52 qm Rostfläche angestellt. Hier ergab der Versuch mit der Vorrichtung trotz stärkerer Anstrengung einen um 6 pCt. höheren Nutzeffekt. Die Bedeckung des Rostes soll in gleichmäfsiger Schicht stattgefunden haben; Leerstellen traten nicht auf.

Versuchstag	27. 1. 92 mit Vorrichtung	28. 1. 92 ohne Vorrichtung	29. 1. 92 mit Vorrichtung	25. 1. 88 ohne Vorrichtung	25. 6. 91 mit Vorrichtung
Dauer des Versuches . . . Std.	7	7	7	11	9,5
Brennstoff . . .	—	—	—	Oberschl. Steink.	Nufs II
Heizwert . . . W. E.	—	—	—	6663	6316
Kohlenverbrauch: im ganzen . . . kg	1790	1730	2680	—	—
pro qm Rostfläche und Stunde kg	77,5	74,9	116	48,1	70,7
Speisewasserverbrauch: im ganzen . . . kg	15360	14730	23540	—	—
pro qm Heizfläche und Stunde kg	22,68	21,73	34,75	8,58	12,55
Temperatur des Speisewassers im Mefsgefäfs . . . °C.	2	2	1,5	58,8	37,5
Temperatur des Speisewassers im hinteren Economiser . . . °C.	85	82	82		
Dampfspannung . . . kg/qcm	5,8	5,8	5,7	—	—
Verdampfung pro kg Kohle: roh . . . kg	8,58	8,51	8,78	7,91	7,885
bezogen auf Wasser von 0° und Dampf von 100°	7,7	7,68	7,92	—	—
Kohlensäuregehalt der Heizgase . . . Vol.-pCt.	9,8	8,8	9,00	7,95	10,0
Temperatur der Heizgase im Fuchs . . . °C.	220	237	252	240	271,7
Rückstände an Schlacken und Asche . . . kg	—	—	248	—	—
desgl. in pCt. des Kohlenverbrauches . . . pCt.	—	—	9,25	—	—
Zugstärke am Rauchschieber . . . mm Wassersäule	5	3	10	—	—
Nutzeffekt . . . pCt.	—	—	—	71,1	77,4

2. Vorrichtungen, bei welchen der Brennstoff vorn aufgegeben und allmählich nach hinten befördert wird.

Bei dieser Art der Beschickung wird der frische Brennstoff vorn langsam entgast und gerät, je mehr er nach hinten rückt, allmählich ins Glühen. Die entwickelten Kohlenwasserstoffe sind genötigt, über die glühende Schicht nach hinten zu streichen und sich dabei zu entzünden.

Der Transport der Kohle erfolgt auf verschiedene Weise und zwar:

a) dadurch, dafs sämtliche Roststäbe oder auch nur ein Teil derselben einzeln bewegt werden;

b) dadurch, dafs der Rost als Ganzes eine hin- und hergehende Bewegung vollführt;

c) dadurch, dafs der Rost als Kette oder dergleichen ausgebildet ist.

Alle diese Konstruktionen sind hauptsächlich in England und Amerika verbreitet, während sie sich in Deutschland nur wenig einzubürgern vermochten.

[1]) S. „Dampf" 1892, S. 1192.

Einrichtungen der ersten Art sind in dem Bericht von C. Bach über die internationale Ausstellung von Apparaten und Einrichtungen zur Vermeidung des Rauches in London 1881[1]) besprochen und dargestellt. Die Kohle wird hiebei durchweg mittels Kolben oder Schieber verschiedenster Gestaltung aus dem Fülltrichter auf den vorderen Teil des Rostes geschoben, zuweilen erst, nachdem sie vorher noch Quetschwalzen oder dergleichen passiert hat[2]). Die Roststäbe sind meist schwach nach hinten geneigt. Sie vollführen in der Regel eine Bewegung gleich oder ähnlich derjenigen einer Kurbelstange, jedoch so, daſs immer die Bewegungen zweier neben einander liegender Stäbe von einander abweichen, daſs z. B. der eine der beiden aufsteigt, während der andere niedergeht, und daſs erst wieder der übernächste oder der drittnächste Stab dieselbe Bewegung vollführt. In manchen Fällen wird auch nur ein Teil der Stäbe bewegt, die übrigbleibenden dagegen, welche zwischen den ersteren verteilt sind, werden fest gelagert.

Die Feuerbrücke ist in der Regel erst in einiger Entfernung hinter dem Rost eingebaut, so daſs der Abschluſs des Flammenraumes durch die nach hinten gelangenden Verbrennungsrückstände erfolgt.

Eine ganze Reihe derartiger Einrichtungen ist auch in den Patentschriften der letzten 15 Jahre niedergelegt. Eine von ihnen, welche von dem Engländer Hodgkinson herrührt, sei, weil sie neuerdings auch in Deutschland einige Verbreitung gefunden zu haben scheint[3]), noch besonders erwähnt.

Bei der älteren Anordnung dieser Feuerung, D. R. P. No. 34 311 vom 3. November 1885, wird die Kohle durch eine Speisewalze von gleicher Gestaltung wie diejenige, welche die Vorrichtung von Leach besitzt, einem Wurfrad zugeführt und durch dieses auf den vorderen Teil des Rostes geschleudert.

In ähnlicher Weise wie bei Leach sucht man hiebei Klemmungen oder Brüche dadurch zu vermeiden, daſs die Zellen der Speisewalzen durch ein federndes Blech abgestrichen werden, dessen Spannung eine Stellschraube zu regeln gestattet.

In der neueren Anordnung, D.R.P. No. 86 930 vom 2. August 1895, sind Speisewalze und Wurfrad fortgelassen, und die Kohle wird, wie bei den oben erwähnten Einrichtungen, durch einen Schieber auf eine über dem Rost befindliche Platte geschoben, welche durch ihre eigentümliche Gestaltung (Erhöhung in der Mitte) eine gleichmäſsige Verteilung über die Breite des Rostes bewirken soll.

Die Bewegung der Roststäbe erfolgt in beiden Fällen durch eine auſserhalb der Feuerung gelagerte Daumenwelle, welche zuerst die eine Hälfte der Roststäbe, und zwar immer den 1., 3., 5. u. s. w. Stab, hernach die andere Hälfte je zusammen nach vorn zieht, um alsdann beide Hälften gemeinsam nach hinten zu schieben.

Da bei dieser, wie auch bei allen ähnlichen Einrichtungen, durch die Bewegung der Stäbe auch das selbstthätige Freimachen des Rostes erreicht werden soll, so ist die Gefahr

---

[1]) Zeitschrift des Vereines deutscher Ingenieure 1882, S. 40 und 81.

[2]) Über deren Wert siehe S. 109 Anmerkung 2.

[3]) Sie wird von Carl Siede in Danzig gebaut und befindet sich an den Kesseln der Straſsenbahncentrale in Danzig im Betrieb. Sie ist in dem „Bericht über die III. Sitzung der Kommission zur Prüfung und Untersuchung von Rauchverbrennungsvorrichtungen“ erwähnt. Stettin, F. Hessenland, 1896. Auſserdem ist in der am 4. Mai 1898 stattgehabten IV. Sitzung dieser Kommission über Versuche an dieser Anlage berichtet worden.

sehr naheliegend, daſs mit der Asche und Schlacke auch beträchtliche Mengen unverbrannter Kohle in den Aschenfall gelangen[1]).

Die Bewegung der Roststäbe wird infolge der mannigfachen Einflüsse, welchen sie ausgesetzt sind (Hitze, Schlacke u. s. w.), namentlich bei stark schlackenhaltigem oder bei backendem Brennstoff zuweilen einen ganz bedeutenden Kraftaufwand erfordern. Infolgedessen werden die zur Erzeugung der Bewegung dienenden Teile, welche zudem noch durch Hitze und Verschmutzung zu leiden haben, einem sehr starken Verschleiſs unterliegen. Auſserdem werden die Einrichtungen trotz aller Vorsorge doch noch vielfach der Nachhilfe von Schaufel und Schüreisen bedürfen[1]), und schlieſslich ist nicht zu übersehen, daſs sie den an eine gute Roststabkonstruktion zu stellenden Anforderungen in der Regel nicht nachzukommen vermögen.

Ganz ähnlich liegen die Verhältnisse nun auch bei den beiden anderen Gruppen.

Ein Vertreter der zweiten Gruppe ist der bewegliche Rost von E. Langen in Köln, D.R.P. No. 46046 vom 21. Juni 1888. Der schwach geneigte Rost empfängt die Kohle aus einem Fülltrichter; er ist in einem auf Rollen gelagerten Rahmen gefaſst, welcher durch einen Motor oder durch eine Transmission in eine hin- und hergehende Bewegung versetzt wird. Abgesehen davon, daſs das Abschlacken hier durch den Heizer vorzunehmen ist, und daſs durch festgesetzte Schlacke leicht erhebliche Störungen in der Verteilung des Brennstoffes sich einstellen können, liegt bei dieser Einrichtung die Gefahr vor, daſs beträchtliche Mengen Kohlen in den Aschenfall gesiebt werden.

Als Vertreter der dritten Gruppe sind endlich noch folgende Einrichtungen zu erwähnen:

Der Kettenrost von Juckes[2]), welcher, von Tailfer verbessert, seinerzeit in England und Frankreich ziemlich verbreitet war und in ähnlicher Gestalt heute noch in Amerika zur Verbrennung geringwertigen Brennstoffes verwendet wird[3]).

Auch bei diesem Rost, welcher eine über Rollen laufende Gliederkette bildet, ist die Gefahr vorhanden, daſs mit den Rückständen unverbrannte Kohle in den Aschenfall gelangt. Die Betriebssicherheit läſst, wie nicht anders zu erwarten, vieles zu wünschen übrig. Das Abschlacken muſs vom Heizer besorgt werden, und bei starker Ausscheidung fällt die Schlacke nicht hinten in den Aschenfall, sondern staut sich an der Feuerbrücke an und muſs von Zeit zu Zeit nach vorn herausgezogen werden, was natürlich beträchtliche Störungen und starke Rauchentwicklung verursacht.

Der walzenförmige Rost von H. Rohweder, D.R.P. No. 63396 vom 23. Juli 1891. Er ist an seinem Umfang mit Körben zur Aufnahme des Brennstoffes ausgerüstet. Mindestens zwei solcher Körbe sollen immer gleichzeitig unter der Feuerung (Vorfeuerung) sich befinden, und die frische Kohle des einen soll durch den im anderen befindlichen glühenden Brennstoff entgast werden. Nachdem ein Korb ausgebrannt ist, soll der Rost vom Heizer weiter gedreht werden.

Eine weite Verbreitung dürfte diese Anordnung wohl kaum finden, denn abgesehen

[1]) Siehe hierüber auch C. Bach, Zeitschrift des Vereines deutscher Ingenieure 1883, S. 181 und S. 470.

[2]) Siehe Dinglers polytechn. Journal 1856, S. 413, sowie die auf S. 107 erwähnte Preisschrift von A. Seyferth.

[3]) Siehe Dinglers polytechn. Journal 1894, Bd. 291, S. 246, 1895, Bd. 296, S. 279, sowie Engineering News 1896, S. 371. (Kettenroste von Coxe und von Babcock & Wilcox.) Zur Beurteilung der dort verwendeten Unterwindgebläse s. S. 46 u. f.

von der wenig einfachen und teuren Anlage ist auch hier mit Sicherheit zu erwarten, dafs unverbrannte Kohle in den Aschenfall gelangt, und aufserdem wird durch den nahezu leer gebrannten hinteren Korb eine beträchtliche Menge kalter Luft der Feuerung zuströmen.

3. Vorrichtungen, durch welche der Brennstoff von unten zugeführt wird.

Der frische Brennstoff wird unter die glühende Schicht geschoben. Die entwickelten Gase sind genötigt, zusammen mit der zu ihrer Verbrennung dienenden Luft durch die glühende Kohle zu streichen, wodurch eine innige Mischung beider erzielt und eine rechtzeitige Entzündung gesichert werden soll[1]).

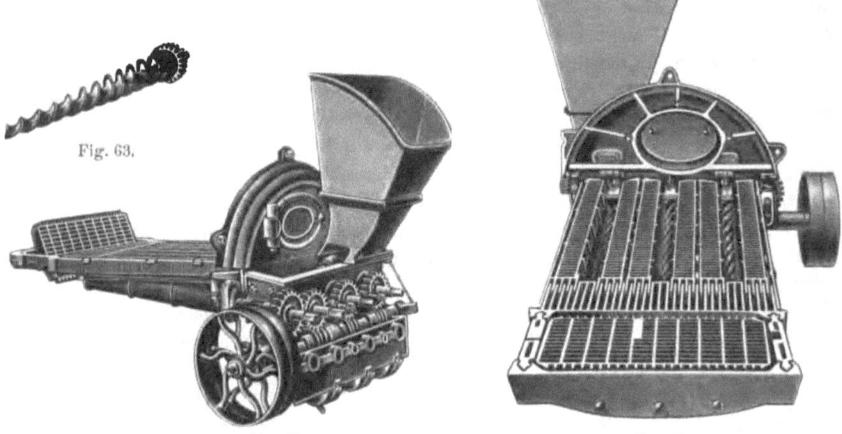

Fig. 63.

Fig. 61. Fig. 62.

Ein solcher, von Duméry in Paris schon in den fünfziger Jahren gebauter Apparat ist von C. Bach in der Zeitschrift des Vereines deutscher Ingenieure 1883, S. 86 und 87[2]) dargestellt und beschrieben. Er war zwar sehr sinnreich erdacht, erwies sich aber als unbrauchbar.

Eine andere, an derselben Stelle beschriebene, von Holroyd Smith herrührende Vorrichtung: Helix-Furnace Feeder, die 1881 in London ausgestellt war, scheint auch in Deutschland heute noch vereinzelt im Gebrauch zu sein[3]). Ihre Einrichtung zeigt Fig. 61—63. „Sechs mit Querspalten versehene Roststäbe erhalten eine schwingende Bewegung. Nach der Feuerbrücke zu schliefst sich ein um seine Mittellinie drehbarer Klapprost an, welcher die Entfernung der nach hinten geschobenen Asche und Schlacke in bequemer Weise ermöglicht. Die Roststäbe lassen drei kanalartige Räume zwischen sich, auf deren Grunde drei konische Schrauben liegen, welche sich kontinuierlich drehen. Das Brennmaterial wird nun denselben in einfacher Weise zugeführt, durch sie zwischen

[1]) Siehe auch S. 64 u. 65, sowie den Etagenrost von Langen, S. 71 u. f.

[2]) S. auch die schon mehrfach erwähnte Preisschrift von Seyferth, S. 107, Anmerkung 1.

[3]) S. J. L. Lewicki, „Bericht über rauchfreie Dampfkesselanlagen in Sachsen", Leipzig 1896, sowie auch C. Haage, Zeitschrift des Verbandes der preufsischen Dampfkesselüberwachungsvereine 1883, S. 141. Der von Lewicki untersuchte Apparat ist inzwischen aufser Betrieb gekommen.

den Roststäben fortbewegt und infolge der Konicität gleichmäfsig der Schraubenachse entlang nach oben herausgedrückt."

Dafs die für diese Einrichtung erforderliche Betriebskraft schon der 3 ungünstig arbeitenden Schneckengetriebe halber nicht unbedeutend sein wird, ist wohl kaum näher auszuführen. Ebenso ist klar, dafs, sofern die Verteilung des Brennstoffes einigermafsen gleichmäfsig erfolgen soll, mit hoher Schicht gearbeitet werden mufs. Dann ist aber der Rost einer sehr raschen Abnützung unterworfen. Bei Verwendung von backender Kohle ist zu befürchten, dafs schon in der Schnecke das Zusammenbacken beginnt, während bei magerer Kohle zu viel Brennstoff durch den Rost fällt.

Bei der von J. L. Lewicki untersuchten Anlage ergab sich ein Wirkungsgrad von etwa 69 pCt.

Eine andere derartige Einrichtung, welche seiner Zeit in Deutschland ziemlich verbreitet war, aber allmählich gleichfalls immer mehr verschwindet, ist die Feuerung von L. Schultz in Meifsen, D.R.P. No. 408 vom 12. September 1877 mit den Zusätzen, D.R.P. No. 4745 vom 13. August 1878, und D.R.P. No. 6396 vom 18. Januar 1879, und B. Röber in Dresden, D.R.P. No. 14 234 vom 25. Mai 1880.

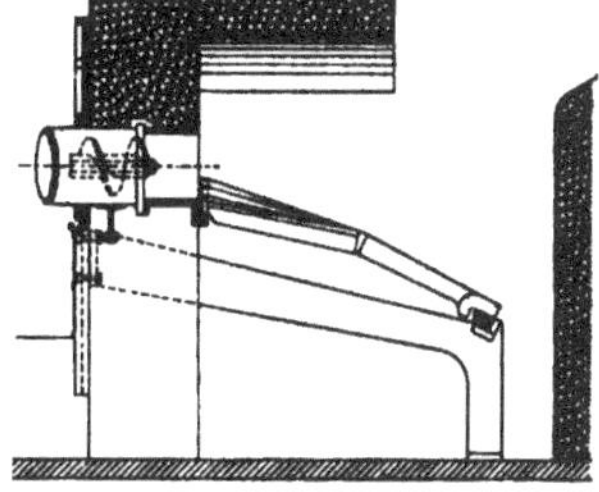

Fig. 64.

In ihrer ursprünglichen Gestalt ist diese Anordnung durch Fig. 190—193 Tafel XVIII dargestellt. Aus dem Fülltrichter D wird der Brennstoff mittels der im Rohr A befindlichen Schnecke a durch die Öffnung E auf die bis zur Mitte des Rostes ansteigende Rostrinne befördert. Diese ist beiderseits durch stufenförmig gelagerte Stäbe begrenzt, welche den Übergang zu den beiden seitlichen, gleichfalls bis zur Mitte des Rostes sich erstreckenden Planrosten bilden. Die hintere Rosthälfte fällt schwach gegen den Schlackenschieber C ab, welcher den Abschlufs zwischen Rost und Feuerbrücke herstellt. Die Stäbe der Rinne schliefsen, ohne Fugen zu bilden, bis zum Punkte i dicht zusammen.

Um Klemmungen und deren Folgen fernzuhalten, sowie um zu vermeiden, dafs Kohlenstücke zerquetscht und dadurch Grieskohle gebildet wird, ist im Grunde des Trichters, wie die Figuren 191 und 193 zeigen, ein Schutzblech s angeordnet.

Zu den beiden Planrosten führen Schüröffnungen H, welche die Möglichkeit gewähren, an den Wänden angebackene Schlacke loszulösen, aufserdem aber auch bei schlechter Ausbreitung des Brennstoffes zum Nachhelfen dienen.

In dem Zusatzpatent No. 4745 vom 13. August 1878 hat der Erfinder eine hin- und hergehende Rostplatte angeordnet, welche die Verteilung des Brennstoffes befördern soll, während in dem Zusatzpatent 6396 vom 18. Januar 1879 die Schnecke ganz verlassen und durch einen hin- und hergehenden Schieber ersetzt ist.

Diese beiden Neuerungen haben jedoch wenig Verbreitung gefunden; dagegen wurde bei späteren Ausführungen entsprechend dem Röberschen Patente No. 14 234 zwar der Rost wie in der ersten Anordnung ausgeführt, aber als Ganzes beträchtlich nach hinten geneigt Fig. 64[1]), vermutlich um die Verteilung der Kohle zu befördern. Aufserdem wurde der Schlackenschieber fortgelassen und der Abschlufs zwischen Rost und Feuerbrücke durch die hinten sich ablagernden Rückstände hergestellt.

[1]) S. J. L. Lewicki, Rauchfreie Dampfkesselanlagen in Sachsen, Tafel XXI.

Die Einrichtung ist zwar einfach, jedoch ist sie allmählich mehr und mehr wieder verlassen worden. Auch bei ihr ist eine sehr hohe Rostbedeckung (Kohlenberg) erforderlich[1]), so dafs ein ziemlich beträchtlicher Roststabverbrauch eintritt.

Zudem zeigte sich, dafs trotz der grofsen Schichthöhe die Ausbreitung des Brennstoffes nicht genügend gleichmäfsig erfolgte. Nach J. L. Lewicki (Rauchfreie Dampfkesselanlagen in Sachsen, S. 178) staute sich die Kohle vor den Mündungen der Transportschnecken, so dafs „zur Verhütung von Zuströmung überschüssiger Luft mit dem Schüreisen nachgeholfen werden mufste..... Jedesmal, wenn dies geschah, erfolgte in Folge des Durcheinanderwerfens von durchgebranntem und noch destillierendem Brennstoff starke Rauchbildung.“

Die Einrichtung litt ferner vielfach an dem Mangel, dafs die Kohlenförderung dem Wärmebedarf nicht genügend angepafst werden konnte, so dafs die Schnecke nicht ununterbrochen in Thätigkeit war, sondern zeitweise abgestellt werden mufste. Damit war aber der Übelstand verknüpft, dafs die Kohle, namentlich auf den äufseren Teilen des Rostes, zu weit niederbrannte und Luft in unzulässig grofser Menge in den Feuerraum gelangte. Aufserdem vermochte man bei plötzlicher Steigerung des Dampfbedarfes die Wärmeentwicklung nicht entsprechend zu ändern. Die unten zugebrachte Kohle gebraucht eine gewisse Zeit, um entgast zu werden und ins Glühen zu geraten. Wird rasch viel frische Kohle unter die brennende Schicht geschoben, so wird die Glut, da die Kohle nur langsam anbrennt, zunächst eher vermindert als gesteigert.

Betreffs der Verwendung verschiedener Kohlensorten ist noch zu erwähnen, dafs bei stark schlackenhaltigem Brennstoff die Schlacke an den Seitenwandungen festbackt, wodurch die Bewegung der Kohle beeinträchtigt wird. Das Loslösen der Schlacke hat natürlich gleichfalls Störungen der Verbrennung zur Folge. Bei magerer kleinstückiger Kohle fallen, wenigstens auf den seitlichen und hinteren Teilen des Rostes, viele unverbrannten Teile durch[2]).

Ein hoher Wirkungsgrad ist von der Einrichtung nicht zu erwarten. Bei den Versuchen von J. L. Lewicki betrug er an den 3 Versuchstagen 55,6 pCt., 54,9 pCt. und 62 pCt. bei einer Dampferzeugung von 17,3, 19,4 und 19,8 kg pro qm Heizfläche. Ueber die Rauchentwicklung ist angegeben: Fast rauchfrei, zuweilen leichter Rauch und zuweilen starker Rauch. Im allgemeinen arbeitet der Rost rauchfrei, sofern er nicht übertrieben beschickt wird und die Beschickung ununterbrochen erfolgt.

Weitere derartige Konstruktionen, bei denen der Brennstoff gleichfalls mittels einer Schnecke, manchmal auch mittels eines Kolbens, jedoch in der Mitte des Rostes von unten durch eine Röhre zugebracht wird, sind niedergelegt in den Patenten von

L. Hopcraft in London, D.R.P. No. 52296 vom 5. Oktober 1889, R. Williamson in Ashton (England), D.R.P. No. 62416 vom 23. September 1891, E. Jones in Portland (Amerika), D.R.P. No. 68626 vom 2. März 1892, A. Gaiser in Oberndorf a. N., D.R.P. No. 82393 vom 11. Mai 1894 und D.R.P. No. 86240 vom 2. November 1895, u. a.

---

[1]) Es ist dies die Ursache, dafs die Einrichtung für Innenfeuerungen nur bei sehr weiten Flammrohren verwendbar ist, daher für solche wenig ausgeführt wurde.

[2]) S. auch C. Haage, Zeitschrift des Verbandes der preufsischen Dampfkesselüberwachungsvereine 1883, S. 140, ferner: dieselbe Zeitschrift 1879, S. 7; Wochenschrift des Vereines deutscher Ingenieure 1879, S. 332; C. Bach, Zeitschrift des Vereines deutscher Ingenieure 1883, S. 181, und Dinglers polytechn. Journal 1891, Band 280, S. 152.

Über die Verbreitung derselben ist nichts bekannt geworden. Sie stehen bezüglich der Einfachheit der Anordnung alle mehr oder weniger hinter der Beschickungsvorrichtung von Schultz zurück. Wie diese erfordern sie eine sehr hohe Rostbedeckung und leiden deshalb an starkem Roststabverbrauch. Eine gleichmäfsige Brennstoffverteilung ist bei den meisten in keiner Weise gesichert, besonders da infolge der fast durchweg gebräuchlichen Zufuhr des Brennstoffes in der Mitte des Rostes dort weniger Luft zuzuströmen vermag, weshalb der Abbrand hauptsächlich auf den äufseren Teilen des Rostes stattfindet.

Neben dem, was bereits bei Besprechung der einzelnen Vorrichtungen erörtert worden ist, gilt für alle Feuerungen mit mechanischer Rostbeschickung auch heute noch das von C. Bach anläfslich der im Jahre 1881 stattgehabten Londoner Ausstellung von Apparaten und Einrichtungen zur Vermeidung des Rauches gefällte Urteil[1]):

„Dafs mehrere der Apparate den Zweck der Rauchvermeidung in befriedigender Weise erfüllen, darf nicht in Zweifel gezogen werden; ebenso ist auszusprechen, dafs die Detailkonstruktionen zum Teil nicht blofs sinnreich sind, sondern auch die mögliche Einfachheit im Laufe der Zeit erlangt haben. Es darf nämlich nicht aufser Acht gelassen werden, dafs alle die angeführten Einrichtungen alte, in mehr oder minder neuem Gewande auftretende Bekannte sind. Dagegen steht ihrer allgemeinen Verbreitung im Wege:

1. der verhältnismäfsig hohe Preis, sofern es sich nicht um grofse Anlagen handelt;

2. der Umstand, dafs ihre Funktionierung mechanische Arbeit, d. h. Pferdekräfte fordert, die überall da, wo die zu ihrer Erzeugung nötigen Kohlen teuer sind, und wo man an und für sich zur möglichsten Sparsamkeit veranlafst ist, nicht ohne Weiteres geopfert werden können. Auch dieser Punkt fällt um so mehr in die Wagschale, je kleiner die einzelnen Kessel sind;

3. der Umstand (und wohl der Hauptgrund), dafs trotz möglichster Einfachheit die Einrichtung immer noch ein komplicierter und den nachteiligen Einflüssen der Hitze und des Staubes ausgesetzter Mechanismus ist, der hier und da seine Dienste versagt und Reparaturen fordert. Die Betriebssicherheit wird immer etwas zu wünschen übrig lassen. Schon die Thatsache, dafs man sich unter Verfolgung richtiger Principien seit Jahrzehnten ziemlich vergeblich abgemüht hat, dem Rauche auf diesem Wege allgemein — wenigstens insoweit Dampfkesselfeuerungen in Frage stehen — beizukommen, läfst auf die Bedeutung dieses Gesichtspunktes schliefsen.“

Die verhältnismäfsig gröfsere Verbreitung solcher Vorrichtungen in England und Nordamerika dürfte neben dem dortigen geringeren Kohlenpreis auch dem Umstand zuzuschreiben sein, dafs daselbst infolge der höheren Arbeitslöhne die Ersparnisse an Bedienung und Wartung, die bei grofsen Anlagen beträchtlich sein können, mehr ins Gewicht fallen als bei uns.

Besonders zu erwähnen ist endlich noch, dafs zwar durch die Verwendung solcher Einrichtungen die Bedienung erheblich erleichtert wird, dafs aber die Abhängigkeit vom Heizer dennoch ganz beträchtlich ist, da man bei eintretenden Störungen an den Vorrichtungen vollständig auf dessen Verständnis angewiesen ist, und da durch unrichtige Behandlung der Apparate die Betriebssicherheit nicht unwesentlich gefährdet wird.

[1]) Zeitschrift des Vereines deutscher Ingenieure 1882, S. 88.

V. Feuerungen mit Brennstoff in besonderer Form.

A. Kohlenstaubfeuerungen.

Abweichend von den bisher besprochenen Feuerungen gelangt bei diesen die Kohle in fein zermahlenem Zustande (Staubform) zur Verwendung. Der Kohlenstaub wird in einem Luftstrom in die Feuerung eingeführt, wobei er sich bei der infolge des ununterbrochenen Betriebes im Feuerraum herrschenden hohen Temperatur mit dem Sauerstoff der ihn umgebenden Luft verbindet und in dieser schwebend verbrennt. Die Feuerung macht also, im Gegensatz zu den bisher erörterten, einen Rost entbehrlich.

Um dabei eine möglichst vollkommene Verbrennung zu erzielen, sind folgende Bedingungen einzuhalten:

1. In der Feuerung mufs dauernd eine genügend hohe Temperatur vorhanden sein.
2. Der Kohlenstaub mufs in möglichst gleichmäfsiger und inniger Verteilung fortdauernd in richtigem Verhältnis in den Luftstrom eingetragen und das erhaltene Gemisch in ununterbrochenem Strome dem Feuerraum zugeführt werden.
3. Die Kohlenteilchen müssen sich so lange schwebend im Luftstrome erhalten können, bis vollständige Verbrennung eingetreten ist[1]).

Die erste Bedingung ist bei der ununterbrochenen Beschickung ja eigentlich von selbst erfüllt. Jedoch ist zu beachten, dafs das Ingangsetzen der Feuerung[2]) sowie die fortdauernd sichere Entzündung des eingeführten Kohlenstaubes nur dann möglich sind, wenn im Feuerraum eine gewisse Wärmemenge aufgespeichert werden kann.

Bei Flammrohrkesseln wird dies dadurch erreicht, dafs die Rohre auf eine gewisse Erstreckung mit feuerfestem Mauerwerk ausgemauert werden. Diese Ausmauerung wird verhältnismäfsig nur geringem Verschleifs unterliegen, da sie sich auf ihrer ganzen Erstreckung in unmittelbarer Berührung mit Heizflächen befindet, ihre mittlere Temperatur also unter derjenigen des Feuerraumes liegt, und da sie aufserdem nur selten Temperatur-

---

[1]) Sobald der Kohlenstaub zu Boden sinkt, lagert er sich so dicht, dafs der Luftzutritt gehindert und damit eine vollständige Verbrennung ausgeschlossen ist, vielmehr nur noch eine Verkokung eintritt.

[2]) Siehe hierüber auch S. 132.

schwankungen erleidet. Auch die durch die Ausmauerung eintretende Verminderung an wirksamer Heizfläche ist nur von geringer Bedeutung.

Bei den meisten anderen Kesselsystemen findet dagegen die Erstellung eines derartigen genügend dauerhaften Wärmespeichers (Verbrennungskammer) erhebliche Schwierigkeiten, so dafs sich schon aus diesem Grunde die Anwendung der Kohlenstaubfeuerungen hauptsächlich auf die Flammrohrkessel beschränken dürfte.

Die Erfüllung der Bedingung 2 ist im wesentlichen abhängig von der Konstruktion der Vorrichtung, welche das Kohlenstaubluftgemisch herstellt und dem Feuerraum zuführt. Es ist hierbei insbesondere dem Umstand Rechnung zu tragen, dafs der Kohlenstaub, namentlich der Braunkohlenstaub, sehr leicht Feuchtigkeit aufnimmt, sich zusammenballt und in diesem Zustand Verstopfungen herbeiführen kann. Der Apparat mufs daher so eingerichtet sein, dafs er nötigenfalls eine Auflockerung zu bewirken vermag.

Die Bedingung 3 ist nur durch Verwendung eines genügend feinen und genügend gleichmäfsigen Staubes zu erfüllen, und es hat sich gezeigt, dafs in erster Linie die Kosten der Herstellung eines solchen es sind, welche die Anwendung der Kohlenstaubfeuerung beschränken.

Die verbreitetsten bisher in Verwendung gekommenen Einrichtungen zur Erzeugung und Zuführung des Kohlenstaubluftgemisches sind:

Die Vorrichtung von Carl Wegener, Berlin, Fig. 65—68. Die Verbrennungsluft wird vom Schornstein durch die ringförmige Öffnung am Fufse des Rohres Z eingesaugt und versetzt beim Durchströmen dieses Rohres ein in dessen senkrechten Teil eingebautes Windrad w in Umdrehung. Die senkrechte Welle dieses Windrades trägt auf ihrem oberen Ende eine Scheibe a, Fig. 67 und 68 mit 2 Mitnehmerstiften b, welche auf einen Doppelhebel c einwirken; dieser umgreift mit seinem gabelförmigen Ende einen am Rahmen des Siebes s befestigten Stift d und wird durch eine Feder, deren Spannung von aufsen geregelt werden kann, gegen einen Anschlag e gezogen, welcher entweder fest ist, oder gleichfalls von aufsen verstellt werden kann. So oft nun einer der Mitnehmerstifte an dem Doppelhebel vorbeigeht, wird dieser und das Sieb gedreht, durch die gespannte Feder jedoch sofort wieder in die Ruhelage zurückgeschnellt. Je nach der Spannung der Feder wird die Wucht des Rückschlages und damit die Menge des durch das Sieb fallenden Staubes verschieden sein. Um zu verhindern, dafs feuchter zusammengeballter Kohlenstaub auf dem Sieb sich festsetzt und mitschwingt, sind über demselben feststehende Rippen in den Behälter eingebaut.

Der über dem Sieb befindliche Kohlentrichter ist in der Regel um eine seitwärts stehende Säule drehbar; ein Schieber schliefst ihn nach unten ab. Mit der Beschickungsvorrichtung ist er durch eine Muffe verbunden. Wird diese gelöst und der Trichter weggedreht, so wird das Sieb zugänglich.

Auf der Welle des Windrades befindet sich ein Doppelkegel k, welcher den durch das Sieb fallenden Staub seitwärts ablenkt, so dafs er möglichst verteilt in den Luftstrom eingestreut wird. Die Luftmenge wird durch Heben oder Senken eines Rohrschiebers geregelt, welcher das untere Ende des Rohres Z umschliefst. Die beiden seitlich angeordneten, in das Rohr Z unmittelbar vor dem Feuerraum einmündenden Rohre r, welche durch Schieber absperrbar sind, ermöglichen es, je nach Bedarf noch weitere Luft einzuführen.

Die Kohlenstaubfeuerung von R. Schwartzkopff: Fig. 69.

Die Verbrennungsluft wird durch die Öffnungen l, m und n, von denen die letztere durch einen Schieber in ihrer Weite verstellt werden kann, der Feuerung zugeführt. Der Kohlenstaub dagegen wird durch eine rasch sich drehende Bürstenwalze in den Verbrennungsraum geschleudert.

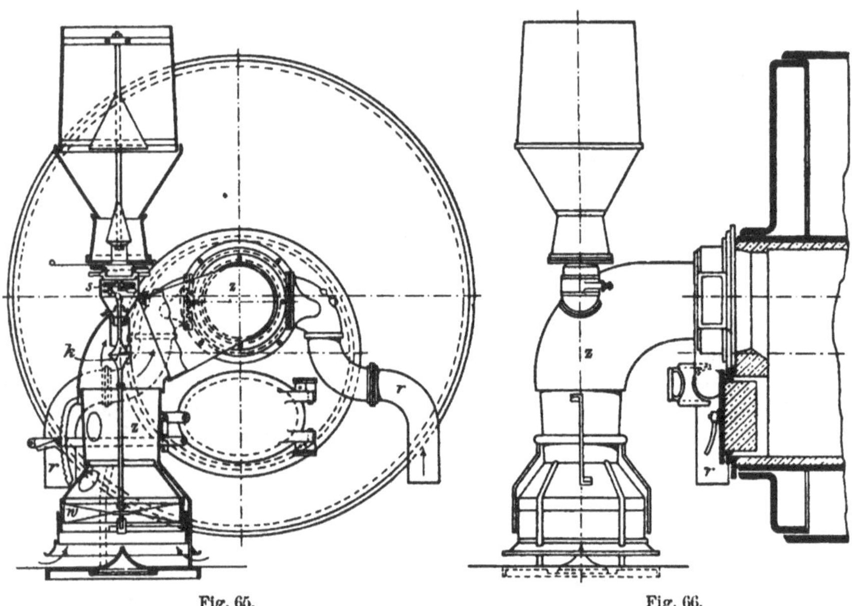

Fig. 65. Fig. 66.

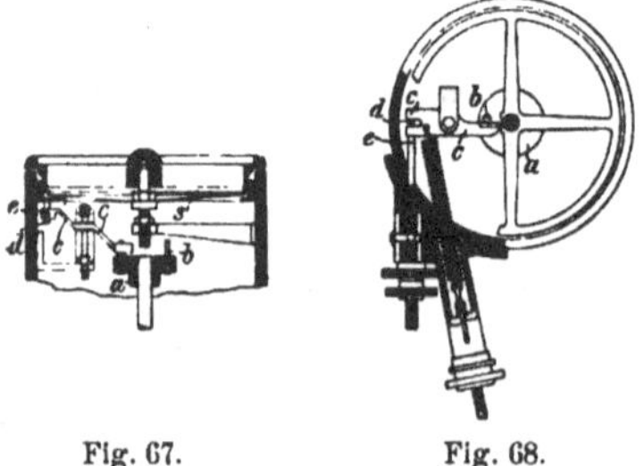

Fig. 67. Fig. 68.

Das Gehäuse dieser Walze ist mit dem Kohlentrichter zusammengebaut und an der Stirnplatte des Flammrohres befestigt. Der Kohlentrichter ist nach dem Bürstengehäuse durch die federnden Bleche c und d verschlossen.

Das Blech d trägt am unteren Ende eine Nase h, die bei jeder Bürstenumdrehung von einem Hammer g getroffen wird; der Hammer zwingt das Blech d auszuweichen und einen Schlitz zum Durchfallen von Kohlenstaub freizugeben, dessen Breite durch Einstellen der auf das Blech c drückenden Schraube s von aufsen geregelt werden kann. Sobald der Hammer vorübergegangen ist, schnellt das Blech d wieder gegen c zurück, wodurch der Trichterinhalt beständig erschüttert, der Kohlenstaub aufgelockert und gleichmäfsiges

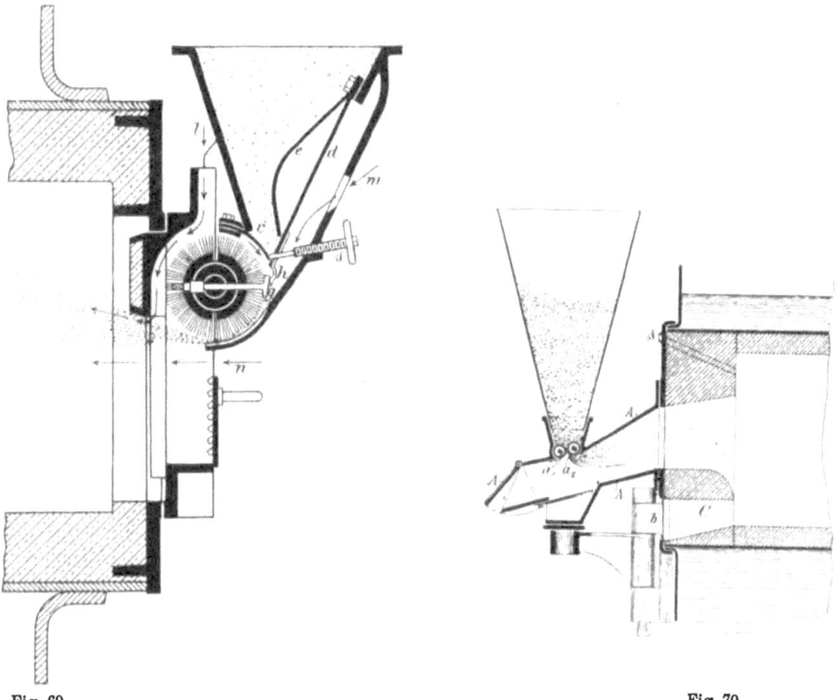

Fig. 69. Fig. 70.

Fig. 71.

Nachsinken des letzteren bewirkt wird. Das Blech e dient zur Entlastung des Bleches d. Eine Spiegelvorrichtung gestattet die Kohlenzufuhr zu überwachen.

Die Vorrichtung von Pinther, D. R. P. No. 86 995, dargestellt durch die Figuren 70 und 71, besteht im wesentlichen aus einem rechteckig geformten, gufseisernen Kasten A, dessen Querschnitt sich nach der Feuerung hin allmählich erweitert. In der oberen Wandung dieses Kastens befindet sich eine mit einem Halse versehene Öffnung, welche den Kohlenstaubbehälter aufzunehmen hat. In diese Öffnung sind zwei wagerechte Walzen a_1, a_2 eingebaut, zwischen denen hindurch der Kohlenstaub in die Feuerung gelangt und welche, da sie sich beide in gleicher Richtung umdrehen, auflockernd auf ihn einwirken. Zwischenraum und Umdrehungszahl dieser Walzen sind veränderlich, so dafs hiedurch die Menge des Kohlenstaubes geregelt werden kann. Störungen durch das Festklemmen von Steinen, Eisenteilen und dergleichen, welche sich vielfach im Staube vorfinden, sind bei der gleichsinnigen Drehrichtung der beiden Walzen ausgeschlossen[1]).

Die Luftmenge, welche durch den natürlichen Schornsteinzug in der durch die Pfeile bezeichneten Richtung dem Kasten A zugeführt wird, kann durch entsprechend angeordnete Schieber und Klappen geregelt werden.

Um den Feuerraum zum Anheizen und Abschlacken leicht zugänglich zu machen, ist die ganze Vorrichtung drehbar angeordnet. Zum Abzug der Schlacke dient die durch eine besondere Thür b verschliefsbare Öffnung C, zur Beobachtung der Flamme ein Schauloch s.

Kohlenstaubfeuerung von Ruhl, Fig. 194—196 Tafel XX, gebaut von A. Borsig in Berlin. Die Luft wird durch den mit der Feuerthür h fest verbundenen, rechteckigen Luftschacht d zugeführt, sowie je nach Bedarf aufserdem noch durch eine Reihe kleinerer regelbarer Öffnungen im unteren Teil der Feuerthür. Die Decke des Luftschachtes, welche durch ein Hebelwerk g gehoben oder gesenkt werden kann und je nach dem Luftbedarf festgestellt wird, trägt einen Fallkanal c_1 von rechteckigem Querschnitt. Der Kanal endigt nahe vor der Einmündung des Schachtes in den Feuerraum und umschliefst mit seinem oberen Ende einen zweiten Kanal c, der am Trog k befestigt, mit diesem durch den Schlitz i in Verbindung steht. In dem Trog k befinden sich 2 in entgegengesetztem Sinne umlaufende Transportschnecken b und b_1. Die erste führt den Kohlenstaub dem Schlitze i zu und ist auf dessen ganze Erstreckung mit Bürsten versehen. Die zweite Schnecke b_1 bringt den zu viel geförderten Staub zur Entnahmestelle zurück. Durch Verstellen des Schlitzes i mittels des Hebels a läfst sich die Stärke der Kohlenzufuhr verändern. Die Einrichtung gestattet, mehrere Feuerungen gleichzeitig zu bedienen.

Während des Betriebes kann der Gang der Feuerung durch Schaulöcher in der vorderen Wand des Luftschachtes beobachtet werden. Soll die Feuerthür (z. B. zum Anheizen) geöffnet werden, so bringt man die Decke des Luftschachtes in ihre tiefste Lage, wodurch der Kanal c_1 freigelegt wird.

[1]) Die Konstruktion ist neuerdings (D. R. P. No. 97 175, Zeitschrift des Vereines deutscher Ingenieure 1898, S. 732) dahin abgeändert, dafs zwischen den beiden Walzen a_1 a_2 noch eine dritte, freibewegliche angeordnet worden ist. Sie verfolgt den Zweck, bei periodisch zu füllendem Kohlenstaubbehälter eine gleichmäfsige Einführung des Staubes aufrecht zu erhalten.

Kohlenstaubfeuerung von Unger, gebaut von der Sächsischen Maschinenfabrik in Chemnitz, vorm. R. Hartmann, Fig. 197 und 198, Tafel XX. Sie unterscheidet sich von den bisherigen wesentlich dadurch, daſs sie mit einem kleinen Roste versehen ist. Derselbe dient nicht nur zum Anheizen, sondern es wird das auf ihm entzündete Feuer auch während des Betriebes forterhalten, um etwa sich ablagernden Kohlenstaub zu entzünden.

Der Kohlenstaub wird durch das mittels der Klappe a verschlieſsbare Zuführungsrohr b in den Rüttelkasten c gebracht, der einerseits an dem Bolzen d aufgehängt ist, andererseits auf dem Winkeleisen e liegt und durch zwei auf der Antriebswelle f befestigte dreieckige Scheiben g in rüttelnde Bewegung versetzt wird. Am tiefsten Punkt des Kastens c befindet sich ein über dessen ganze Länge sich erstreckender Schlitz h, welcher durch einen vom Hebel k einzustellenden Schieber i mehr oder weniger verschlossen werden kann.

Infolge der rüttelnden Bewegung des Kastens c fällt der Kohlenstaub je nach der eingestellten Schlitzweite in gröſserer oder kleinerer Menge auf die sich drehende Riffelwalze l und gelangt alsdann, vom Zug mitgenommen, durch den mittels der Klappe m einstellbaren Spalt in den Feuerraum.

Der Rüttelkasten c ist von dem Gehäuse n umgeben, welches oben eine mit Stellschraube versehene Klappe o besitzt, die das Einströmen von Luft ermöglicht und dadurch ein Verstäuben der Kohle verhindert. In der Vorderwand des Kastens ist ebenfalls eine Klappe angebracht, durch welche der Hebel k bequem zugänglich wird.

Das guſseiserne Gehäuse q der Feuerung, welches ebenso wie der vordere Teil des Flammrohres mit Schamottmauerwerk ausgefüttert ist, hat an seiner Vorderwand vor der Walze l eine mit einer Glastafel versehene Schauthür r, vor dem Feuerraum das Schauloch s, darunter die mit Schutzwand ausgerüstete Feuerthür t, und bildet unter dem Rost u den mittels der Klappe v verschlieſsbaren Aschenfall.

Die unmittelbare Luftzufuhr zum Feuerraum wird teils durch die in der Schürplatte befindliche Klappe w, teils durch eine in der Feuerthür befindliche Rosette x geregelt.

Kohlenstaubfeuerung von Friedeberg, Fig. 72 und 73. Diese Konstruktion ist dadurch ausgezeichnet, daſs sie auſser dem Gebläse, welches die Luft der Feuerung zuführt, und das in beliebiger Entfernung vom Kessel aufgestellt werden kann, keine bewegten Teile besitzt. Der Luftstrom teilt sich in dem senkrechten Zuleitungsrohr q in 2 Teile, deren einer durch Rohr a unmittelbar in die Feuerung gelangt, während der andere die Beschickung übernimmt. Zu diesem Zwecke wird er in den Kohlenbehälter d eingeleitet, trifft auf die Oberfläche des aus dem Trichter o niedersinkenden Kohlenstaubes und führt ihn durch die Öffnungen b und die Rohre c vor das kegelförmige Mundstück u, wo die beiden Luftströme wieder zusammentreffen. Zur Regelung dienen die drei aus der Figur ersichtlichen Drosselklappen. Die ganze Vorrichtung kann um das senkrechte Rohr q gedreht werden, so daſs der Feuerraum leicht zugänglich ist.

Kohlenstaubfeuerung von de Camp, gebaut von Leopold Ziegler in Berlin, Figur 74 und 75[1]). Zum Mischen von Kohlenstaub und Luft dient ein besonderer, an beliebigem Ort aufzustellender Ventilator m. Der Kohlenstaub wird von der konischen

[1]) Zeitschrift des Verbandes der preuſsischen Dampfkesselüberwachungsvereine 1897, S. 76 u. f.

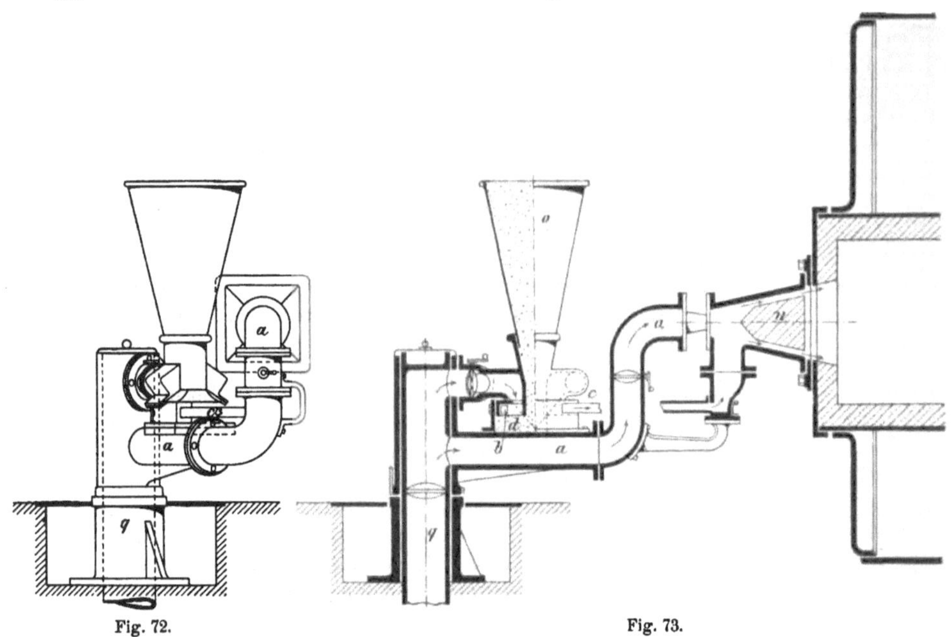

Fig. 72. Fig. 73.

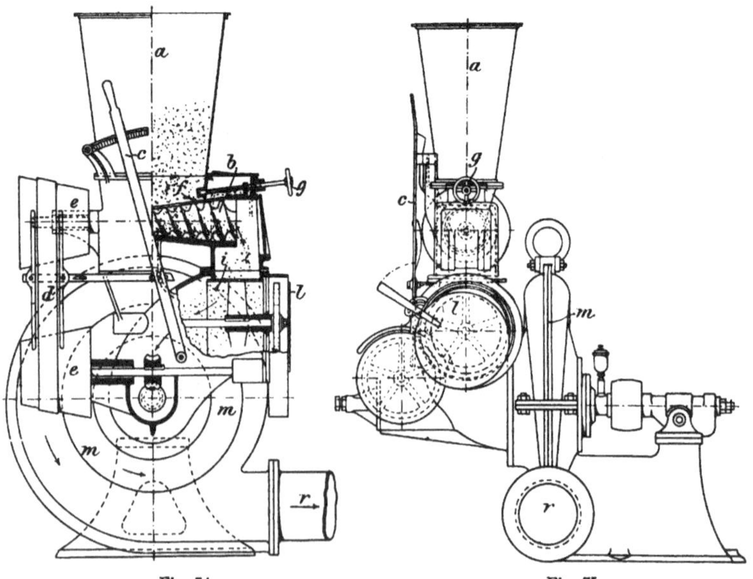

Fig. 74. Fig. 75.

Schnecke b aus dem Trichter a auf das sich drehende Sieb i geleitet, dessen Inneres den Anfang der Saugleitung des Ventilators bildet. Kohlenstaub und Luft sind also gezwungen, zusammen durch den Ventilator zu strömen, und gelangen infolgedessen als fertiges Gemisch durch die Rohrleitung r in den Feuerraum. Der Antrieb der Schnecke erfolgt durch die beiden konischen Trommeln e e. Die Zufuhr des Kohlenstaubes wird durch Verstellen des über die letzteren laufenden Riemens d mittels des Hebels c, sowie durch gröfseres oder geringeres Abdecken der Schnecke mittels des Schiebers f und des Handrädchens g geregelt. Die Zufuhr der Verbrennungsluft dagegen wird durch den Schieber l geregelt, welcher die Zuströmungsöffnung mehr oder weniger freigiebt.

Die Einrichtung gestattet, mehrere Feuerungen gleichzeitig zu bedienen.

Die Konstruktion von Wegener[1]) hat den Vorteil, von einer besonderen Kraftquelle unabhängig zu sein; jedoch erscheint es fraglich, ob der von den Zugverhältnissen abhängige Gang des Apparates genügend gleichmäfsig ist und ob nicht durch Windstöfse oder dergleichen Unregelmäfsigkeiten in der Beschickung aufzutreten vermögen. Die Auflockerung des Kohlenstaubes wird zwar von dem Apparat zufriedenstellend vorgenommen, doch ist klar, dafs die Menge des durch das Sieb fallenden Staubes bei Änderung des Feuchtigkeitsgehaltes gleichfalls schwankt.

Bei den Konstruktionen von Schwartzkopff, Pinther, Ruhl und Unger wird der Kohlenstaub genügend aufgelockert; in den Luftstrom wird er entweder unmittelbar vor oder erst in dem Verbrennungsraum eingestreut.

Ein Nachteil der Feuerungen von Schwartzkopff und von Pinther liegt in der Notwendigkeit, die sehr rasch umlaufende, durch einen Riemen angetriebene Welle unmittelbar vor der Feuerung lagern zu müssen; bei der ersteren ist es aufserdem nicht ausgeschlossen, dafs sich bei feuchtem Staub die Bürsten zusetzen. Auch bei der Ruhlschen Feuerung können bei solchem Staub Verstopfungen eintreten.

Die Ungersche Feuerung hat zwar den Vorteil, dafs infolge ihres Rostes das Anheizen erleichtert ist und etwa sich ablagernder Staub auf dem Rost verbrennt. Dies setzt aber voraus, dafs das kleine Feuer fortdauernd unterhalten wird, was die Vorteile der Feuerung beeinträchtigt. Es treten Temperaturschwankungen auf, der Schornsteinverlust wird erhöht und aufserdem wird der Rauchbildung Vorschub geleistet. Ein Nachteil der Feuerung besteht auch darin, dafs der Feuerraum zum Teil dem Kessel vorgebaut ist. Es führt dies unter allen Umständen zu rascherer Abnützung der Ausmauerung und erhöht die Abkühlungsverluste.

Die Feuerung von Friedeberg besitzt ebenso wie die von de Camp ein besonderes Gebläse, das zwar an beliebigem Ort aufgestellt werden kann, immerhin aber einen nicht unbeträchtlichen Kraftbedarf erfordert. Beide Konstruktionen haben den Vorteil, aufser dem Ventilator keine bewegten Teile zu besitzen. Bei der Friedebergschen An-

[1]) S. über dieselbe auch den Vortrag von C. Schneider, veröffentlicht im Bericht über die 24. Delegierten- und Ingenieurversammlung des internationalen Verbandes der Dampfkesselüberwachungsvereine zu Kiel, Juni 1895, oder in der Zeitschrift des Verbandes der preufsischen Dampfkesselüberwachungsvereine 1895, S. 336 u. f.

ordnung kann aber das Bedenken nicht unterdrückt werden, ob bei teilweise zusammengeballtem Kohlenstaub oder bei wechselndem Feuchtigkeitsgehalt desselben sich nicht Unregelmäfsigkeiten in der Beschickung (wechselnde Kohlenzufuhr) einstellen werden. Bei der de Campschen Konstruktion sind dagegen derartige Bedenken vollständig ausgeschlossen, da sie ein äufserst gleichmäfsiges Gemisch von Kohlenstaub und Luft liefert und es in fertigem Zustand dem Verbrennungsraum zuführt. Auch gewährt die Anordnung grofse Betriebssicherheit, ermöglicht den gemeinsamen Betrieb mehrerer Feuerungen durch einen Apparat, und gestattet gröfste Sauberkeit. Der Raum vor den Kesseln kann vollständig frei gehalten werden. Die Einrichtung erfordert aber etwas höhere Anlagekosten.

Art der Feuerung[1])	Wegener						
Kesselanlage	Zweiflammrohrkessel mit darüber gelagertem Heizröhrenkessel					Feuerbüchskessel mit vorgehenden Heizröhren (Städt. Markthalle, Berlin)	
Brennstoff	Oberschlesische Steinkohle (Karolinengrube)		Englische Steinkohle	Böhmische Braunkohle (Dux)		Steinkohle	Steinkohle
Versuchstag	—	—	—	—	—	—	—
Versuchsdauer . . . . Std.	5,83	8,0	7,17	5,5	6,66	8,16	6,63
Heizfläche . . . . qm	125	125	125	125	125	78	78
Verbrannte Kohle pro Std. u. qm Heizfläche . . . . kg	2,12	2,34	2,31	2,54	2,07	2,0	1,7
Verdampftes Wasser pro Std. und qm Heizfläche . . . . kg	17,15	19,57	18,83	16,7	13,5	14,74	12,1
Dampfspannung . . . . . kg/qcm	6,54	6,01	6,54	5,34	5,57	6,39	6,13
Verdampfungsziffer, bezogen auf Speisewasser von 0° und Dampf von 100°	8,0	8,25	8,1	6,48	6,46	7,58	7,27
Kohlensäuregehalt im Flammrohr, Vol.-pCt.	15,7[2])	—[2])	—[2])	—[2])	—[2])	—	—
Kohlensäuregehalt am Kesselende	11,0	11,06	11,15	9,6	9,5	13,59	13.74
Vielfaches d. mindestens erforderlich. Luftmenge im Flammrohr	1,2[2])	—[2])	—[2])	—[2])	—[2])	—	—
Vielfaches d. mindestens erforderlich. Luftmenge am Kesselende	1,72	1,7	1,86	1,96	1,97	1,34	1,33
Temperatur d. Gase am Kesselende, °C.	228,4	232,0	228,6	234,0	218,3	260,7	227,7
Rauchentwicklung	Die Rauchentwicklung war im allgemeinen schwach, indessen konnte das Auftreten von schwarzem Rauch zeitweise nicht verhindert werden					Nicht festgestellt	
	W.E. pCt.	W.E. pCt.	W.E. pCt.	W.E. pCt.	W.E. pCt.	W.E. pCt.	W.E. pCt.
Nutzbar gemachte Wärme	5090 76,82	5256 79,33	5160 79,19	4130 78,46	4113 78,13	4826 70,63	4627 73,6
Schornsteinverlust	888 13,41	890 13,43	913 13,45	829 15,76	767 14,56	740 10,83	601 9,55
Verlust durch unverbrannte Teile in der Asche	648 9,77	480 7,24	443 7,36	305 5,78	384 7,31	321[3]) 4,7	1059 16,85[4])
Nicht ermittelte Verluste						946 13,84[4])	
Heizwert der Kohle	6626	6626	6516	5264	5264	6833	6287

[1]) Eine Ungersche Feuerung ist in der Versuchsstation des Magdeburger Dampfkesselüberwachungsvereines geprüft worden und soll nach Cario 73 pCt. Nutzeffekt ergeben haben. (Bericht über die III. Sitzung der Kommission zur Prüfung und Untersuchung von Rauchverbrennungsvorrichtungen.)

[2]) Wegen örtlicher Schwierigkeiten konnte eine dauernde Untersuchung der Heizgase im Flammrohr nicht stattfinden.

[3]) In Wirklichkeit war dieser Verlust noch gröfser, da der Teil der Asche, welcher in den Haupt-

Über die Ausnützung der Kohle in den Kohlenstaubfeuerungen giebt eine Reihe von Versuchen Auskunft, welche von C. Schneider an den Feuerungen von Wegener[1]), Schwartzkopff[2]), Friedeberg[2]) und de Camp[3]) ausgeführt und deren Ergebnisse in nachstehender Tabelle auszugsweise wiedergegeben sind.

[1]) S. den Vortrag von C. Schneider: „Die Kohlenstaubfeuerungen, insbesondere mit Rücksicht auf ihre Verwendung im Dampfkesselbetriebe", gehalten auf der 24. Delegierten- und Ingenieur-Versammlung des internationalen Verbandes der Dampfkesselüberwachungsvereine in Kiel, Juni 1895 und veröffentlicht in der Zeitschrift des Verbandes der preufsischen Dampfkesselüberwachungsvereine 1895, S. 336 u. f.

[2]) Zeitschrift des Verbandes der preufsischen Dampfkesselüberwachungsvereine 1896, S. 255 u. f.

[3]) Zeitschrift des Verbandes der preufsischen Dampfkesselüberwachungsvereine 1897, S. 76 u. 77.

Schwartzkopff				Friedeberg				de Camp		
Zweiflammrohrkessel des städtischen Krankenhauses Moabit				Zweiflammrohrkessel des städtischen Krankenhauses Moabit				Flammrohrkessel der Chem. Fabrik auf Aktien vorm. E. Schering, Berlin		
Oberschlesische Steinkohle von der Grube „Luise"			Westfälische Steinkohle. Zeche „Julia"	Oberschlesische Steinkohle von der Grube „Luise"			Westfälische Steinkohle. Zeche „Julia"	Englische Steinkohle		
—	—	—	—	—	—	—	—	24. XI. 96	25. XI. 96	26. XI. 96
9	10	9½	9	8	8½	8¾	8	8⅙	8⅙	8½
68,22	68,22	68,22	68,22	68,22	68,22	68,22	68,22	86,4	86,4	86,4
1,97	1,99	2,73	2,08	2,52	1,97	3,07	2,14	1,87	1,97	2,14
17,53	17,45	22,60	18,31	20,75	17,52	23,58	19,20	18,39	19,19	19,98
5,82	6,08	5,88	5,74	5,43	5,51	5,98	5,25	3,6	3,6	3,6
8,96	8,84	8,36	8,87	8,23	8,90	7,70	8,99	9,42	9,41	8,99
16,48	17,40	17,20	17,90	15,75	16,0	16,88	16,60	16,98	17,89	17,78
14,26	14,70	13,50	15,60	14,70	14,83	15,82	15,58	13,2	15,1	14,68
1,17	1,07	1,08	1,03	1,19	1,27	1,03	1,10	1,09	1,02	1,01
1,28	1,21	1,41	1,14	1,28	1,27	1,16	1,25	1,36	1,22	1,22
260,5	264	333	270	304,4	287	344	317	226,0	253,6	270
Rauchentwicklung gleich Null. Nur hin und wieder wurde ein Aufflackern festgestellt				Mit Ausnahme des ersten Versuches sehr geringe Rauchentwicklung						
W.E. pCt.	W.E. pCt.	W.E. pCt.	W.E. pCt.	W.E. pCt.	W.E. pCt.	W.E. pCt.	W.E. pCt.	W.E. pCt.	W.E. pCt.	W.E. pCt.
5705 79,60	5629 78,45	5320 74,12	5650 72,10	5245 72,77	5671 77,14	4905 66,02	5728 73,42	6000 78,55	5994 78,47	5725 74,92
793 11,06	782 10,89	1084 15,10	816 10,41	913 12,67	863 11,74	995 13,39	971 12,44	791 10,35	792 10,37	872 11,42
193 2,69	193 2,69	193 2,69	193 2,46[5])	194 2,69	194 2,64	194 2,61	194 2,48[5])	847 11,1	853 11,16	1045 13,66
477 6,65	571 7,97	580 8,09	1176 15,03	855 11,87	624 8,48	1336 17,98	909 11,66			
7168	7175	7177	7837	7207	7352	7430	7802	7638	7639	7642

kanal gelangte, nicht festgestellt werden konnte und auch die in den Heizröhren abgelagerte Asche nicht in Betracht gezogen wurde. Auch bei den vorhergehenden 5 Versuchen enthielt die Asche ziemlich viel unverbrannte Kohle, doch wurden Untersuchungen dort nicht vorgenommen.

[4]) Die hohen Restverluste haben ihren Grund zum Teil in der mangelhaften Verkleidung dieses Kessels.

[5]) Dieser Verlust wurde für die 4 Versuche je zusammen bestimmt und gleichmäfsig darauf verteilt.

Aus der Zusammenstellung ist zu ersehen, dafs der Brennstoff zwar in vorzüglicher Weise ausgenützt wird, was wohl zur Hauptsache dem geringen Luftüberschufs zu verdanken ist, mit dem die Verbrennung erfolgt. Jedoch überschreiten die erreichten Wirkungsgrade das auch nicht, was mit anderen gut arbeitenden Feuerungen, z. B. denjenigen von Tenbrink, Kuhn u. a., zu erreichen ist. Die Versuche zeigen ferner in Übereinstimmung mit den sonstigen Betriebserfahrungen über Kohlenstaubfeuerungen, dafs, wie dies bei der Art des Verbrennungsvorganges nicht anders zu erwarten ist, die Rauchentwicklung nahezu vollständig entfällt[1]). Allerdings läfst sie sich auch hier während des Anheizens, bei angestrengtem oder stark wechselndem Betrieb, sowie bei ungeeignetem Kesselsystem und bei fehlerhaftem Bau des Verbrennungsraumes nicht ganz verhindern und aufserdem hängt wie bei jeder anderen Feuerung der Grad der Rauchentwicklung von der Aufmerksamkeit des Heizers ab, der im übrigen auf die Sicherheit des Betriebes noch von höherem Einflufs ist, als auf S. 121, letzter Abschnitt, für die Feuerungen mit mechanischer Rostbeschickung erörtert, da ja bei fast allen Kohlenstaubfeuerungen eine Betriebsreserve fehlt, wie sie dort in der Möglichkeit geboten ist, den Rost von Hand beschicken zu können.

Allerdings ist die Bedienung der Kohlenstaubfeuerungen wenig anstrengend, insbesondere fällt das bei den Rostfeuerungen so lästige Abschlacken fort; die Schlacke sammelt sich am Boden des Feuerraumes und wird von dort nach Bedürfnis, in der Regel in Betriebspausen, entfernt. Sobald die Feuerung einmal im Gange ist, kann daher der Heizer sein ganzes Augenmerk der Beschickung und der Verbrennung zuwenden, weshalb es sehr wohl möglich ist, dafs er mehrere Feuerungen gleichzeitig überwacht. Schwierigkeiten kann dagegen das Anheizen verursachen. Es geschieht bei fast allen Kohlenstaubfeuerungen in der Weise, dafs man auf dem Boden des Verbrennungsraumes ein kleines Feuer aus Putzwolle und Holz entzündet, auf welches der Kohlenstaub aufgeschüttet wird und welches so lange zu unterhalten ist, bis die Wände eine genügend hohe Temperatur angenommen haben, um regelrechten Betrieb zu gestatten. Voraussetzung ist dabei jedoch, dafs, um die Beschickungsvorrichtung in Gang bringen zu können, für den Anfang entweder genügend Dampf, oder eine besondere Kraftquelle zur Verfügung steht[2]). Bei kürzeren Betriebsunterbrechungen genügt die in der Ausmauerung aufgespeicherte Wärme, um die Verbrennung wieder einzuleiten.

Ein Vorteil, den die Kohlenstaubfeuerung fast allen anderen Feuerungen voraus hat, ist die Fähigkeit, die Wärmeentwicklung mit Leichtigkeit dem Bedarf anpassen zu können, was namentlich bei stark wechselndem Betriebe von Wert ist.

[1]) Der Umstand, dafs die Kohlenstaubfeuerungen auch bei sehr geringem Luftüberschufs, ja selbst, wie öfters beobachtet, bei Luftmangel rauchfrei zu arbeiten vermögen, ist darauf zurückzuführen, dafs in diesen Feuerungen zuerst die aus den kleinen Kohlenteilchen ausgetriebenen Gase verbrennen, dafs also bei ungenügender Luftzufuhr nicht diese, sondern die bereits verkokten Kohlenteilchen die zur Verbrennung notwendige Luft nicht mehr finden und dafs daher keine Rauchentwicklung, wohl aber eine Ablagerung unverbrannter Kohlenteilchen in den Zügen stattfindet. (Siehe auch Protokoll der IV. Sitzung der Kommission zur Prüfung und Untersuchung von Rauchverbrennungsvorrichtungen vom 4. Mai 1898, oder Cario, Zeitschrift des Verbandes der preufsischen Dampfkesselüberwachungsvereine 1898, S. 293.)

[2]) Für die Feuerungen von Wegener und Unger trifft dies nicht zu, für letztere wegen des vorhandenen kleinen Rostes.

Aufserdem ermöglicht sie, wie jede Feuerung mit ununterbrochener Beschickung weitgehende Schonung des Kessels und gestattet im Falle der Gefahr sofortige Beseitigung des Feuers. Letztere Eigenschaft wird übrigens durch die notwendige Schamottausmauerung, welche ziemlich viel Wärme aufzuspeichern vermag, einigermafsen beeinträchtigt. Auch die Sauberkeit des Betriebes wird nur wenig zu wünschen übrig lassen, da die im Anfang so sehr gefürchtete Staubbelästigung durch entsprechende Einrichtungen beseitigt werden kann. Ob, wie behauptet wird, die Kohlenstaubfeuerung gestattet, jeden Brennstoff, der sich in Staubform verwandeln läfst, gleich günstig zu verbrennen, steht noch nicht unbedingt fest; doch haben die bisherigen Versuche in dieser Richtung erwiesen, dafs schlackenreiche Kohle, welche in fast allen Rostfeuerungen so grofse Schwierigkeiten bereitet und dort nicht ohne Rauchentwicklung und ohne Beeinträchtigung des Wirkungsgrades verbrannt werden kann, in Staubform anstandslose Verwendung gestattet. Bei Brennstoffen, welche viel Asche absondern, können dagegen Unzuträglichkeiten dadurch entstehen, dafs sich die gesamte Asche in den Feuerzügen ablagert. Zwar wird man diesen Übelstand vermindern können, wenn man von vornherein Einrichtungen vorsieht, welche gestatten, die Flugasche schnell und bequem zu entfernen. Doch läfst sich das nicht bei allen Kesselsystemen durchführen. Bei Rauchröhrenkesseln z. B. bietet die Reinigung ganz erhebliche Schwierigkeiten.

Die Anwendung der Kohlenstaubfeuerung dürfte sich überhaupt im wesentlichen auf die Flammrohrkessel beschränken. Bei allen anderen Kesselsystemen, namentlich auch bei Wasserrohrkesseln, ergeben sich Schwierigkeiten dadurch, dafs, sofern nicht starke Rauchentwicklung stattfinden soll, eine Feuerkammer eingebaut werden mufs[1]), welche jedoch bei der hohen Temperatur nur schwer genügend widerstandsfähig herzustellen ist, also häufige Reparaturen erforderlich machen wird[2]) und aufserdem die Abkühlungsverluste nicht unbeträchtlich vermehren kann.

Die Anordnung einer derartigen Feuerkammer für einen Steinmüller-Kessel mit Wegenerscher Feuerung zeigt Fig. 199 und 200 Tafel XX. Sie dürfte aber kaum eine grofse Haltbarkeit besitzen.

Ein anderer mit der Schwartzkopffschen Feuerung ausgerüsteter Kessel von Simonis Lanz in Frankfurt a. M. (Dubiau-Kessel), wie er auf der Berliner Gewerbeausstellung 1896 im Betriebe war[3]), ist durch Fig. 76 dargestellt. Der Kohlenstaub wurde aus 4 Apparaten in die Feuerung eingeführt. Eine Transportschnecke besorgte die gemeinsame Beschickung der 4 Trichter. Nach Schlufs der Ausstellung wurden an dem Kessel Versuche vorgenommen, und aufserdem wurde die ganze Anlage (Kessel und Feuerung) einer eingehenden Untersuchung unterworfen[4]). Die Ergebnisse sind nachstehend zusammengestellt.

---

[1]) S. auch S. 22.

[2]) S. auch die Erfahrungen mit der Hochschen Kohlenstaubfeuerung S. 136 und 137.

[3]) Der Kessel besafs ursprünglich Planrostfeuerung, welche aber, um die Rauchentwicklung zu vermindern und die Leistungsfähigkeit zu erhöhen, durch die Kohlenstaubfeuerung ersetzt wurde.

[4]) S. C. Schneider, Zeitschrift des Verbandes der preufsischen Dampfkesselüberwachungsvereine 1897, S. 2 u. f.

Datum des Versuches	8. Oktb. 1896		9. Oktb. 1896		10. Oktb. 1896	
Heizfläche des Versuchskessels . . . . qm	247		247		247	
Dauer des Versuches . . . . Std.	$8^1/_{12}$		$8^1/_{12}$		$7^7/_{10}$	
Brennstoff	Oberschlesische Steinkohle					
Heizwert . . . . W. E.	7158		7158		7158	
Verbrannte Kohle pro Std. und qm Heizfläche . kg	2,69		3,786		4,546	
Verdampftes Wasser „ „ „ „ . kg	**19,58**		**25,78**		**30,67**	
Dampfspannung absolut . . . . kg/qcm	10,304		10,470		10,360	
Verdampfung pro kg Kohle, bezogen auf Wasser von 0° und Dampf von 100° . . . . kg	7,402		6,920		6,861	
Kohlensäuregehalt vor dem Rauchschieber in Vol.-pCt.	12,00		12,40		13,80	
Vielfaches der mindestens erforderl. Luftmenge . . .	1,572		1,508		1,336	
Temperatur der Gase am Kesselende . . . . °C.	383		435		452	
	W. E.	pCt.	W. E.	pCt.	W. E.	pCt.
Nutzbar gemachte Wärme	4715	**65,87**	4407	**61,57**	4374	**61,11**
Schornsteinverlust	1370	19,15	1527	21,33	1433	20,02
Verluste durch Leitung, Strahlung, Herdrückstände u. s. w.	1073	14,98	1224	17,10	1351	18,87

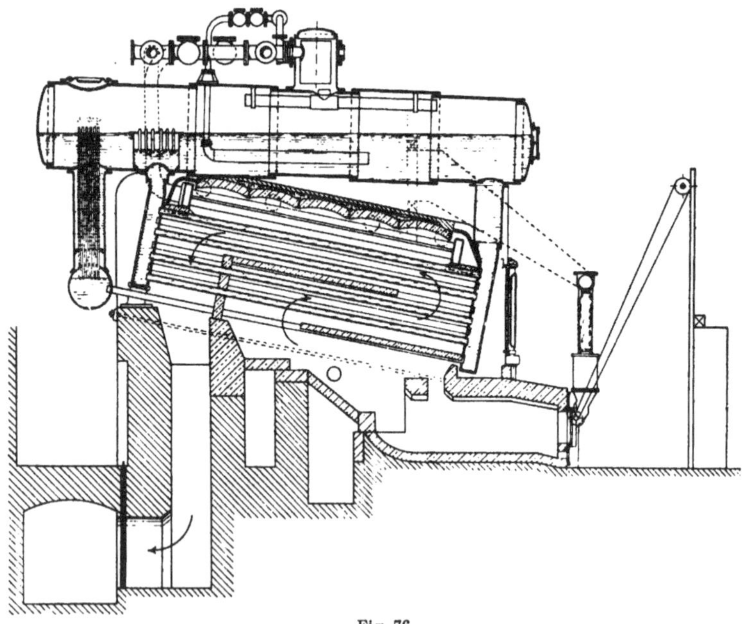

Fig. 76.

Durch die Versuche sollte in erster Linie die Leistungsfähigkeit des Kessels festgestellt werden; jedoch sind die erzielten geringen Wirkungsgrade durchaus nicht allein auf Kosten der für den Kessel übermäfsig hohen Anstrengung und des daraus folgenden hohen Schornsteinverlustes zu setzen. Eine ganz wesentliche Rolle spielen auch die nicht ermittelten Verluste, und bei diesen dürften neben nicht verbranntem Kohlenstaub die von der vorgebauten Feuerkammer herrührenden Abkühlungsverluste einen nicht zu unterschätzenden Faktor bilden.

Beachtenswert sind aufserdem die Ergebnisse der Untersuchung der Feuerung. Es zeigte sich, dafs, wie übrigens zu erwarten war, „die Gewölbeenden unterhalb der Rohre stark weggeschmolzen waren. An den Abdeckplatten, sowie an den Rohren hatten sich tropfsteinähnliche Schlackengebilde angesetzt."

„Die Aschenablagerungen waren auf der ersten Abdeckplatte, welche mit der vorderen Wasserkammer und den Seitenwänden sozusagen einen Sack bildet, sehr stark. Die Flugasche entzog hier einen Teil der Heizfläche der unmittelbaren Einwirkung der Heizgase, sie lag in Schichten über einander, die teils ausgebrannten, teils brennbaren Kohlenstaub enthielten, der sich in Koksasche verwandelt hatte; auch die oberen Rohrreihen waren mit Flugasche bedeckt."

Dafs nun aber die Kohlenstaubfeuerungen trotz ihrer teilweise bedeutenden Vorzüge die von vielen erwartete Verbreitung nicht gefunden haben und wohl auch nicht finden werden, liegt neben dem Umstand, dafs sie nicht für alle Kesselsysteme taugen und dafs die meisten in Betracht kommenden Konstruktionen mechanischen Antrieb erfordern, der nicht überall zur Verfügung steht, hauptsächlich in der Notwendigkeit, die Kohle vor ihrer Verwendung erst mahlen zu müssen.

Die Erfahrung hat gezeigt, dafs eine vollkommene Verbrennung (Verhinderung der Ablagerung noch nicht verbrannten Kohlenstaubes) nur bei sehr feinem Staub erreicht wird.

Die Verwandlung in solchen Staub erhöht aber unter allen Umständen die Kosten des Brennstoffes. Eine Steigerung dieser Kosten tritt bei manchen Kohlensorten auch noch dadurch ein, dafs sie, um vermahlen werden zu können, erst getrocknet werden müssen[1]). Bei Anlagen, welche eine eigene Kohlenmühle nicht besitzen, kommt ferner zu den Herstellungskosten des Staubes noch der Verdienst des Kohlenmüllers. Aufserdem ist zu erwägen, dafs neben dem Aufwand für die Erstellung der Einrichtung auch die Kosten für den in der Regel erforderlichen mechanischen Antrieb in Rechnung zu ziehen sind[2]).

Da es nun, wie schon oben erwähnt, eine Reihe von Rostfeuerungen giebt, welche bei Verwendung guter Kohle mit demselben Wirkungsgrad arbeiten, bezüglich der Betriebssicherheit jedenfalls nicht hinter der Kohlenstaubfeuerung zurückstehen und auch hinsichtlich Rauchverhütung allen billigen Anforderungen zu entsprechen vermögen, so kommt man zu der Überzeugung, dafs solchen Feuerungen gegenüber, bei Verwendung derselben Kohlensorten die Kohlenstaubfeuerung einen Vorteil nicht bietet.

[1]) Gewisse Braunkohlen enthalten z. B. in grubenfeuchten Zustand durchschnittlich 45 pCt. Wasser, welcher Gehalt, wenn das Vermahlen überhaupt möglich sein soll, auf etwa 20 pCt. vermindert werden mufs. Die für solche Kohlen erforderlichen umfangreichen und teuren Trockenanlagen werden der Frachtverhältnisse halber natürlich am besten an der Grube erstellt.

[2]) Bei Heizanlagen werden sich, sofern überhaupt Dampf zur Verfügung steht, die Kosten des Antriebes der Beschickungsvorrichtungen noch dadurch erhöhen, dafs die erforderlichen kleinen Motoren sehr viel Dampf verbrauchen. Ein Ausweg wäre durch Verwendung von Elektromotoren gegeben, diese stehen aber nicht überall zur Verfügung.

Anders liegen aber die Verhältnisse für Kohlensorten, welche ihrer äufseren Beschaffenheit halber oder wegen hohen Schlackengehaltes in anderen Feuerungen nur schwierig und nur mit geringem Wirkungsgrad verbrannt werden können[1]), und welche in der Regel nicht nur geringere Mahlkosten verursachen als Stückkohlen, sondern auch sehr billig an den Gruben zu haben sind. In der Verwertung dieser Kohlensorten (Staubkohlen, Grieskohlen u. s. w.) wird die Hauptaufgabe der Kohlenstaubfeuerung zu suchen sein, und in diesem Sinne ist ihr auch eine hervorragende wirtschaftliche Bedeutung nicht abzusprechen.

Zur Stütze der vorstehenden Ausführungen seien noch die Ergebnisse von Betriebsversuchen angeführt, welche im Frühjahr 1894 in dem Cementwerk Ehingen a. D. (Württemberg) von dem dortigen Direktor Hoch in durchaus zuverlässiger Weise durchgeführt worden sind.

Das Cementwerk Ehingen besitzt von der Maschinenfabrik Efslingen erbaute Tenbrink-Kessel, deren einer in der aus der Fig. 77 ersichtlichen Weise für Kohlenstaubfeuerung eingerichtet und mit einem von Direktor Hoch konstruierten Beschickungsapparat versehen wurde.

Die Ergebnisse der Versuche sind zum Teil in nachstehender Tabelle zusammengestellt.

	Kohlenstaub-Feuerung				Tenbrink-Feuerung		
Kohlensorte	Staubkohle Ruhr mager	Grieskohle Ruhr	Grieskohle Ruhr	Englische Grieskohle	Saarkohle I Maybach	Saarkohle I	Saarkohle I Heinitz
Tag des Versuches	16. 2. 94	30. 3. 94	17. 5. 94	13. 7. 94	3. 3. 94	29. 3. 94	5. 4. 94
Preis pro 50 kg Kohle . . . Pf.	74 ½	74 ½	74 ½	72	107 ½	110 ½	117 ½
Versuchsdauer . . . . . . Std.	9	9 ¾	10	11	12	6	11
Wasserverbrauch . . . . . kg	10 800	12 960	16 400	19 200	58 820	7 560	49 400
Kohlenverbrauch . . . . . kg	1 621	1 854	2 221	2 368	7 536	944	5 808
Verdampfung pro kg Kohle . kg	6,7	7,00	7,41	8,1	7,93	8,0	8,50
Preis pro 1000 kg Dampf . in Mark	2,22	2,13	2,01	1,77	2,71	2,76	2,76

Die Versuche zeigen, dafs die Ersparnis der Kohlenstaubfeuerung eine ganz bedeutende ist, dafs sie aber einzig und allein in dem billigen Preis der Grieskohle liegt. Die Wärmeausnützung ist, wie die Zahlen zeigen, in der Kohlenstaubfeuerung durchaus nicht besser als in der Tenbrink-Feuerung.

Die Feuerung wurde in Ehingen wieder aufgegeben, aber nur, weil sich die Tenbrinkkessel hiefür nicht eigneten. Sie mufste teilweise als Vorfeuerung ausgebildet werden, wobei sich zeigte, dafs bei der nach Fig. 77 ausgeführten ersten Anlage das vorgebaute Mauerwerk den hohen Temperaturen auf die Dauer nicht stand zu halten vermochte und öftere Erneuerung notwendig machte. Die Anlage wurde deshalb nach Fig. 78 umgebaut und der Beschickungstrichter näher an den Kessel herangerückt, so dafs die Kanäle kürzer wurden. Nun wurde zwar das Mauerwerk besser geschont, aber die Verbrennung des Kohlenstaubes wurde jetzt nicht mehr innerhalb des Flammrohres vollendet. Teile desselben gelangten bis in die wagerechten Feuerzüge, wo sie sich — wohl infolge der starken Richtungsänderung — ablagerten und langsam verkokten. Durch Verwendung von Prefsluft,

[1]) S. auch Feuerungen mit Unterwindgebläse, S. 46 u. f., besonders S. 47, Anmerkung 2.

welche die Teilchen länger schwebend erhalten konnte, wurde zwar dieser Übelstand wieder behoben. Aber neben dem Verbrauch des Gebläses stellte sich infolge der er-

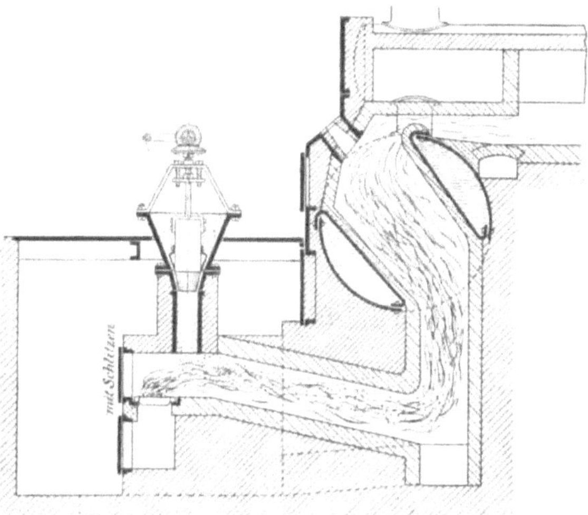

Fig. 77.

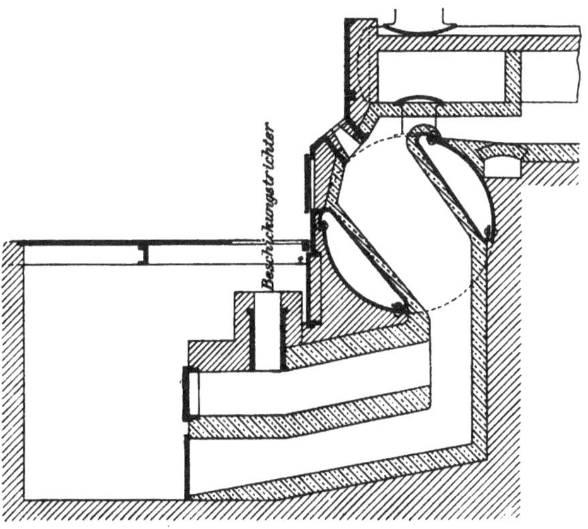

Fig. 78.

höhten Temperatur wieder ein rasches Abschmelzen des Mauerwerkes ein. Die Figuren zeigen, daſs die Hochsche Einrichtung ein sehr einfaches Anheizen gestattete.

B. Gasfeuerungen.

Die Hoffnungen, die seinerzeit auf die Gasfeuerungen gesetzt wurden, haben sich bei Dampfkesselfeuerungen mit besonderer Gaserzeugung nicht erfüllt, und zwar aus folgenden Gründen:

1. Die Vorteile dieser Feuerungen, welche bestehen in
   a) guter Ausnützung des Brennstoffes bei nahezu rauchfreier Verbrennung,
   b) der Möglichkeit der Verwendung geringwertiger und gasreicher Kohlen, welche in gewöhnlichen Rostfeuerungen mit gröfserem Luftüberschufs verbrannt werden müssen,

lassen sich nahezu gleich gut auch in Feuerungen mit festem Brennstoff erreichen, welche dann eben zweckmäfsig, d. h. mit Rücksicht auf den verwendeten Brennstoff, gebaut werden müssen.

2. Die Gasfeuerungen verursachen bedeutende Anlage- und Unterhaltungskosten.

3. Die Wärmeverluste nach aufsen sind wegen des Generators und der Leitung von diesem zur Feuerung gröfser als bei allen anderen Feuerungen.

4. Bei unterbrochenem Betrieb gehen auch während des Stillstandes die Wärmeverluste des Generators vor sich. Ein Teil des im Generator enthaltenen Brennstoffes verzehrt sich.

5. Gewisse Kohlen, insbesondere stark backende, sinken bei der grofsen Schichtstärke im Generator nicht gleichmäfsig nieder, wodurch im Innern leicht Hohlräume entstehen, welche die Regelmäfsigkeit der Gasentwicklung stören und zu Explosionen im Generator Veranlassung geben können, die allerdings in der Regel wenig gefährlich sind. Durch richtige Auswahl der Kohlen, sowie durch Anordnung von Schüröffnungen an den geeigneten Stellen läfst sich dieser Übelstand vermeiden.

6. In vielen Fällen leiden die Gasfeuerungen der Dampfkessel daran, dafs es an sonst nicht verwendbarer Wärme zum Vorwärmen der Luft fehlt. Die Heizgase müssen deshalb bei Dampfkesseln, verglichen mit Feuerungen für technologische Zwecke, mit relativ schwach vorgewärmter Luft verbrannt werden. Es kann sich dann unter Umständen ereignen, dafs die Verbrennung nach Mischung von Gas und Luft nicht mehr stattfindet, dafs die Flamme erlischt und weiterhin Explosionen eintreten.

Am deutlichsten wird die Sachlage gekennzeichnet durch die von C. Bach in der Zeitschrift des Vereines deutscher Ingenieure 1883, S. 187 gegebene Zusammenstellung der aufeinander folgenden Konstruktionen von C. Haupt in Brieg, „einem derjenigen Ingenieure, welche mit Sachkenntnis und Energie bestrebt waren, die Gasfeuerung für diesen Zweck (den Betrieb von Dampfkesseln) einzuführen[1])“.

[1]) Siehe auch die sehr lehrreichen Vorträge von C. Haupt, gehalten auf den Verbandsversammlungen der Dampfkesselüberwachungsvereine in Zürich 1879 und in Düsseldorf 1880, veröffentlicht in der Zeitschrift des Verbandes der preufsischen Dampfkesselüberwachungsvereine 1879, S. 103 u. f. und 1881, S. 5 u. f. In derselben Zeitschrift findet sich aufserdem im Jahrgang 1879 auf S. 72 eine Zusammenstellung von Versuchsergebnissen von C. Haupt, im Jahrgang 1878 auf S. 52 und 106 ein Bericht von H. Minssen und im Jahrgang 1881 auf S. 68 und 113 die Ergebnisse von Versuchen von C. Oehlrich und C. Weinlig.

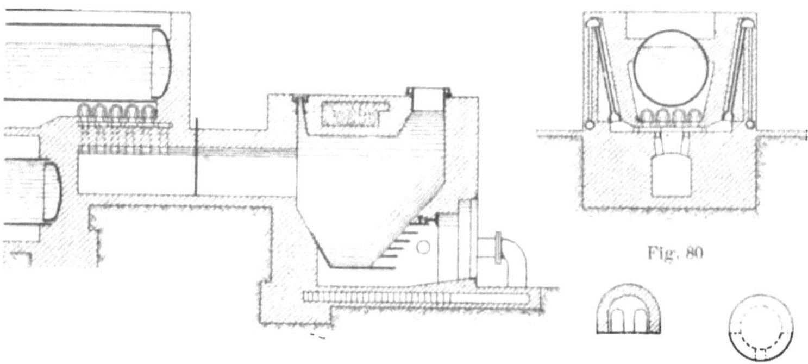

Fig. 79.

Fig. 80

Fig. 81.

Fig. 82.

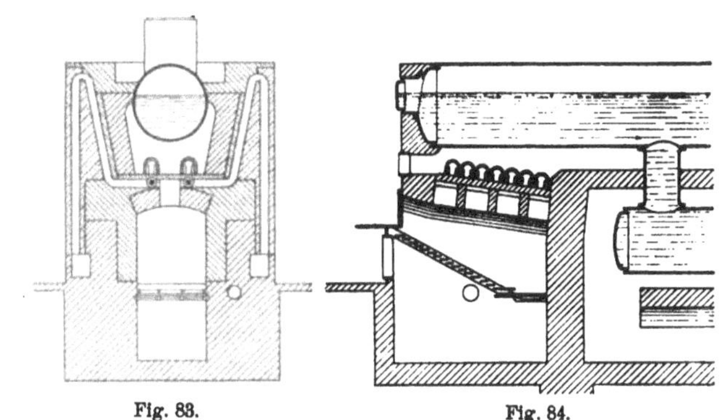

Fig. 83. Fig. 84.

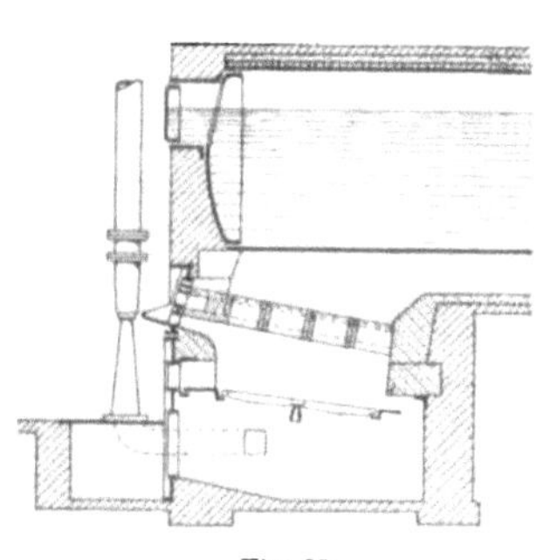

Fig. 85.

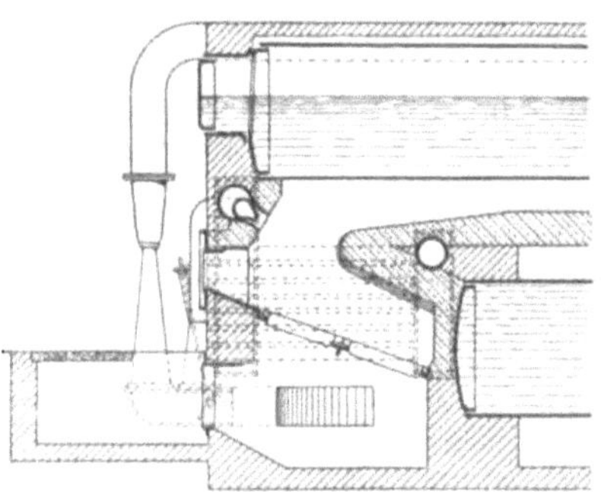

Fig. 86.

„D.R.P. No. 5730 vom 3. Oktober 1878. Figur 79 bis 82. Der Generator liegt getrennt vom Kessel vor demselben.

D.R.P. No. 8762 vom 4. Mai 1879. Fig. 83 und 84. Der Generator liegt unter dem Kessel und fängt an, den Charakter einer Vorfeuerung anzunehmen.

D.R.P. No. 12609 vom 6. Februar 1880. Fig. 85. Die zulässige Schichthöhe auf dem Rost ist noch geringer geworden. Die Patentschrift behandelt vorzugsweise das Detail des Gewölbes über dem „Generator".

D.R.P. No. 17024 vom 20. August 1881. Fig. 86. Feuerung mit etwas geneigtem Roste (weniger als bei Tenbrink, so dafs kontinuierliche Beschickung nicht möglich) und mit vorgezogener Feuerbrücke, wie bei Tenbrink, infolge dessen diese Konstruktion als Tenbrink-Feuerung mit der Eigentümlichkeit, dafs geprefste und vorgewärmte Luft (unter- und oberhalb des Rostes) zugeführt wird, angesehen werden kann.

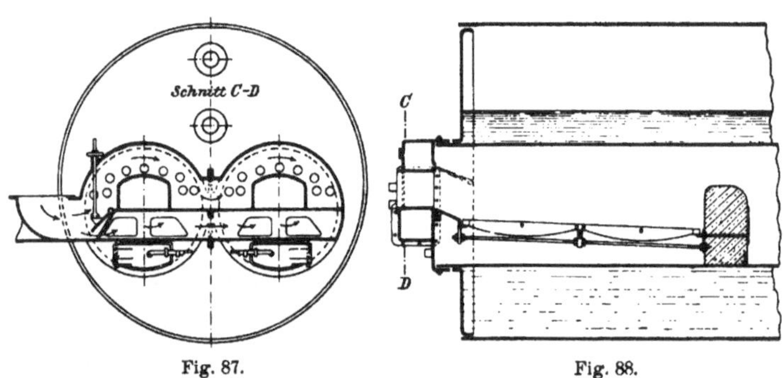

Fig. 87. Fig. 88.

Hiernach hat im vorliegenden Falle der Weg von der Gasfeuerung mit besonderem Generator zur direkten Feuerung nach System Tenbrink geführt! Insofern als die Beschickung eine diskontinuierliche ist, erscheint die vorliegende Feuerung weniger vollkommen als früher besprochene Tenbrink-Feuerungen, ganz abgesehen davon, dafs es immer besser ist, ein Gebläse da nicht anzuordnen, wo man ohne ein solches auskommen kann. Die aus Mauerwerk hergestellte Feuerbrücke ist natürlich nur bei Verwendung von Brennmaterial zulässig, gegenüber welchem sie feuerbeständig sein kann."

In seiner letzten Konstruktion[1]) endlich, Fig. 87 und 88, ist von der ursprünglichen Gasfeuerung überhaupt nichts mehr übrig geblieben. Jedes Gewölbe, sogar die kräftige Vorwärmung der Luft, ist verschwunden. Man hat eine gewöhnliche Planrostfeuerung mit nur wenig gröfserer Schichtstärke und mit einem seines lästigen Geräusches halber als eine nicht gerade angenehme Beigabe zu betrachtenden Gebläse, welches die Luftzufuhr sowohl über als auch unter dem Rost ausschliefslich übernimmt. Die richtige Verteilung dieser Zufuhr ist lediglich Sache des Heizers, welcher sie entsprechend der Flammenbildung zu regeln hat, die er durch bequem angebrachte Schaulöcher beobachten kann.

Versuche von C. Weinlig mit dieser Feuerung[1]) ergaben einen Wirkungsgrad von

[1]) S. Zeitschrift des Verbandes der preufsischen Dampfkesselüberwachungsvereine 1881, S. 99 u. S. 113.

71 pCt. gegenüber einem solchen von 63 pCt. der gewöhnlichen Planrostfeuerung. Dabei wurde aber der Verbrauch des Gebläses nicht in Abrechnung gebracht und die Feuerung erforderte einen ganz besonders geschickten Heizer.

Über Gasfeuerungen mit centraler Gaserzeugung, bei denen die Verhältnisse in verschiedener Hinsicht günstiger liegen würden, ist nichts bekannt geworden.

Eine Gasfeuerung, wie sie in den letzten 10—15 Jahren von Richard Schneider in Dresden für die verschiedensten Anlagen gebaut worden ist, sei endlich noch in den Figuren 201—206 Tafel XXI in ihrer Anwendung auf einen Flammrohrkessel, in den Figuren 207—213 Tafel XXII in ihrer Anwendung auf einen Wasserrohrkessel dargestellt. Das Wesentlichste ist aus den Figuren zu ersehen; die mit g bezeichneten Pfeile geben den Weg der Gase, die mit l bezeichneten denjenigen der Luft, und die nicht bezeichneten denjenigen der Verbrennungsprodukte an.

Bei beiden Anordnungen ist eine Verbrennungskammer geschaffen. Gas und Luft strömen ihr durch gesonderte Schlitze zu, welche derart miteinander abwechseln, dafs immer ein Gasschlitz zwischen 2 Luftschlitzen liegt. Um die Flammrohre des Cornwallkessels vor der Einwirkung der Stichflamme zu schützen, sind sie auf ungefähr 1 m mit Schamott ausgemauert. Die Verbrennungsluft wird durch die zum Schornstein abziehenden Gase vorgewärmt, teils, wie in den durch die Figuren gegebenen Darstellungen in besonderen Kanälen, teils in Röhren, welche in die letzten Feuerzüge oder in den zum Schornstein führenden Kanal eingelegt sind.

C. Feuerungen mit flüssigem Brennstoff.

Da diese Feuerungen zur Zeit in Deutschland ausschliefslich für die Kessel der Kriegsmarine in Betracht kommen und nur unter bestimmten Verhältnissen, wie sie z. B. in Rufsland vorliegen, auch für Lokomotiven und stationäre Anlage von Bedeutung sind, so ist von ihrer Aufnahme Abstand genommen worden und ist zu verweisen auf

C. Busley, Die Verwendung flüssiger Heizstoffe für Schiffskessel. Zeitschrift des Vereines deutscher Ingenieure 1887, S. 989 u. f.

J. Lew, Die Feuerungen mit flüssigen Brennmaterialien.

Münster, Liegen Erfahrungen vor über die Verwendung flüssiger Brennmaterialien zur Kesselfeuerung? Protokoll der 25. Delegierten- und Ingenieur-Versammlung des internationalen Verbandes der Dampfkesselüberwachungsvereine, Bonn 1896.

E. Brückmann, Naphthaheizung der Lokomotivkessel in Rufsland. Zeitschrift des Vereines deutscher Ingenieure 1896, S. 1357 u. f.

Zum Schlufs ist endlich noch darauf hinzuweisen, dafs, wie schon in der Einleitung bemerkt, wenn kein anderer Ausweg übrig bleibt, die Rauchbelästigung unter allen Umständen durch Verwendung von Brennstoffen beseitigt werden kann, welche bei der Erhitzung keine oder nur wenig Kohlenwasserstoffe ausscheiden, demnach auch keinen Rauch zu erzeugen im Stande sind.

Solche Brennstoffe sind aufser Koks, welcher fast ausschliefslich aus Kohlenstoff besteht und keine Kohlenwasserstoffe mehr liefert, insbesondere Anthracit, der in ähnlicher Weise zusammengesetzt ist, sowie die belgischen und gewisse Sorten westfälischer und französischer Kohlen.

Eine allgemeine Abhilfe kann aber dadurch natürlich auch nicht geschaffen werden, da diese Stoffe nicht in genügender Menge zur Verfügung stehen, um überall verwendet werden zu können, und da aufserdem durch deren Verwendung infolge ihres zumeist höheren Preises die Betriebskosten in der Regel nicht unwesentlich erhöht würden. Es könnten daher durch die Nötigung, solche Brennstoffe verwenden zu müssen, die betreffenden Betriebsinhaber nicht unwesentlich geschädigt werden. Doch ist die Benützung solcher Brennstoffsorten sehr wohl dort am Platze, wo die Kosten keine besondere Rolle spielen, was namentlich in grofsen Städten bei einer ganzen Reihe kleinerer Feuerungen zutrifft, für welche ja auch in der That vielfach Koks verwendet wird.